Licensing Executives Society
Deutsche Landesgruppe e.V.

LES Schriftenreihe zum Lizenzwesen
herausgegeben von (edited by) Dieter Pfaff

Der Lizenzvertrag im Technologietransfer mit den Andenpaktstaaten

Dogmatische Einordnung und Grenzen der Abschlußfreiheit

Vergleichende Betrachtung zum deutschen Recht

The License Contract with Respect to Technology Transfer to and from Andean Pact Countries

Dogmatic Classification and Limitations of Contractual Autonomy

A Comparison with German Law

Von

Marianne Zellmeier-Neunteufel

R. Oldenbourg Verlag München Wien

Die Deutsche Bibliothek – CIP-Einheitsaufnahme

Zellmeier-Neunteufel, Marianne:
Der Lizenzvertrag im Technologietransfer mit den Andenpaktstaaten : dogmatische Einordnung und Grenzen der Abschlußfreiheit ; vergleichende Betrachtung zum deutschen Recht = The licence contract with respect to technology transfer to and from Andean Pact countries / von Marianne Zellmeier-Neunteufel. – München ; Wien : Oldenbourg, 1992
(LES Schriftenreihe zum Lizenzwesen)
ISBN 3-486-22157-4

NE: PT

Gesamtherstellung: WB-Druck, Rieden

ISBN 3-486-22157-4

Abkürzungsverzeichnis

Einf.	Einführung
Einl.	Einleitung
EPÜ	Europäisches Patentübereinkommen
EuGH	Gerichtshof der Europäischen Gemeinschaften
EWG	Europäische Wirtschaftsgemeinschaft
EWGV	Vertrag zur Gründung der Europäischen Wirtschaftsgemeinschaft
f.	folgende
ff.	fortfolgende
Fußn.	Fußnote
gem.	gemäß
GPÜ	Gemeinschaftspatentübereinkommen
GRUR	Gewerblicher Rechtsschutz und Urheberrecht (Inlandsteil)
GRUR Int.	Gewerblicher Rechtsschutz und Urheberrecht, Internationaler Teil
GWB	Gesetz gegen Wettbewerbsbeschränkungen
HGB	Handelsgesetzbuch
h.M.	herrschende Meinung
IHK	Industrie- und Handelkammer
IC	Industrial Property and Copyright Law
INTAL	Instituto para la Integración de América Latina
iS	im Sinne
iVm	in Verbindung mit
IZPR	Internationales Zivilprozeßrecht
Jh.	Jahrhundert
JuS	Juristische Schulung
lit.	literal, Buchstabe
max.	maximal
MICIP	Ministerio de Industrias, Comercio, Integración y Pesca
m.w.N.	mit weiteren Nachweisen
NJW	Neue Juristische Wochenschrift
No./Nr.	Nummer

Abkürzungsverzeichnis

vgl.	vergleiche
Vol.	Volume
Vorbem.	Vorbemerkung
VR	Volksrepublik
WIPO	World Intellectual Property Organization
WuW/E	Wirtschaft und Wettbewerb/Entscheidungen
WZG	Warenzeichengesetz
z.B.	zum Beispiel
zit.	zitiert
ZPO	Zivilprozeßordnung
z.T.	zum Teil
z.Zt.	zur Zeit

Inhaltsübersicht

Vorwort

Der Andenpakt Südamerikas wurde 1969 von den Ländern Chile, Bolivien, Peru, Ecuador und Kolumbien mit dem Ziel einer wirtschaftlichen Integration dieser Länder gegründet. Ein wichtiger Teil der Regelungen, die in den Mitgliedsländern des Andenpaktes implementiert wurden, betrifft den Technologietransfer und die Kapitalübertragung aus dem Ausland. Ein Instrument des Transfers von Technologie ist der Lizenzvertrag.

Ziel dieser Dissertation ist es daher, den Lizenzvertrag mit den Ländern des Andenpaktes in seiner umfassenden Gesamtheit - sowohl als Vertrag des Bürgerlichen Rechts und dessen mehr oder minder starke Auswirkungen auf den Vertragsschluß, als auch die Einschränkungen der Parteiautonomie durch die speziellen Kartell- oder Technologietransfergesetze hinsichtlich des Vertragsinhalts darzustellen. Das deutsche Recht soll dabei zum einen als Basis für das Verständnis des südamerikanischen Rechts dienen, zum anderen ist ein wirklicher Vergleich der beiden Rechtssysteme beabsichtigt. Während im ersten Hauptteil ein eher theoretisches Interesse an den verschiedenen Vertragstypen und an den einzelnen Problemen des Bürgerliches Rechts verfolgt wird, ist für den Praktiker die Gegenüberstellung der Kartell- und Technologietransfergesetze und der Patent- und Warenzeichenrechte im zweiten Hauptteil der Arbeit von Nutzen. Im Bereich des Kartellrechts bzw. der Technologietransfergesetze zeichnen sich deutlich die unterschiedlichen Standpunkte der Industrie- und der Entwicklungsländer ab. Die Probleme der Entwicklungsländer - Devisenknappheit, Auslandsverschuldung, mangelnde Verfügbarkeit eigener nationaler Technologie, um nur einige zu nennen - finden dort ebenso ihren Ausdruck, wie die wirtschaftlichen Interessen der Industrieländer. Eine Kollision der unterschiedlichen Standpunkte ist dabei nicht ausgeschlossen. Manche Gesichtspunkte, die sich in einem Rechtssystem besonderer Aufmerksamkeit erfreuen, werden in der Rechtsordnung eines anderen Landes kaum beachtet. Die folgenden Ausführungen versuchen durch unterschiedliche Gewichtung der Darstellung auch dem Rechnung zu tragen.

Die einzelnen Technologietransfergesetze wirken - über die Bereitschaft der Unternehmen der Industrieländer Lizenzen zu erteilen - zurück auf den tatsächlichen Transfer, was wiederum die Gesetzgebung in den Entwicklungsländern beeinflußt. Diese verschiedenen Entwicklungsstufen und die Strömungen in den Ländern des Andenpaktes bzw. dem Andenpakt selbst sind ebenfalls Gegenstand der Darstellung. Nicht unerwähnt bleiben konnte auch das zähe Ringen der Andenländer um einen internen Konsens, ebenso nicht die Suche nach einer Lösung der Wirtschaftskrise.

Mein Dank gilt den Bibliotheken des Max-Planck-Instituts für ausländisches und internationales Patent-, Urheber- und Wettbewerbsrecht in München und des Max-Planck-Instituts für ausländisches und internationales Privatrecht in Hamburg mit ihren umfangreichen, stets aktualisierten Sammmlungen sowie den Industrie- und Handelskammern in den Andenländern, die mir mit manchen Auskünften zur Seite standen. Ebenso möchte ich meinem Doktorvater Herrn Prof. Dr. Dr. Dieter Pfaff für die freundliche und intensive Betreuung der Arbeit danken.

Die neuesten gesetzlichen Regelungen des Andenpaktes und seiner Partnerländer, die nach Fertigstellung, aber vor Drucklegung der Arbeit erlassen wurden, sind in dem am Schluß eingefügten Nachtrag enthalten.

Inhaltsverzeichnis

Seite

Inhaltsverzeichnis

Inhaltsverzeichnis

Seite

Inhaltsverzeichnis Seite

Inhaltsverzeichnis

Inhaltsverzeichnis Seite

Inhaltsverzeichnis

Seite

Inhaltsverzeichnis Seite

The License Contract with Respect to Technology Transfer to and from Andean Pact Countries - Dogmatic Classification and Limitations of Contractual Autonomy

A Comparison with German Law

Content

Content Page

Content Page

Content | Page

Content Page

Content Page

A. Einleitung

I. Situation der Entwicklungsländer und Zielsetzung ihrer Technologietransfergesetze

Die Entwicklungsländer versuchen seit langem ihre soziale und wirtschaftliche Situation zu verbessern. Trotz großer Anstrengungen konnte jedoch keine wesentliche Veränderung erreicht werden. Nach wie vor ist der Lebensstandard niedrig, die Arbeitslosigkeit hoch, die Einkommensverteilung ungleich und in den meisten Ländern existiert ein hohes Zahlungsbilanzdefizit.[1)]

Angesichts dieser Probleme wurde immer nachdrücklicher auf die Bedeutung des Technologietransfers in die Länder der Dritten Welt hingewiesen, der dazu beitragen soll, ihre Wirtschaft zu stärken und ein den Bedürfnissen des jeweiligen Landes angemessenes technologisches Potential zu schaffen.

Als vorwiegend technologieimportierende Länder[2)] sahen sich die Entwicklungsländer von der herrschenden Praxis des freien Marktes für Technologie übervorteilt und forderten daher Regelungen, die es ihnen erlaubten, am technologischen Vorsprung der Industrieländer teilzuhaben. Diese Forderungen, wie sie auf UNCTAD-Konferenzen erhoben wurden, finden sich z.B. im Aktionsprogramm der Weltwissenschafts- und Technologiekonferenz der Vereinten Nationen in Wien. Den Entwicklungsländern wurde eine Aktivierung ihrer Technologiepolitik und

---

1) Vgl. zum ganzen Fragenkomplex Weigand, Martin, Probleme der Weiterentwicklung des Internationalen Gewerblichen Rechtsschutzes unter besonderer Berücksichtigung von Know-how und Technologietransfer in Entwicklungsländer, Dargestellt an der Behandlung von Patentlizenzverträgen durch die Andenländer, Dissertation Frankfurt 1978, S. 7. Vgl. auch Wiarda, Howard J., Estados Unidos, América Latina y la deuda internacional: hacia una solución?, Integración Latinoamericana Mai 1988 (134), S. 46ff.

2) Vgl. für den in lateinamerikanischen Ländern beginnenden Technologieexport Teitel, Simón und Sercovich, Francisco, Exportaciones de tecnología de América Latina, Integración Latinoamericana Mai 1984 (90), S. 4.

eine Koordinierung derselben empfohlen, während von den Industrieländern verlangt wurde, den Entwicklungsländern vollen Zugang zu modernen Technologien zu gewährleisten und sie bevorzugt zu behandeln.[3)]

Dem UN-Kodex zur Kontrolle wettbewerbsbeschränkender Geschäftspraktiken vom 22. April 1980,[4)] der "das bislang detaillierteste und erfolgversprechendste internationale Abkommen im Bereich des Schutzes des internationalen Handels vor Wettbewerbsbeschränkungen"[5)] darstellt, waren langwierige Verhandlungen der Entwicklungsländer und Industrieländer vorausgegangen. Die Entwicklungsländer wünschten eine Regelung, die ihnen eine größere Kontrolle über multinationale Unternehmen erlaubte und im gleichem Maße ihre eigene Entwicklung fördern würde. Andererseits hofften die Industrieländer, daß die dem Kodex zugrundeliegenden Bestimmungen, infolge ihrer zugunsten der Entwicklungländer eingeführten Ausnahmeregelungen, dem internationalen Handelsverkehr keinen allzu großen Schaden zufügten. Der Kodex soll einen internationalkartellrechtlichen Mindeststandard[6)] implementieren und im Rahmen eines solchen folgende Ziele erreichen:[7)]

- Gewährleistung der Vorteile des freien Welthandels
- Steigerung der Leistungsfähigkeit im internationalen Handel, unter anderem durch Schaffung, Förderung und Schutz des Wett-

---

3) Vgl. Sell, Axel, Kapital- und Technologiepolitik in Lateinamerika und ihre Auswirkungen auf den Technologietransfer, Konjunkturpolitik, 26. Jahrgang H. 2/3 Berlin 1980, S. 95 m.w.N.

4) Vgl. zum ganzen Fragenkomplex Ebenroth, Carsten-Thomas, Code of Conduct - Ansätze zur vertraglichen Gestaltung internationaler Investitionen, Monographien zum deutschen und internationalen Wirtschafts- und Steuerrecht, Konstanz 1987, Rndr. 363ff. m.w.N. Vgl. auch Fikentscher, Wolfgang und Straub, Wolfgang, Der RBP-Kodex der Vereinten Nationen: Weltkartellrichtlinien (I) und (II), GRUR Int. 1982, S. 637ff. und 727ff.

5) Vgl. Ebenroth, Rndr. 363.

6) Vgl. auch Ebenroth, Rdnr. 376 m.w.N.

7) Vgl. zum ganzen Fragenkomplex Ebenroth, Rdnr. 367f. m.w.N.

bewerbs, insbesondere in den Entwicklungsländern,

- Wohlstandsmehrung im allgemeinen
- Schutz und Förderung der Verbraucherinteressen im besonderen
- Beseitigung von Nachteilen, die von wettbewerbsbeschränkenden Geschäftspraktiken transnationaler Unternehmen ausgehen
- Schaffung international gebilligter Wettbewerbsregeln, die auf die nationale und regionale Ebene übertragen werden können und sollen.

Die Entwicklungsländer sollen gem. Abschnitt C (iii) Ziff. 7 des Kodex bevorzugt behandelt werden. Die Staaten sollen danach "bei der Ausübung der Kontrolle über wettbewerbsbeschränkende Geschäftspraktiken auf die Entwicklungs-, Finanz- und Handelsbedürfnisse von Entwicklungsländern Rücksicht nehmen, um deren wirtschaftliche Prosperität zu fördern."[8] Die Bevorzugung der Unternehmen aus den Entwicklungsländern sei jedoch nur insoweit gerechtfertigt, als sie die Chancen der betreffenden Länder am Weltmarkt aufzutreten verbessere und zu keinen "ungerechtfertigten" Wettbewerbsbeschränkungen unter allgemeinen wettbewerbsrechtlichen Gesichtspunkten führe.[9]

Ein ähnliches Ziel verfolgen auch die Vorschläge der Gruppe 77, in denen gefordert wird, durch den Erlaß eines "Code of Conduct on the Transfer of Technology", der für Technologieübertragungsakte grundlegende Prinzipien enthalten soll, Entwicklungsländer in ihren Technologisierungsbemühungen zu unterstützen.[10] Der Verhaltenskodex

---

8) Vgl. Ebenroth, Rdnr. 378.

9) Vgl. Ebenroth, Rdnr. 379 m.w.N.

10) "Code of Conduct" abgedruckt in Derecho de la Integración 1975 (20), S. 218. Vgl. Fikentscher, Wolfgang, The Draft International Code of Conduct on the Transfer of Technology, Studies in International Property and Copyright Law, Weinheim 1980. Vgl. zu den einzelnen vorgeschlagenen Regelungen auch Cabanellas, Guillermo, Antitrust und Direct Regulation of International Transfer of Technology Transactions - A Comparison and Evaluation -, Studies in Industrial Property and Copyright Law, Weinheim 1982 (zit. Cabanellas IC Studies) und Fikentscher, Wolfgang und Kunz-Hallstein, Hans-Peter, Technologietransfer an Entwicklungsländer und Kartellrecht,

ist allerdings bisher nicht über das Entwurfsstadium hinausgediehen[11]) und daher nicht von praktischer Bedeutung.

Obwohl die Entwicklungsländer die Notwendigkeit sehen, Technologie zu importieren, sind sie noch immer von einer mehr oder weniger kritischen Einstellung gegenüber ausländischen Technologien geprägt.

Legislative Maßnahmen restriktiven Charakters sollten die Situation der Entwicklungsländer positiv verändern. Derartige Regelungen sind in vielen Ländern zu beobachten; man nahm sogar an, die Tendenz der Entwicklungsländer zum regulierten Technologietransfer sei irreversibel.[12]) Heute hat sich der Trend gewandelt. Man versucht aufgrund der Erfahrungen der letzten Jahre einen etwas ausgewogeneren Weg zu gehen. Zu weitgehende Restriktionen sind nur in begrenztem Maße praktisch durchsetzbar und akzeptabel: Sowohl Technologiebezieher als auch Technologielieferant sind oft nur allzu gerne bereit, durch Gentlemen's agreements die gesetzlichen Auflagen zu umgehen, um die beiderseitigen wirtschaftlichen Interessen zu wahren[13]) und dies - wie man annimmt -

---

GRUR Int. 1979, S. 437. Vgl. auch Alvarez Soberanis, Jaime, La participación de America Latina en la revisión del sistema internacional de propiedad industrial y elaboración del código sobre transferencia de tecnología, Derecho de la Integración November 1977 (25-26), S. 65. Alvarez Soberanis, Jaime, La regulación de las invenciones y marcas y de la transferencia tecnológica, México 1979, S. 499 (zit. Alvarez Soberanis). Correa, Carlos, El derecho latinoamericano y la propuesta de regulación internacional de la transferencia de tecnología: un análisis preliminar, Integración Latinoamericana Mai 1981 (57), S. 31. Vgl. auch Hernandez Vasquez, Jairo R., El Código Internacional de Conducta para la Transferencia de Tecnología, Universitas Bogotá/Kolumbien Juni 1978, S. 169.

11) Vgl. Basedow, Jürgen, Entwicklungslinien des internationalen Kartellrechts, NJW 1989, S. 627, 635.

12) Vgl. Delgado, Alejandro, Analysis of Laws of Technology Transfer, Les Nouvelles 1975, S. 137, 138. Jedoch bestehe nicht nur in Entwicklungsländern eine solche restriktive Handelspraxis ("restrictive trade practices"), sondern auch z.B. in den USA und in den EG-Ländern durch deren Kartellgesetze. S. des weiteren unten S. 166ff.

13) Vgl. Danino, Roberto und Gallo, Julio, Update on Licensing in Peru, Les Nouvelles 1987, S. 69, 72.

häufig mit Wissen und indirekter Billigung der Genehmigungsbehörden.[14] Unter dem Druck sinkender Technologieimportzahlen und wachsenden marktwirtschaftlichen Interesses beginnen einige Länder den Technologietransfer zu erleichtern.[15] Während z.B. Venezuela sein restriktives Technologietransfergesetz beibehielt und nur die Anforderungen verringerte, ging Argentinien zu einem eher marktwirtschaftlich geprägten Ansatz über.

Die Vor- und Nachteile von Technologietransfer sollten nicht nur aus der Sicht der Entwicklungsländer bewertet werden, es müssen ebenso die Interessen der technologiegebenden Industrienationen berücksichtigt werden. Nach Auffassung von Beier[16] wäre ein Kompromiß zwischen den Industrie- und den Entwicklungsländern unter der Bedingung denkbar, daß beide Parteien ihre Positionen neu überdenken: "Die Entwicklungsländer müssen einsehen lernen, daß die Überlassung privat entwickelter Technologie weder kostenlos erfolgen noch durch rechtliche Sanktionen - wie einen verschärften Ausübungszwang für Patente - erzwungen werden kann. Der Technologietransfer funktioniert nur dann befriedigend, wenn er freiwillig, zu angemessenen Bedingungen und in vertrauensvoller Kooperation der Vertragspartner erfolgt. (...) Die Industrieländer und ihre Unternehmen sollten ihrerseits alles tun, um das vorhandene Mißtrauen der Entwicklungsländer abzubauen, indem sie ihre stärkere Stellung und ihre größeren Erfahrungen nicht mißbräuchlich ausnutzen, keine harte Verhandlungsposition beziehen, sondern Verständnis für die berechtigten Bedürfnisse und Wünsche der Entwicklungsländer aufbringen."

Für die Länder der Dritten Welt stellt schon die Auswahl geeigneter

---

14) Vgl. Otamendi, Jorge, Update on Licensing in Argentina, Les Nouvelles 1987, S. 166.

15) Vgl. Hoet, Franklin und Coriat, Alain, Venezuela Eases Licensing Rules, Les Nouvelles 1987, S. 161; Neubauer, Hans, Marktwirtschaftlicher Ansatz bei der Neuregelung des Technologietransfers nach Argentinien, GRUR Int. 1981, S. 622ff.

16) Vgl. Beier, Friedrich-Karl, Hundert Jahre Pariser Verbandsübereinkunft, Ihre Rolle in Vergangenheit, Gegenwart und Zukunft, GRUR Int. 1983, S. 339, 346. Die Aussage von Beier bezieht sich auf die PVÜ, gilt aber m.E. allgemein für die Argumente für und gegen Technologietransfer in Entwicklungsländer.

Technologien ein großes Problem dar.[17] Zunächst ging man unter dem Begriff "appropriate technology" davon aus, daß die in den industrialisierten Staaten entwickelte Technologie in der Regel nur bedingt für die Entwicklungsländer geeignet sei; jedenfalls soweit es sich um modernste Technologie handle. Im Hinblick auf die Zielsetzung, vorrangig landesinterne Quellen zu nutzen,[18] sind sowohl arbeits- und sozialpolitische Gesichtspunkte zu berücksichtigen. Es muß fernerhin entschieden werden, ob kapitalintensiven oder eher arbeitsintensiven Technologien der Vorrang zu gewähren ist.

In Entwicklungsländern besteht oft noch ein hoher Bedarf an lebensnotwendigen Gütern. Es ist daher ein Transfer von solcher Technologie erstrebenswert, der diesen Mangel behebt. Der Import von Technologie zur Herstellung von Luxusgütern genügt diesem Anspruch nicht.[19] Der Einkauf von Technologie ist zudem abhängig von der Übersicht des Technologienehmers über den Weltmarkt.[20] Da eine einseitige Beratung zu einer verstärkten wirtschaftlichen Abhängigkeit des Landes führen kann, wären zentrale Informationsbanken anzustreben.

Die Entwicklungsländer haben gegenüber den Technologieverkäufern aus den Industrieländern im allgemeinen eine schwache Verhandlungsposition. Der Grund dafür liegt in den wenig stabilen wirtschaftlichen und politischen Verhältnissen in den Bezieherländern, in nicht ausreichender Kapital- und Devisenausstattung und der Schwierigkeit, dem ausländischen Technologieverkäufer eigene Weiterentwicklungen der bezogenen Technologie zur Verfügung zu stellen. Dem gegenüber steht - aus der Sicht der Entwicklungsländer - die monopolistische Stellung

---

17) Vgl. zum ganzen Fragenkomplex Weigand, S. 16ff.

18) Vgl. Hernandez Vasquez, S. 170.

19) Vgl. Weigand, S. 19.

20) Vgl. Organisation Mondiale de la Propriété Intellectuelle (OMPI), Guide sur les licences pour les pays en développement, Genf 1977, S. 18 (zit. OMPI, Guide sur les licences).

vieler internationaler Unternehmen. Folgen der schwachen Position des Technologiekäufers sind zu hohe Gegenleistungen für die Übertragung der Technologie, die wiederum zu überhöhten Preisen der mit dieser Technologie produzierten Waren führen.[21)]

Die Probleme der Entwicklungsländer beim Import von Technologie sollen hier nur kurz beleuchtet werden, eine nähere Betrachtung erfolgt bei den einzelnen gesetzlichen Regelungen.

Die durch die restriktiven Regelungen beabsichtigten Zielsetzungen umfassen im wesentlichen folgende Punkte:[22)]

- Schaffung einer besseren Verhandlungsposition für die einheimischen Unternehmen hinsichtlich ihrer ausländischen Technologiegeber durch staatliche Assistenz bei der Vertragsgestaltung und Verhinderung der Vereinbarung restriktiver Klauseln

- Reservierung wirtschaftlich attraktiver oder strategisch für wichtig erachteter Bereiche für eigene staatliche Unternehmen bzw. für nationales Kapital

- Erhöhung der Wirksamkeit der durch den Staat angewendeten wirtschaftspolitischen Instrumente

- Vermeidung von Steuerumgehungen oder Kapitalflucht und

- Förderung des Aufbaus einer besseren einheimischen Technologieinfrastruktur.

Diese Zielsetzungen sind allgemeiner Natur und auf Technologietransferregelungen aller Entwicklungsländer anwendbar. Sie gelten jedoch als Gesamtrahmen für die Regelungen des Andenpaktes und anderer südamerikanischer Länder, die im Zusammenhang mit Technologietransfer erlassen wurden.

---

21) Vgl. OMPI, Guide sur les licences, S. 20.

22) Vgl. Sell, S. 96.

II. Andenpakt[23)]

1. Geschichte

Nachdem die Lateinamerikanische Freihandelszone ALALC (Asociación Latinoamericana de Libre Comercio), gegründet am 18. 2. 1960 mit dem Vertrag von Montevideo, das von ihr angestrebte Ziel einer wirtschaftlichen Integration ihrer Mitgliedsländer nicht erreicht hatte, unterzeichneten die Andenländer Bolivien, Chile, Kolumbien, Ecuador und Peru im Mai 1969 das Abkommen zur Regionalen Integration von Cartagena, kurz als Andenpakt oder als Abkommen von Cartagena ("Acuerdo de Cartagena") bezeichnet.[24)]

Es handelt sich um einen mehrseitigen völkerrechtlichen Integrationsvertrag zwischen Teilen eines schon bestehenden Integrationsverbandes, da sämtliche Länder Mitglieder der Lateinamerikanischen Freihandelszone waren und bis heute sind.[25)]

Chile, eines der Gründerländer, trat 1976 auf der Konferenz des Andenpaktes in Lima wegen tiefgreifender Meinungsverschiedenheiten über Fragen des Handels, der Zölle und der Behandlung ausländischen Kapitals[26)] aus dem Pakt aus.[27)] Es hatte sich im Laufe der Zeit mehr und

---

23) Die in dieser Arbeit verwendeten Gesetzestexte des Andenpaktes finden sich vollständig im Anhang S. 248ff.

24) Originaltext: Junta del Acuerdo de Cartagena, Codificación del Acuerdo de Cartagena - Decision 147, Bogotá/Kolumbien, 1979.

25) Vgl. Broszehl, Detlev, Ausländische Direktinvestitionen und Technologietransfer im Andenpakt, Die Regelungen Venezuelas, Dissertation Bochum 1983, S. 9.

26) S. die Investitionsbestimmungen der früheren Dec. 24. Durch den Austritt Chiles wurde die andine Integration selbst in Frage gestellt. Vgl. Schwaiger, Peter, Entwicklung und aktuelle Probleme des gemeinsamen Patentrechts im Andenpakt, GRUR Int. 1982, S. 33, 35.

27) Durch die Dec. 102 vom 30. Okt. 1976 wurde Chile von den wesentlichen Pflichten und Rechten des Andenpaktes entbunden. Geblieben sind solche aus der Dec. 40 (Doppelbesteuerung), Dec. 46 (multinationales andines Unternehmen), Dec. 56 (internationale Strassentransporte) und Dec. 94 (Hauptstrassennetz). Vgl. zu der Rechtslage vor dem Austritt Chiles aus dem Andenpakt Casanova, Manuel, Anotaciones a la aplicación de la Decisión No. 24: El caso de Chile, Derecho de la Integración März

mehr einer antiinterventionistischen Wirtschaftspolitik verschrieben und war für eine stärkere Liberalisierung der gemeinsamen Investitionsbestimmungen eingetreten.

Venezuela hatte sich zunächst wegen ungelöster Probleme wettbewerbsrechtlicher Art dem Andenpakt nicht angeschlossen.[28)] Durch seinen Beitritt im Jahre 1973 versprach sich das Land nun eine Verbesserung seiner Exportchancen.[29)] Venezuela zeichnete sich vor 1973 durch eine liberale Haltung und ein absolut freies System des Technologietransfers aus. Diese Haltung wurde durch den Beitritt zum Andenpakt von Grund auf verändert.[30)] Venezuela war lange Zeit das Mitgliedsland, das die integrationsrechtlichen Bestimmungen nicht nur am konsequentesten in Kraft setzte, sondern auch anwandte.[31)] Seit 1986[32)] werden Technologietransfer und ausländische Investitionen wieder erleichtert.[33)]

In der weiteren Entwicklung des Andenpaktes setzte sich die durch den Austritt Chiles begonnene Erosion fort. 1984 untersagten Kolumbien und

---

1974 (15), S. 239.

28) Vgl. Broszehl, S. 9.

29) Durch den Konsens von Lima am 13. Febr. 1973.

Zur wirtschaftlichen Entwicklung und Situation Venezuelas innerhalb des Andenpaktes vgl. de Krivoy, Ruth, Integración Latinoamericana September 1987 (127), Venezuela ante el proceso de integración andina, S. 20ff.

30) Vgl. Bentata, Victor, Licensing in Venezuela, Les Nouvelles 1985, S. 1.

31) Vgl. Broszehl, S. 4.

32) Vgl. in übrigen unten S. 159, Fußn. 202.

33) Vgl. de Krivoy, Integración Latinoamericana September 1987 (127), S. 23; Agosin, Manuel R. und Ribeiro, Vicente B., Inversiones extranjeras en América Latina: tendencias recientes y perspectivas, Integración Latinoamericana Juni 1987 (124), S. 21ff.

Venezuela ganz oder teilweise Importe aus anderen Paktstaaten. Unklare innenpolitische Verhältnisse, wie in Bolivien,[34] brachten die angestrebte rechtliche und wirtschaftliche Vereinheitlichung zum Stillstand.[35] Ecuador drohte mehrmals an den Pakt zu verlassen, wenn die Mitglieder nicht zustimmten, ausländische Investitionen durch eine Veränderung der Dec. 24 - die die Behandlung ausländischen Kapitals und die Übertragung und Nutzung von ausländischen gewerblichen Schutzrechten und Know-how regelt[36] und damit die wichtigste Rechtsquelle für den Technologietransfer darstellt - zu erleichtern.

Am 12. Mai 1987 wurde in Quito - nach mehrjährigen Verhandlungen - das "Protocolo Modificatorio del Acuerdo de Cartagena" (kurz "El Protocolo de Quito")[37] unterzeichnet. Dieses enthält weitgehende Änderungen der ursprünglichen Konzeption des Andenpaktes. Es stellt einen Kompromiß zwischen den "Orthodoxen", die am strengen technologieimportfeindlichen Kurs festhalten wollen, und den Anhängern einer neuen, offeneren Politik dar. Eine wichtige Maßnahme[38] im Rahmen der Modifizierung der Politik des Andenpaktes war die Überarbeitung der Dec. 24. Sie wurde durch die Dec. 220[39] ersetzt. Die neue Decisión liberalisiert den Zufluß ausländischen Kapitals in die Andenländer, indem sie den einzelnen Ländern einen größeren Freiraum zubilligt, darüber eigenstän-

---

34) Bolivien zog sich aufgrund politischer Kontroversen mit den anderen Andenländern aus dem Pakt zurück. Vgl. Zürrer, Werner, Politische, wirtschaftliche, militärische Zusammenschlüsse und Pakte der Welt, 13. Auflage, Sankt Augustin 1987, S. 40.

35) Vgl. Grützmacher, S. 46.

36) Regimen Común de tratamiento a los capitales extranjeros y sobre marcas, patentes, licencias y regalías. Erlassen am 31. Dezember 1970. Vgl. des weiteren unten S. 111ff.

37) Fundstelle Integración Latinoamericana Mai 1988 (134), Documentación S. 62. Vgl. Carmona Estanga, Pedro, El Protocolo Modificatorio del Acuerdo de Cartagena: negociación y características, Integración Latinoamericana Mai 1988 (134), S. 3.

38) Zu den weiteren erlassenen Decisionen vgl. Integración Latinoamericana September 1987 (127), Información S. 62.

39) Erlassen am 11. Mai 1987. Abgedruckt in Integración Latinoamericana Oktober 1987 (128), Documentación S. 65.

dige Normen zu erlassen. Die Andenländer können nun zwar ihrem Entwicklungsstand angemessene Technologietransfergesetze erlassen, kritisch betrachtet man aber die Abschwächung des gemeinsamen Charakters der Regelungen.[40)]

Die Rolle Boliviens innerhalb des Andenpaktes bleibt unklar: Während es sich nach Auskunft der Deutsch-Bolivianischen Industrie- und Handelskammer von einer Anwendung der neuen Dec. 220 distanziert, da dort die freie Marktwirtschaft gelte, wurde im Rahmen der Erneuerung des Andenpaktes mit der Dec. 222 ein spezielles Hilfsprogramm für Bolivien etabliert.

40) Vgl. die ecuadorianische Tageszeitung "Hoy" vom 11. Juli 1987.

2. Aufbau[41)]

Die Hauptorgane der Gemeinschaft, die ihren Verwaltungssitz in Lima hat, waren nach dem ursprünglichen Konzept des Acuerdo de Cartagena die Kommission und der Rat.[42)]

Durch das Protocolo de Quito wurden als weitere Hauptorgane der Andengerichtshof (Tribunal des Justicia) und das Andenparlament[43)] neu geschaffen (Art. 5).[44)]

Die Kommission bildet das oberste Organ des Andenpaktes und hat als solches die alleinige Gesetzgebungskompetenz[45)] in den ihr zugewiesenen Bereichen. Sie setzt sich aus jeweils einem bevollmächtigten Vertreter jedes Mitgliedslandes zusammen (Art. 6).[46)] Sie ernennt die drei Mitglieder des Exekutivausschusses (der Junta)[47)] und entscheidet im übrigen mit Zweidrittelmehrheit. Ihre Entscheidungen, die sog. Decisiones (auch Beschlüsse), bedürfen zu ihrer Verbindlichkeit und Wirk-

---

41) Vgl. Olivares Santibánez, María Cristina, Markenschutz im Lateinamerikanischen Recht, Dissertation Göttingen 1981, S. 13f.

42) Artt. 6 - 12 und Artt. 13 - 18 des Abkommens von Cartagena.

Vgl. zum gesamten Fragenkomplex Zürrer, S. 40.

43) Weiterführend vgl. Vacchino, Juan Mario, El papel del Parlamento en la integración regional: condiciones y modalidades de una participación necesaria, Integración Latinoamericana Juni-Juli 1989 (146-147), S. 3ff.; Barros Charlín, Raymundo, Atribuciones del Parlamento Andino como órgano principal del Acuerdo de Cartagena y orientador del proceso de integración subregional, Integración Latinoamericana Juni-Juli 1989 (146-147), S. 16ff; Londoño Sánchez, Jorge Octavio, Las elecciones directas en los Parlamentos regionales: el caso del Parlamento Andino, Integración Latinoamericana Juni-Juli 1989 (146-147), S. 28ff.

44) Vgl. Zelada Castedo, Alberto, Las reformas al Acuerdo de Cartagena: la estructura institucional y el principio de no discriminación, Integración Latinoamericana Mai 1988 (134), S. 14f.

45) Diese Gesetzgebungskompetenz wurde durch das Protocolo de Quito neu eingefügt.

46) Vgl. Zelada Castedo, Integración Latinoamericana Mai 1988 (134), S. 20.

47) Zu den weiteren Aufgaben vgl. Acuerdo de Cartagena, Art. 7 und Protocolo de Quito, Art. 7.

samkeit in jedem Andenland der Ratifikation.

Die Junta (der Rat) stellt das technische permanente Organ des Paktes dar (Art. 13). Sie übernimmt die fachliche Durchführung der Kommissionsbeschlüsse, überwacht die Einhaltung des Vertrages und verabschiedet Vorschläge für die Kommission (Art. 15 des Acuerdo de Cartagena iVm Art. 12 des Protocolo de Quito).

Im Bereich des gewerblichen Rechtsschutzes oblag der Kommission auf Antrag des Rates z.B. die Aufgabe, den Mitgliedsländern eine gemeinsame Politik zur Behandlung ausländischen Kapitals und Systeme für die Behandlung von Warenzeichen, Patenten, Lizenzen und Gebühren zu empfehlen, worauf diese seinerzeit die Dec. 24 erließ.

3. Ziele der andinen Integration

Der Andenpakt hatte - neben der Schaffung einer Zollunion[48] - eine integrative Entwicklung zum Ziel, basierend auf einem gemeinsamen Industrialisierungprogramm, der Harmonisierung der Volkswirtschaftspolitik und der Koordinierung der Entwicklungspläne.[49] Er sollte auf der Grundlage der wirtschaftlichen Integration dazu beitragen, das Entwicklungsgefälle zu den übrigen Staaten Lateinamerikas und innerhalb der Subregion auszugleichen sowie deren wirtschaftliches Wachstum zu beschleunigen.[50] Durch eine ausgewogene wirtschaftliche Entwicklung der Mitgliedsstaaten sollte eine kontinuierliche Hebung des

---

48) Vgl. weiterführend Broszehl, S. 14f.; Grützmacher, S. 46; Pico Mantilla, Galo, Realidades y Perspectivas de la Integración Latinoamericana, 2. Auflage, Quito/Ecuador 1981, S. 83.

49) Vgl. Carmona Estanga, Integración Latinoamericana Mai 1988 (134), S. 4.

50) Art. 1 des ursprünglichen Abkommens von Cartagena; vgl. Broszehl, S. 14. Jetzt Art. 2 des Protokolls von Quito.

Lebensstandards ihrer Bewohner erreicht[51] und Arbeitsplätze für die schnell wachsende Bevölkerung geschaffen werden.[52] Die Ausweitung der interregionalen Handelsbeziehungen sollte eine bessere Ausnutzung der vorhandenen ökonomischen Ressourcen gewährleisten und den Industrialisierungsbemühungen neue Impulse vermitteln.[53] Man erhoffte sich eine Beseitigung der Strukturprobleme, die durch die vorher betriebene Importsubstitutionspolitik entstanden waren.[54] Diese war darauf gerichtet, unter dem Schutz hoher Zollschranken nationale Verbrauchsgüterindustrien aufzubauen, um den entsprechenden Einfuhrbedarf zu vermindern,[55] hatte aber zu eingeschränkten Absatzmöglichkeiten innerhalb eines zu kleinen Marktes, hohen Produktionskosten und fehlenden Anstößen zur Diversifizierung der Exporte geführt.[56]

Dieses ursprüngliche Konzept des Andenpaktes war in den 80iger Jahren einer Reihe von Problemen ausgesetzt:[57] Decisionen - vor allem diejenigen, welche die Schaffung einer Zollunion und das gemeinsame Industrialisierungsprogramm vorsahen - wurden später als geplant in Kraft gesetzt, andere von den Mitgliedsländern nicht angewandt. Negative Zahlungsbilanzen, die Probleme der Auslandsverschuldung[58] einhergehend mit einem Anwachsen der Inflation und der Arbeitslosigkeit lösten

---

51) Vgl. Weigand, S. 48.

52) Vgl. Grützmacher, S. 46.

53) Vgl. Broszehl, S. 15.

54) Vgl. Broszehl, S. 15.

55) Vgl. Broszehl, S. 15f.

56) Vgl. Broszehl, S. 16.

57) Vgl. zum ganzen Fragenkomplex Carmona Estanga, Integración Latinoamericana Mai 1988 (134), S. 5. Vgl. auch Ffrench-Davis, Ricardo, Integración económica, Integración Latinoamericana Januar-Februar 1989 (142), S. 35ff. Zu den neuesten wirtschaftlichen Statistiken vgl. Perry Rubio, Guillermo, Integración Latinoamericana: de la crisis a la madurez? Integración Latinoamericana August 1989 (148), S. 71ff.

58) Vgl. auch Wiarda, Integración Latinoamericana Mai 1988 (134), S. 48; Silva Herzog, Jesús, Deuda, ajuste e integración en América Latina, Integración Latinoamericana Juni 1988 (135), S. 39ff.

eine Wirtschaftskrise aus.[59]

Im Protokoll von Quito werden zwar im Grundsatz die dargestellten Ziele weiter verfolgt, sollen aber weitaus flexibler und pragmatischer gehandhabt werden. So gewähren z.B. die Progamme der industriellen Integration mehr Optionen für das einzelne Land und legen ihm, anders als die früheren sektoralen Industrialisierungsprogramme,[60] die jedem Land befristet den Aufbau bestimmter Industriezweige zuteilten und damit ein monopolartiges Belieferungsrecht für den gemeinsamen Markt verbanden,[61] bezüglich der Zuweisung und Reservierung eines Marktes keine strikten Verpflichtungen auf.[62]

4. Andenpakt und Abkommen über gewerbliche Schutzrechte

a) Pariser Verbandsübereinkunft zum Schutz des gewerblichen Eigentums (PVÜ)[63]

Viele lateinamerikanische Staaten standen der PVÜ von Anfang an ablehnend gegenüber. Ecuador trat zwar 1884 dem Abkommen bei, kündigte aber 1886 wieder seine Mitgliedschaft.[64] Kolumbien erließ mit Ley

---

59) Vgl. de Krivoy, Integración Latinoamericana September 1987 (127), S. 20, 23f. Zum neuesten Stand vgl. Integración Latinoamericana Juni 1988 (135), Información S. 50: Tendencia decreciente en la economía del Grupo Andino.

60) Zu den Gründen des Scheiterns des industriellen Programms vgl. auch Perry Rubio, Integración Latinoamericana August 1989 (148), S. 77f.

61) Vgl. Broszehl, S. 17.

62) Vgl. Carmona Estanga, Integración Latinoamericana Mai 1988 (134), S. 8.

63) Unterzeichnet am 20. März 1883. Vgl. Beier, Friedrich-Karl, GRUR Int. 1983, S. 339.

64) Vgl. Olivares Santibánez, S. 23.

Zu den heutigen Mitgliedsländern (Stand 1. 1. 1987) vgl. Hubmann, Heinrich, Gewerblicher Rechtsschutz, 5. Auflage, München 1988, S. 71.

No. 35 vom 29. Dezember 1969 das entsprechende Beitrittsgesetz zur PVÜ in der Lissabonner Fassung, hinterlegte aber nicht rechtzeitig die Beitrittsurkunde vor Inkrafttreten der Stockholmer Fassung am 26. April 1970. Der Beitritt zur Stockholmer Fassung erfolgte nicht mehr, da Kolumbien zwischenzeitlich Mitglied des Andenpaktes geworden war und sich zudem die Haltung der lateinamerikanischen Länder gegenüber der PVÜ grundlegend änderte.[65)]

Heute ist kein Andenland Mitglied des Übereinkommens, da Art. 83 der Dec. 85 bestimmt, daß kein Andenstaat einseitig ein der Decision widersprechendes bilaterales oder multilaterales Abkommen über gewerbliches Eigentum mit Drittstaaten oder internationalen Organisationen eingehen kann.[66)] Die völker- und verwaltungsrechtlichen Vorschriften der PVÜ verstoßen nicht gegen die Bestimmungen der Dec. 85, jedoch sind einzelne materielle Regelungen mit ihr unvereinbar. Der Beitritt eines Andenstaates würde daher eine Verletzung des Art. 83 der Dec. 85 darstellen, sofern nicht eine Veränderung der PVÜ erfolgte.[67)]

Durch eine Abkehr vom Prinzip der Gleichberechtigung aller Staaten im Bereich des gewerblichen Rechtsschutzes und einer Beschränkung des Grundsatzes der Inländerbehandlung zugunsten der Entwicklungsländer (vgl. Art. 2 der PVÜ)[68)] soll die Stellung der Entwicklungsländer verbessert werden. Ansätze zu einer Revision der PVÜ werden in der Welt

---

65) Vgl. Wittenzellner, Ursula, Grundzüge und Entwicklung des Markenrechts in Argentinien, Eine rechtsvergleichende Darstellung unter besonderer Berücksichtigung des lateinamerikanischen Umfelds und der Stellung Argentiniens als Schwellenland, Schriftenreihe zum gewerblichen Rechtsschutz, Köln, Berlin, Bonn, München 1987, S. 179.

66) Schon in Art. C der Übergangsbestimmungen (vor Erlaß der Dec. 85) war den Mitgliedsstaaten verboten, einseitige Übereinkommen mit Drittländern über gewerbliche Schutzrechte zu schließen, solange ein gemeinsames Patentrecht nicht in Kraft war. Art. 83 der Dec. 85 griff dieses Verbot auf und modifizierte es. Vgl. Schwaiger, Peter, GRUR Int. 1981, S. 34, Fußn. 29.

67) Vgl. Olivares Santibánez, S. 24f.

68) Vgl. Olivares Santibánez, S. 28.

organisation für geistiges Eigentum (WIPO) und in der Welthandelskonferenz (UNCTAD) entwickelt. Die UNCTAD hat eindeutig Position zugunsten der Entwicklungsländer bezogen. Sie übt Kritik am Grundsatz der Inländergleichbehandlung und geht - wie einzelne Entwicklungsländer - davon aus, daß der Gleichbehandlungsgrundsatz nur zwischen gleichen Partnern funktioniere, da durch eine Gleichbehandlung zwischen ungleichen Partnern der Stärkere bevorzugt werde. Das herkömmliche Patentsystem sei einseitig auf die Interessen der Industrieländer und ihrer Unternehmen zugeschnitten, sorge nicht für einen wirksamen Technologietransfer, sondern trage im Gegenteil zur Aufrechterhaltung und Verfestigung des technologischen und wirtschaftlichen Ungleichgewichts zwischen Nord und Süd bei.[69)] Durch die von der UNCTAD angestrebte und von den Industrieländern mißbilligte Reform des nationalen Patentrechts der Entwicklungsländer sollen bestimmte Erfindungskategorien vom Patentschutz ausgeschlossen werden, die Schutzwirkungen und der Schutzumfang beschränkt, Zwangslizenzen erleichtert und gesetzliche Lizenzen bis zu einschneidenden Kontroll- und Genehmigungsverfahren eingeführt werden.[70)] Die Entwicklungsländer sollen befugt sein, den Grundsatz der Inländergleichbehandlung zu durchbrechen.[71)] Diese Punkte wurden in einigen lateinamerikanischen Ländern bereits im Ansätzen verwirklicht.

Mexiko und Argentinien,[72)] auf deren Technologietransfergesetze in dieser Arbeit ansatzweise eingegangen werden soll, soweit sie sich an die

---

69) Vgl. Beier, Friedrich-Karl, Die Bedeutung des Patentsystems für den technischen, wirtschaftlichen und sozialen Fortschritt, GRUR Int. 1979, S. 227 m.w.N.

70) Vgl. Beier, GRUR Int. 1979, S. 227, 228.

71) Vgl. weiterführend Kunz-Hallstein, Hans-Peter, Revision der Pariser Verbandsübereinkunft zugunsten der Entwicklungsländer - neuere Entwicklungen und Vorschläge; GRUR Int. 1976, S. 65ff. m.w.N.

72) Vgl. für das Verhältnis Argentiniens zur PVÜ Wittenzellner, S. 183ff.

Regelungen des Andenpaktes anlehnen, sind dem Abkommen beigetreten.[73)]

b) Nizzaer Klassifikationsabkommen

Dieses Abkommen behandelt die internationale Klassifikation von Waren und Dienstleistungen für Fabrik- und Handelsmarken. Bis 1979 war ihm kein lateinamerikanisches Land beigetreten, jedoch haben Peru und Kolumbien[74)] seine Bestimmungen z.T. unverändert in ihre Gesetzgebung übernommen.

c) Madrider Abkommen über die internationale Registrierung von Marken[75)]

Gegenwärtig ist kein lateinamerikanisches Land Mitglied des Abkommens. Mexiko kündigte seine Mitgliedschaft vor Inkrafttreten der Nizzaer Fassung 1943.[76)]

---

73) Vgl. Hubmann, S. 71.

74) Für Kolumbien mit Decreto No. 2379 vom 7. 12. 1970 und für Peru mit Decreto Supremo No. 001-71-I.C.-D.S. vom 25. 1. 1971. Vgl. Olivares Santibánez, S. 31, Fußn. 45) und 46).

75) Zu neueren Überlegungen und Tendenzen vgl. z.B. Kunz-Hallstein, Hans-Peter, Völkerrechtliche Fragen einer Änderung des Madrider Markenabkommens und seiner Verknüpfung mit dem künftigen System der Gemeinschaftsmarke, GRUR Int. 1988, S. 809; Krieger, Albrecht und von Mühlendahl, Alexander, Die Madrider Diplomatische Konferenz zum Abschluß eines Protokolls zum Madrider Abkommen über die internationale Registrierung von Marken, Bericht der deutschen Delegation, GRUR Int. 1989, S. 734ff.

76) Vgl. Olivares Santibánez, S. 31 m.w.N.

d) Vertrag über die internationale Registrierung von Marken (TRT - Trademark Registration Treaty)[1]

Der TRT ist ein Sonderabkommen in Übereinstimmung mit Art. 19 PVÜ zur vereinfachten Anmeldung eines Warenzeichens auf internationaler Ebene. Da für einen Beitritt zum TRT die Mitgliedschaft in der PVÜ vorausgesetzt wird, können die Andenländer dessen Vorteile nicht in Anspruch nehmen, obwohl sie gegenüber dem Vertragswerk überwiegend positiv eingestellt sind.[2] Der Vertrag selbst ist aufgrund der Weigerung der USA, ihm beizutreten, in der Praxis erfolglos geblieben. Ihm gehören heute lediglich fünf Staaten an.[3]

---

1) Am 12. 6. 1973 in Wien unterzeichnet. Vgl. Olivares Santibánez, S. 32 Fußn. 53. Vgl. weiterführend Krieger, Albrecht, Urheberrecht und gewerblicher Rechtsschutz im Zeichen der internationalen Entwicklung, GRUR Int. 1973, S. 213, 218.

2) Vgl. Olivares Santibánez, S. 33.

3) Vgl. Krieger und von Mühlendahl, GRUR Int. 1989, S. 735.

B. Das anzuwendende Recht

I. Inhalt und Verletzung des gewerblichen Schutzrechts; die Auswirkungen des Territorialitätsprinzips

Der Inhalt eines gewerblichen Schutzrechts (Patent oder Warenzeichen) richtet sich nach dem Recht des Landes, welches das Schutzrecht gewährt,[1] d.h. nach dem Land, in dem das Schutzrecht wirkt.[2] Der Schutz des Erfinders oder Warenzeicheninhabers hinsichtlich seiner Nutzungs- und Ausschließungsrechte hängt von der Anerkennung und Ausgestaltung des gewerblichen Schutzrechts durch die positiven Rechtsnormen des Staates ab, in dem Rechte daraus hergeleitet werden sollen. Der Grund dafür ist, daß die Erteilung eines Schutzrechts, das dem Inhaber ein Monopolrecht einräumt, einen hoheitlichen Akt darstellt, der Wirkung nur innerhalb der Grenzen des Staates entfalten kann, der ihn vornimmt, und der nur nach den Gesetzen des betroffenen Landes beurteilt werden kann.[3] Nach dem Territorialitätsprinzip[4] gilt daher für die Immaterialgüterrechte sowohl in den Andenstaaten[5] als auch in der Bun-

---

1) Vgl. MünchKomm-Kreuzer, Nach Art. 38 Anh. II Rdnr. 12ff.; Lichtenstein, NJW 1964, S. 1349; ders., NJW 1965, S. 1844; Pfordte, Rudolf, Der internationale Lizenzvertrag, DB 1974, S. 1465, 1467.

Ebenso Firsching, Karl, Einführung in das internationale Privatrecht, 3. Auflage, München 1987, S. 289.

2) Vgl. Reithmann-Merz, Rdnr. 671.

3) Vgl. Stumpf, Rdnr. 448 m.w.N. Vgl. auch Deutsch, Erwin, Die Warenzeichenlizenz im Kollisionsrecht in: Die Warenzeichenlizenz, Rechtsvergleichende Untersuchungen über die gemeinschaftliche Benutzung von Warenzeichen, Festschrift Ulmer zum 60. Geburtstag, 2. Auflage, München, Köln, Berlin, Bonn 1966, S. 463, 471.

4) Vgl. ausführlich auch Beier, Friedrich-Karl, Territorialität des Markenrechts und internationaler Wirtschaftsverkehr, GRUR Int. 1968, S. 8, 12f.

5) Vgl. auch García Calderón, Manuel, Derecho Internacional Privado, Lima/Perú 1969, S. 174.

desrepublik Deutschland[6] das jeweilige nationale Recht. Das Territorialitätsprinzip gehört nicht dem Kollisionsrecht, sondern dem Sachrecht[7] an. "Es bestimmt nicht die Anwendbarkeit des eigenen oder fremden Immaterialgüterrechts, sondern setzt die Statutbestimmung bereits voraus. Das Kollisionsrecht zieht aus der quasi weltweit vorgegebenen Rechtslage lediglich die Folgerung für die Anknüpfung".[8] Nach Auffassung von Pfaff[9] folge der Territorialitätsbegriff nicht aus dem auf das Staatsgebiet beschränkten Geltungsbereich des Gesetzes, sondern bezeichne den Wirkungsbereich einer Norm.

Als kollisionsrechtliche Regel[10] ist das Territorialitätsprinzip zudem im Prinzip der Inländerbehandlung in Art. 2 PVÜ[11] niedergelegt. Der Schutz ausländischer Erfindungen und Warenzeichen richtet sich nach

---

6) "lex loci protectionis"; vgl. MünchKomm-Kreuzer, München 1983, Nach Art. 38 Anh. II Rdnr. 7, 12f.; Beier, Friedrich-Karl, Die international privatrechtliche Beurteilung von Verträgen über gewerbliche Schutzrechte in: Holl/Klinke Internationales Privatrecht - Internationales Wirtschaftsrecht, Köln, Berlin, Bonn, München 1985, S. 287, (zit.: Beier); Lichtenstein, Erich, Der gewerbliche Rechtsschutz im internationalen Privatrecht, NJW 1964, S. 1208, 1209.

7) Vgl. Pfaff, Dieter, Das Internationale Privatrecht des Ausstattungsschutzes in: Handbuch des Ausstattungsrechts, Der Schutz der nichteingetragenen Marke und Ausstattung im In- und Ausland, Festgabe für Friedrich-Karl Beier zum 60. Geburtstag, Weinheim 1986, S. 1009, Rdnr. 14 m.w.N. (zit.: Pfaff).

8) Vgl. MünchKomm-Kreuzer, Nach Art. 38 Anh. II Rdnr. 14 m.w.N.; Pfaff, Rdnr. 19. Vgl. auch Birk, Rolf, Die Grenzen des Territorialitätsprinzips im Warenzeichenrecht, NJW 1964, S. 1596, 1597: "Die Rechtfertigung des Territorialitätsprinzips im Warenzeichenrecht kann allein auf das Prinzip der Territorialität der Rechtsordnung gestützt werden." AA wohl Drobnig, Ulrich, Originärer Erwerb und Übertragung von Immaterialgüterrechten im Kollisionsrecht, RabelsZ 40 (1976), S. 195, 205; er ordnet das Territorialitätsprinzip den Kollisionsregeln zu; vgl. auch die Nachweise bei Pfaff, Rdnr. 15 Fußn. 9.

9) Vgl. Pfaff, Rdnr. 12.

10) Umstr. vgl. MünchKomm-Kreuzer, Nach Art. 38 Anh. II Rdnr. 3 m.w.N.: Nach einer Mindermeinung stellt der Grundsatz der Inländerbehandlung nur eine fremdenrechtliche Regelung ohne kollisionsrechtlichen Gehalt dar. Vgl. auch die Hinweise bei Pfaff, Rdnr. 21.

11) Zur PVÜ vgl. oben S. 15ff.

dem nationalen Recht des Landes, "für dessen Gebiet der Schutz des gewerblichen Eigentums in Anspruch genommen wird. Diese Verweisungsnorm ist der wesentliche Inhalt des viel berufenen Territorialitätsprinzips."[12] Die PVÜ begründet jedoch das Territorialitätsprinzip nicht, sondern regelt die Behandlung der gewerblichen Schutzrechte und der Schutzberechtigten in den Verbandsländern auf der Basis des Territorialitätsprinzips.[13]

Die Zulässigkeit der Übertragung und Lizenzierung[14] eines gewerblichen Schutzrechts, sein Entstehen, sein Umfang, sein Erlöschen, sein Bestand und seine Wirkungen[15] richten sich gleichfalls nach dem Territorialitätsprinzip. Die Zulässigkeit der Übertragung und Lizenzierung eines Immaterialgüterrechts wird nach deutscher Auffassung dem Verfügungsgeschäft zugeordnet.[16] Davon zu unterscheiden ist das Verpflichtungsgeschäft, der Lizenzvertrag, der die übrigen Rechte und Pflichten der Parteien regelt.[17]

Das Territorialitätsprinzip hat auch Auswirkungen auf Verletzungen der Immaterialgüterrechte.[18] Sie können nach überwiegender Ansicht der

---

12) Vgl. Beier, Friedrich-Karl, GRUR Int. 1983, S. 343.

13) Vgl. Pfaff, Rdnr. 20.

14) Vgl. Beier, Friedrich-Karl, Das auf internationale Markenlizenzverträge anwendbare Recht, GRUR Int. 1981, S. 299, 305; MünchKomm-Kreuzer, Nach Art. 38 Anh. II Rdnr. 17ff., 20; Reithmann-Merz, Rdnr. 672.

Reithmann, aaO nimmt an, das Recht des Schutzlandes gelte nur für dingliche Verfügungen über das gewerbliche Schutzrecht.

15) Vgl. Lichtenstein, NJW 1965, S. 1844.

16) Nach Auffassung von Pfaff, Rdnr. 17f., liege hier aber keine Parallelität zur Anknüpfung an den Ort der Belegenheit bei körperlichen Sachen vor.

17) Vgl. zum Schuldstatut des weiteren unten S. 27ff.

18) Ansprüche aus Verletzungen der Immaterialgüterrechte wurden in Deutschland bislang dem Deliktsrecht zugeordnet. Da jedoch eine vollständige Deliktskollisionsnorm fehlte, blieb es Rechtsprechung und Literatur überlassen, entsprechende Regeln zu entwickeln. So Martiny, Dieter, Verletzung von Immaterialgüterrechten im Internationalen Privatrecht, RabelsZ 40 (1976), S. 218, 219f. m.w.N.

deutschen Literatur und Rechtsprechung nur in dem Land verletzt werden, in dem sie bestehen.[19] Nur inländischen Immaterialgüterrechten werde der Schutz der inländischen Rechtsordnung zuteil. Werde dagegen ein ausländisches Immaterialgüterrecht im Ausland verletzt, so könne für die Voraussetzungen und Rechtsfolgen nur das ausländische Recht angewandt werden.[20] Durch eine Inlandshandlung könne ein solches ausländisches Recht vom deutschen Standpunkt aus nicht verletzt werden, man dürfe daher, wenn es um die Verletzung eines ausländischen Rechtes gehe, nicht wegen des inländischen Handlungsteils das inländische Recht anwenden.[21] Ebenso könne umgekehrt ein inländisches Immaterialgüterrecht nicht durch eine Auslandstätigkeit verletzt werden. Der Schutzumfang kann von Staat zu Staat variieren.[22]

---

19) Umstr. vgl. MünchKomm-Kreuzer, Nach Art. 38 Anh. II Rdnr. 26 m.w.N. Vgl. auch Martiny, RabelsZ 40 (1976), S. 220 m.w.N.; Pfaff, Rdnr. 8, 106. Die für das Deliktsrecht entwickelte Regel des Handlungs- und Erfolgsortes sei für Immaterialgüterrechte nicht passend; vgl. Pfaff mit Hinweis auf Schricker, in Beier/Schricker, Ulmer, GRUR Int. 1985, Stellungnahme des Max-Planck-Instituts für ausländisches und internationales Patent-, Urheber- und Wettbewerbsrecht zum Entwurf eines Gesetzes zur Ergänzung des internationalen Privatrechts (außervertragliche Schuldverhältnisse und Sachen), S. 104, 106.

20) Vgl. zum ganzen Fragenkomplex Martiny, RabelsZ 40 (1976), S. 220 m.w.N.

21) Vgl. MünchKomm-Kreuzer, Nach Art. 38 Anh. II Rdnr. 26 m.w.N. Zu aA vgl. die Hinweise aaO in Fußn. 95.

22) Vgl. Sandrock, Otto, Das Kollisionsrecht des unlauteren Wettbewerbs zwischen dem internationalen Immaterialgüterrecht und dem internationalen Kartellrecht, GRUR Int. 1985, S. 507, 513ff. m.w.N.

II. Anknüpfung des Kartellrechts und der Technologietransfergesetze des Andenpaktes; Territorialitätsgrundsatz und Auswirkungsprinzip

Die Parteien können weder eine Vereinbarung über das anwendbare Kartellrecht,[23)] noch über zwingende Vorschriften des Devisen-, Außenwirtschafts- und Steuerrechts des jeweiligen Schutzlandes treffen,[24)] da sämtliche Bestimmungen öffentliches Recht darstellen und damit der Disposition der Vertragspartner entzogen sind.[25)] Öffentliches Recht ist, auch wenn es Auslandssachverhalte betrifft, immer Sachrecht, ist daher "immer schon angeknüpft, nicht erst anknüpfungsbedürftig (bzw. anknüpfungsfähig)".[26)] Das Kartellrecht folgt damit ebenso wie das Deliktsrecht der Immaterialgüterrechte zunächst dem Territorialitätsprinzip.[27)]

§ 98 Abs. 2 GWB - als die kollisionsrechtliche[28)] Vorschrift des deut-

---

23) Vgl. zum ganzen Fragenkomplex Stumpf, Rdnr. 451. Nach Reithmann-Merz, Rdnr. 679, gelte hier der Anknüpfungspunkt "betroffener Markt".

24) Vgl. Beier, GRUR Int. 1981, S. 306. Vgl. auch Sołtysiński, Stanisław, Choice of Law and Choice of Forum in Transnational Transfer of Technology Transactions, Académie de Droit International, Recueil des Cours 1986/I, S. 243, 253.

25) Vgl. Sandrock, GRUR Int. 1985, S. 515.

Vgl. allgemein auch Piehl, Hansjörg, Ausländische zwingende Vorschriften und deutsches Schuldstatut, RIW 1988, S. 841.

26) Vgl. von Bar, Christian, Internationales Wettbewerbsbeschränkungsrecht zwischen Sach- und Kollisionsrecht in: Festschrift für Murad Ferid zum 80. Geburtstag, Frankfurt 1988, S. 13, 14. Vgl. dort auch weiterführend zu der Frage der Einpassung der öffentlich-rechtlichen Teile des Wettbewerbsbeschränkungsrecht in seine (international-) privatrechtlichen Teile.

27) Vgl. Sandrock, GRUR Int. 1985, S. 518. Zur Einordnung des Territorialitätsprinzips als Sach- oder Kollisionsrecht vgl. oben S. 21.

28) Vgl. weiterführend Kegel, Gerhard, Internationales Privatrecht, 6. Auflage, München 1987, S. 748ff. Der BGH hat Art. 98 Abs. 2 mehrfach als (einseitige) Kollisionsnorm qualifiziert. AA von Bar, S. 16: § 98 II GWB sei eine "multifunktionale Norm". Das Auswirkungsprinzip übernehme im öffentlichrechtlichen Zusammenhang die Rolle eines Aufgreifkriteriums, im privatrechtlichen Zusammenhang erfülle es die Funktion eines Anknüpfungspunktes. Es oszilliere also zwischen Sach- und Kollisionsrecht.

schen Kartellrechts - bestimmt, daß das GWB dann anwendbar ist, wenn sich Wettbewerbsbeschränkungen im Inland auswirken, selbst wenn sie im Ausland veranlaßt wurden[29] und normiert damit das sog. Auswirkungsprinzip.[30]

Gem. Art. 85 Abs. 1 EWGV[31] ist das EG-Kartellrecht anwendbar auf Wettbewerbsbeschränkungen "innerhalb des Gemeinsamen Marktes". Nach h.M. gilt damit im Wettbewerbsrecht der EG das Auswirkungsprinzip.[32]

Die Bestimmungen des Kartellrechts wirken sich zwingend auf den Lizenzvertrag aus und zwar nicht nur auf seine Zulässigkeit, sondern auch auf seinen Inhalt und seine Auslegung.[33]

Außerdem sind die einzelnen Bestimmungen Teil des ordre public des jeweiligen Landes.[34]

Vgl. auch Basedow, NJW 1989, S. 628; er prägt für ordnungspolitische Normen wie § 98 Abs. 2 GWB den Begriff "Wirtschaftskollisionsrecht".

29) Vgl. Emmerich, S. 39.

30) Zum Auswirkungsprinzip vgl. auch weiterführend Stumpf, Rdnr. 453; ausführlich Rehbinder, Eckard in Immenga/Mestmäcker, § 98 Abs. 2 Rdnr. 17ff. Nach Auffassung von Sandrock beruht das Auswirkungsprinzip auf dem Territorialitätsgrundsatz; vgl. Sandrock, GRUR Int. 1985, S. 518.

31) Vgl. des weiteren unten S. 188.

32) Vgl. zum ganzen Fragenkomplex Emmerich, S. 479 m.w.N. zur h.M. und Basedow, NJW 1989, S. 634 m.w.N. zur Praxis der Gemeinschaftsorgane. Obwohl sich die h.M. und die EG-Kommission zum Auswirkungsprinzip bekennt, hat der EuGH bisher nicht direkt dazu Stellung genommen. Vielmehr stützt der EuGH die Anwendung der Artt. 85f. auf territoriale Verknüpfungen des Sachverhalts mit der EG; vgl. z.B. EuGH v. 27.9.1988, NJW 1988, S. 3086. Das Auswirkungsprinzip ist zwar erwähnt, entscheidend sei aber der Territorialitätsgrundsatz.

33) Vgl. Beier, GRUR Int. 1981, S. 306 mit Beispielen.

34) Vgl. Beier, GRUR Int. 1981, S. 306 und Stumpf, Rdnr. 451.

Die Vorschriften der andinischen Technologietransfergesetze, die sich auf restriktive Geschäftspraktiken beziehen, sind zwingend anwendbar und folgen dem Territorialitätsgrundsatz. Sie sind, wie die kartellrechtlichen Vorschriften, Teil des ordre public.[35)]

Auch für Technologietransfergesetze gilt das Auswirkungsprinzip.[36)]

Andererseits gehen die Regelungen in den Technologietransfergesetzen weit über die kartellrechtlichen Vorschriften hinaus und betreffen Bereiche, die in anderen Rechtsordnungen dispositives Recht sind.[37)] Der besondere Schutzcharakter der Technologietransfergesetze wirkt sich danach gleichfalls auf den Bereich des Internationalen Privatrechts aus.[38)]

Nach dem Un-Kodex zur Kontrolle wettbewerbsbeschränkender Geschäftspraktiken[39)] geht das anwendbare nationale oder regionale Recht dem Code dann vor, wenn ersteres eine strengere Regelung trifft.[40)] Die Vorschrift stellt nach Auffassung von Fikentscher[41)] eine rangkollisionsrechtliche Vorschrift dar. Im Bereich des "räumlichen" Kollisionsrechts kombiniert der Kodex ein Tätigkeits- und Wirkungsstatut.[42)] Die Unter-

---

35) Vgl. Cabanellas, Guillermo, Applicable Law Under International Transfer of Technology Regulations, International Review of Industrial Property and Copyright Law 1984, S. 39, 41f.

36) Vgl. Ebenroth, Rndr. 434. Das geht explizit z.B. aus Art. 2 des mexikanischen Technologieübertragungsgesetzes hervor; vgl. unten S. 241f.

37) Vgl. Cabanellas, International Review of Industrial Property and Copyright Law 1984, S. 41.

38) Vgl. des weiteren unten S. 27ff.

39) Grundsatz in Abschnitt C (i) Ziff. 5 des sog. RBP-Kodex; vgl. schon oben S. 2f.

40) Vgl. Ebenroth, Rndr. 376.

41) Vgl. Fikentscher, Wolfgang, Wirtschaftsrecht, Band I, Weltwirtschaftsrecht, Europäisches Wirtschaftsrecht, München 1983, S. 229f. Zit.: Fikentscher, Wirtschaftsrecht.

42) Vgl. Fikentscher, Wirtschaftsrecht, S. 230. Im Kodex geregelt in Abschnitt D Nr. 1 bis 4.

nehmen sollen sich zunächst an die Wettbewerbsvorschriften der Länder halten in denen sie tätig sind.[43] Zusätzlich gilt - wie schon in den obigen Fällen - das Auswirkungsprinzip.

III. Einschränkungen der Rechtswahl in den Andenpaktstaaten im Bereich des Schuldstatuts

Das klassische, insbesondere deutsche und schweizerische Internationale Privatrecht billigt den Parteien weitgehende Freiheit in der Wahl des Schuldstatuts zu.[44][45]Auch das am 19. Juni 1980 in Rom unterzeichnete EWG-Übereinkommen geht in Art. 3 Abs. 1 vom Grundsatz der freien Rechtswahl aus.[46] Die Parteien können jedes beliebige Recht wählen, soweit irgendein anerkennenswertes Interesse an dem gewählten Recht vorliegt.[47]

Im Gegensatz dazu zeigt sich in den Entwicklungsländern die zunehmende Tendenz, diese Rechtswahl auch im Hinblick auf das Schuldstatut gesetzlich einzuschränken,[48] um die Umgehung zwingender Schutzvor-

---

43) Abschnitt D Nr. 1 und 2 sind Kollisionsnormen, die auf das gesamte nationale Recht des jeweiligen Landes verweisen (Gesamtverweisung); vgl. Fikentscher, Wirtschaftsrecht, S. 230.

44) Auch sog. Prinzip der Wahlfreiheit; vgl. Beier GRUR Int. 1981, S. 300. Vgl. weiterführend auch Lorenz, Egon, Die Rechtswahlfreiheit im internationalen Schuldvertragsrecht, RIW 1987, S. 569.

45) Zur Anknüpfung nach ausdrücklicher, konkludenter Rechtswahl, hypothetischer oder mutmaßlicher Parteiwille, Schwerpunkt des Vertrages usw.; vgl. z.B. von Hoffmann, Bernd, Verträge über gewerbliche Schutzrechte im Internationalen Privatrecht, RabelsZ 40 (1976), S. 208ff.; Beier, GRUR Int. S. 299ff.

46) Vgl. Sołtysiński, S. 258; Beier, S. 288.

47) Vgl. zum ganzen Fragenkomplex Beier, GRUR Int. 1981, S. 300. Vgl. auch Modiano, Giovanna, Licensing and Conflict of Laws, Les Nouvelles 1981, S. 55, 57.

48) Vgl. zum ganzen Fragenkomplex Beier, S. 288f.: Beier unterscheidet hier zwischen den gesetzlichen Schranken, die dem ordre public im weiteren Sinne angehören, und immantenten Schranken, die sich aus der territorialen Natur der Schutzrechte ergeben; aaO S. 288.

schriften des inländischen Rechts zu verhindern. Die diesbezüglichen Regelungen sind jedoch nicht Teil des klassischen Internationalen Privatrechts, das z.B. auf familienrechtliche Probleme anwendbar ist,[49)] sondern Bestandteil der Technologietransfergesetze und damit unter deren besonderer Zielsetzung zu betrachten.[50)] Aus diesem Grunde soll hier auch nicht näher auf das deutsche und südamerikanische Inernationale Privatrecht eingegangen werden, da beides nach der derzeitigen Lage aufgrund der Rechtszuweisungen in den Technologietransfergesetzen nicht zur Anwendung kommt.

Der Standpunkt der Entwicklungsländer, eine zwingende Anknüpfung des Technologievertrages an das Recht des Empfängerlandes zu erreichen, wurde in der Kommission für den Technologietransfer der Konferenz der Vereinigten Nationen für Handel und Entwicklung (UNCTAD) vertreten.[51)] Die entsprechenden Bestimmungen sollten in den UN-Verhaltenskodex für den Technologietransfer aufgenommen werden. Obwohl sich in der Zwischenzeit gezeigt hat, daß der Kodex nicht über das Entwurfsstadium[52)] hinausgediehen ist und die Ausführungen damit an Aktualität verlieren, zeigen sie jedoch deutlich die grundsätzlichen Schwierigkeiten, einen gemeinsamen Standpunkt der Industrieländer und der Entwicklungsländer zu erreichen. Es sollen daher die verschiedenen Überlegungen dargestellt werden.

Die Entwicklungsländer waren mit ihrer Forderung, den Technologietransfervertrag zwingen ihrem eigenen Recht zu unterstellen, auf den

---

49) In Art. 2093 des peruanischen Código Civil, Libro X, "Derecho Internacional Privado", werden zwar Immaterialgüterrechte angesprochen, es wird jedoch auf die speziellen Gesetze verwiesen. Vgl. auch Samtleben, Jürgen, Neues Internationales Privatrecht in Peru, RabelsZ 49 (1985), S. 486, 513.

50) Vgl. oben S. 166ff.

51) Vgl. von Hoffmann, RabelsZ 40(1976), S. 209f.; Beier, GRUR Int. 1981, S. 301 und Sołtysiński, S. 262.

52) Vgl. Basedow, NJW 1989, S. 635 m.w.N. Vgl. zum Verhaltenskodex auch oben S. 3f.

besonderen Widerstand der Industrieländer (B-Gruppe) gestoßen, die im Interesse ihrer Unternehmen am Grundsatz der freien Rechtswahl und des Gerichtsstandes festhalten wollten. Nach Meinung von Beier[53)] ist dieser Widerstand gerechtfertigt. Zwar sei der Wunsch der Entwicklungsländer, die einheimische Wirtschaft vor mißbräuchlichen, unangemessenen, übermäßig belastenden Vertragsbedingungen zu schützen und damit den einheimischen Lizenznehmer zu stärken, durchaus legitim; dies geschehe durch zwingende Vorschriften des Devisen-, Kartell- und Außenwirtschaftsrechts auch in anderen Ländern, wodurch ebenfalls die freie Rechtswahl in erheblichem Umfange eingeschränkt werde. Jedoch schieße der pauschale Geltungsanspruch der Normen des Empfängerlandes über das Ziel hinaus und trage nicht dazu bei, den Technologietransfer in diese Länder zu fördern.[54)] Um den berechtigten Schutzbedürfnissen der Entwicklungsländer Rechnung zu tragen, reiche es daher aus, ihre besonderen Schutzvorschriften für zwingend anwendbar zu erklären. Diese gingen in ihrer Inhaltskontrolle des Lizenzvertrages schon jetzt meist weit über das Kartellrecht hinaus, es könne also auf diesem Wege bereits "ein weitergehender Schutz des Lizenznehmers gegen unangemessene Vertragsbedingungen erreicht werden".[55)] Dieser Auffassung widerspricht Cabanellas[56)]: Die Regelungen der Technologietransfergesetze könnten nur dann ihre volle Wirkung entfalten, wenn ihnen ein bestimmtes Vertragsrecht zugrunde gelegt werde, z.B. im Falle von Garantieverpflichtungen und bei der Interpretation der regulierten Verträge.

---

53) Vgl. Beier, GRUR Int. 1981, S. 301f.

54) Nach Beier, GRUR Int. 1981, S. 302, dürfte z.B. ein Schweizer Lizenzgeber eher geneigt sein, einem argentinischen Lizenznehmer eine günstigere Vertragsklausel zuzugestehen, wenn er davon ausgehen könne, daß darüber im Streitfall nach Schweizer Obligationenrecht und gegebenenfalls vor einem international besetzten Schiedsgericht in Zürich, Paris oder München entschieden werde.

55) Vgl. Beier, GRUR Int. 1981, S. 302.

56) Vgl. Cabanellas, International Review of Industrial Property and Copyright Law 1984, S. 44.

In den südamerikanischen Ländern ist die zwingende Anknüpfung des Technologievertrages an das Recht des Technologienehmerlandes weitgehend in der Gesetzgebung oder der Genehmigungspraxis der nationalen Behörden verwirklicht worden.[57)]

Die Anknüpfungsvorschriften der Technologietransfergesetze sind nicht einheitlicher Natur. Sie lassen sich in folgende Gruppen unterteilen:[58)] Regeln, die das einheimische Recht für anwendbar erklären; Regeln, nach denen der Vertrag eine Klausel enthalten muß, die das einheimische Recht für anwendbar erklärt; Regeln, die verbieten, ausländisches Recht zu vereinbaren; Gesetze, die keine ausdrücklichen Regelungen enthalten, nach welchen die Genehmigungsbehörde jedoch die Befugnis hat, entsprechende verweisende Verträge zurückzuweisen.

Das gemeinsame Recht der Andenstaaten, d.h. die frühere Dec. 24, behandelte das Problem nicht. Lediglich die Vereinbarung eines ausländischen Gerichtsstandes war nach Art. 51 untersagt. Ebenso trifft die neue Dec. 220 keine zwingende Regelung der Rechtswahl. Nach Art. 34[59)] sind auf Kontroversen oder Konflikte, die sich aus dem Transfer ausländischer Technologie ergeben können, die gesetzlichen Regelungen der Mitgliedsländer anwendbar. Art. 34 kann sich sowohl auf die Anwendung materiellen nationalen Rechts als auch auf Gerichtsstandsvereinbarungen beziehen. Die liberale Neuregelung dieses Problems ist ein weiteres Indiz dafür, daß den einzelnen Ländern des Andenpaktes in Zukunft ein weiterer Spielraum zur Wahrnehmung ihrer nationalen Interessen zustehen soll.

---

57) Vgl. Beier, Friedrich-Karl, When Licensing Laws Conflict, Les Nouvelles 1983, S. 141, 142.

58) Vgl. Sołtysiński, S. 263. Vgl. auch Cabanellas, International Review of Industrial Property and Copyright Law 1984, S. 42f. Dort wird eine ähnliche Unterteilung dargestellt.

59) Wortlaut Art. 34: "En la solución de las controversias o conflictos derivados de las inversiones extranjeras directas o de la transferencia de tecnología extranjera, los Países Miembros aplicarán lo dispuesto en sus legislaciones internas."

Noch während der Geltungsdauer der Dec. 24 haben Peru[60] und Ecuador[61] Regelungen getroffen, nach denen Klauseln in den Vertrag aufzunehmen sind, die die Anwendbarkeit des nationalen Rechts des Empfängerlandes bestimmen. Eine solche Klausel wird nach verschiedenen südamerikanischen Autoren[62] auch in Venezuela und Kolumbien verlangt.

Gem. Art. 7 des mexikanischen Technologieübertragungsgesetzes[63] ist die Wahl ausländischen Rechts hinsichtlich der Sach- und Kollisionsnormen zur Anwendung auf Technologieübertragungsverhältnisse unzulässig.[64] Art. 7 ist Teil des mexikanischen ordre public und beinhaltet daher gleichzeitig, daß auch ohne entsprechende Klausel immer mexikanisches Recht anwendbar ist.[65]

Die Wahl ausländischen Rechts würde in jedem Fall dem sog. Prinzip der Inländergleichbehandlung[66] zuwiderlaufen, das sich aus der Calvo-

---

60) Vgl. Art. 16 *lit.* f) der Res. No. 005-81-EFC/35 von 1981.

61) Vgl. Art. 2 *lit.* f) des Ac. No. 175 von 1985.

62) Vgl. Cabanellas, International Review of Industrial Property and Copyright Law 1984, S. 42 Fußn. 11 und S. 46 Fußn. 29 und Correa, S. 105. Vgl. auch Deutsch-Kolumbianische Industrie- und Handelskammer, S. 3. Zu den Bedenken hinsichtlich dieser Einordnung vgl. Soltysinski, S. 265 Fußn. 45; dem entspricht auch der Gesetzestext.

Vgl. allgemein auch Golbert, Albert S. und Nun, Yenny, Private International Law in Latin America, Chapter 6 in: Latin American Laws and Institutions, New York 1982, S. 406, 432.

63) Vom 11. 1. 1982. Vgl. des weiteren unten S. 244.

64) Vgl. Frisch Philipp und Moser, RIW 1982, S. 626.

65) Vgl. Cabanellas, International Review of Industrial Property and Copyright Law 1984, S. 43 und 47.

66) Vgl. Broszehl, S. 32ff. Der Grundsatz der Inländergleichbehandlung wurde in zahlreiche lateinamerikanische Verfassungen aufgenommen, z.B. in Venezuela Artt. 45, 127 und 129; in Kolumbien Artt. 10 und 11 und in Bolivien Art. 24. Vgl. Broszehl, S. 34.

Vgl. allgemein auch Samtleben, Jürgen, Die Anwendung des Código Bustamante in Venezuela, RabelsZ 39 (1975), S. 478, 483 und Samtleben, Jürgen, Der

Doktrin[67] ableitet, die von den Andenstaaten und Mexiko vertreten wird. Sie postuliert im Grundsatz die vollständige Unterwerfung des Ausländers unter die Gebietshoheit des Aufenthaltsstaates und strebt - als maximales Recht - die Gleichstellung mit Inländern an.[68] Ausländern ist es daher verboten, mehr Rechte in Anspruch zu nehmen, als sie Inländern zustehen. Ihre Ausprägung fand das Prinzip der Inländergleichbehandlung explizit in Art. 50 der Dec. 24, der sich jedoch nur auf ausländische Investoren bezog, und in Art. 51.[69]

Trotz der allgemeinen Praxis wird von südamerikanischen Autoren nicht geleugnet, daß die uneingeschränkte Anwendung des einheimischen Rechts Unstimmigkeiten aufweise:[70] Die Annahme, daß nur das Recht des Technologienehmerlandes in Verbindung mit den regulierten Transaktionen Gültigkeit haben könne, sei nicht richtig. Dies gelte nur dann, wenn die Streitsache vor einem einheimischen Gericht entschieden würde. Werde der Prozeß dagegen vor einem ausländischen Gericht ausgetragen, könne der Richter durchaus - unter Anwendung seiner Kollisionsnormen - eine abweichende Rechtswahlvereinbarung als gültig ansehen. Das gelte sogar für den Fall, in dem die Parteien ausdrücklich das Recht des Empfängerlandes gewählt hätten, aber die Rechtswahl den ordre public des streitentscheidenden Landes verletze. Eine solche Situation könne z.B. eintreten, wenn die Technologietransferregelungen Exportrestriktionen verbieten (Artt. 20 und 24 der Dec. 220), während

---

Territorialitätsgrundsatz im Internationalen Privatrecht Lateinamerikas, RabelsZ 35 (1971), S. 72ff.

67) Nach dem argentinischen Völkerrechtler Carlos Calvo, 1824 - 1906; vgl. Broszehl, S. 32 Fußn. 1. Vgl. auch Correa, S. 104.

68) Vgl. Foeth, RIW 1977, S. 463 Fußn. 14.

69) Vgl. Broszehl, S. 34.

70) Vgl. Cabanellas, International Review of Industrial Property and Copyright Law 1984, S. 44f.

das Technologiegeberland Exporte in ihm "feindliche" Länder zu verhindern sucht.[71)]

Die Entscheidung eines ausländischen Gerichtes sei jedoch im Technologienehmerland niemals durchsetzbar, da sie mangels Zuständigkeit gegen den ordre public dieses Landes verstoße.[72)]

Somit rückt das materielle Recht der Andenpaktstaaten in den Mittelpunkt der Betrachtungen, dies auch deswegen, weil für den hier betrachteten Bereich zum gegenwärtigen Zeitpunkt die ausschließliche Zuständigkeit der Gerichte dieser Länder gilt. Ausländische Anknüpfungen sind daher nicht möglich bzw. in ausländischen Verfahren ausnahmsweise anderweit vorgenommene Anknüpfungen, die zur Anwendung ausländischen Rechts führen, bleiben unbeachtet oder verstoßen gegen den ordre public. Anderes würde nur gelten, wenn etwa aus dem Spruch eines ausländischen Schiedsgerichts in Auslandsvermögen eines Unternehmers aus einem Andenpaktstaat vollstreckt werden sollte. Dieser Problemgestaltung soll aber hier nicht nachgegangen werden. Im übrigen wird hinsichtlich der Streitentscheidung auf S. 226ff. - unten - verwiesen.

---

71) Vgl. zum ganzen Fragenkomplex Cabanellas, International Review of Industrial Property and Copyright Law 1984, S. 46.

72) Vgl. Cabanellas, International Review of Industrial Property and Copyright Law 1984, S. 46. Vgl. auch Sołtysiński, S. 264f.

C. Technologietransfervertrag und Lizenzvertrag

I. Einordnung und Definition der Begriffe Technologie und Technologietransfer

1. Technologie

Die Dec. 220 erläutert den Begriff "Technologie" nicht.

In Art. 1 der Dec. 84[1)] wird "Technologie" im weitesten Sinne beschrieben als "die Gesamtheit der Kenntnisse, die unerläßlich sind, um Rohstoffe in Produkte umzuwandeln, diese zu gebrauchen oder hiermit zusammenhängend Serviceleistungen zu erbringen".

Die Organisación Mundial de la Propiedad Intelectual ("OMPI") hat "Technologie" wie folgt definiert:[2)]

"On entend par 'techniques' les connaissances systématiques nécessaires à la fabrication d'un produit, à l'utilisation d'un procédé ou à la prestation d'un service, que ces connaissances se reflètent dans une invention, dans un dessin ou modèle industriel, dans un modèle d'utilité ou dans une obtention végétale ou encore dans des informations techniques ou des connaissances techniques ou dans les services et l'assistance fournis par des experts pour l'étude, le montage, l'exploitation ou l'entretien d'une installation industrielle ou pour la gestion d'une entreprise industrielle ou commerciale ou de ses activités."

---

1) "Bases para la política tecnológica subregional" von Mai/Juni 1974.

2) Vgl. OMPI, Guide sur les licences, S. 28: "Technologie" umfaßt die systematischen Kenntnisse zur Herstellung eines Produktes, die Verwendung eines bestimmten Herstellungsprozesses, Serviceleistungen, wobei diese Kenntnisse sich widerspiegeln können in einer Erfindung, einer Zeichnung, einem gewerblichen Modell, einem Gebrauchsmuster, einer neuen Pflanzenart, in technischen Informationen, Fähigkeiten, in Diensten und Assistenz, welche durch Experten für die Produktion zur Verfügung gestellt werden; ebenso solche, die die Installation, den Arbeitsgang, den Unterhalt einer Industrieanlage betreffen bzw. zur Verwaltung eines Unternehmens notwendig sind.

Einzelne Andenländer haben zur Definition des Begriffes "Technologie" eigene Normen erlassen, da diese Definition in der Dec. 220 fehlt bzw. in Art. 1 der Dec. 84 sehr weit ist. Letztere wurde überdies nicht in allen Ländern ratifiziert.[3] In Peru[4] hat z.B die für Lizenzverträge zuständige Genehmigungsbehörde CONITE in Art. 2 ihrer Resolution No. 005-81-EFC/35 den Begriff "Technologie" eigenständig erläutert und in Art. 3 festgesetzt, daß "technische Dienste" ("technical services") von der Einordnung als "Technologie" nicht umfaßt werden, da sie nur sporadische und kurzdauernde Aktivitäten bezeichneten. Anderes gelte für kontinuierliche Dienstleistungen ("services").

2. Technologietransfer

Unter Technologietransfer[5] im weiteren Sinne versteht man jede nur mögliche Übertragung von Technologieformen. Dies kann durch öffentliche oder private Kanäle geschehen. Öffentliche Kanäle sind die Kapitalhilfe und die technische Hilfe durch die Industrieländer. In der Regel erfolgt der Technologietransfer jedoch auf privatem Wege, durch den Handel mit Investitionsgütern, durch Direktinvestitionen und durch den Austausch von technischem Wissen. Für die eigentliche Übertragung sind folgende Wege denkbar:

- Transfer von Kapitalausrüstungen, Teilfabrikaten und Zwischenprodukten, in denen die zu übertragende Technologie verkörpert ist

---

3) Ratifiziert in Peru mit Decr. Ley No. 21170/75, in Kolumbien mit Decr. No. 1189/78 und in Venezuela mit Decr. No. 2631/78. Bolivien und Ecuador haben die Dec. 84 nicht ratifiziert.

4) Vgl. Goldman, Marvin G., Arbitration and Transfer of Technology in Latin America in: Arbitration and the Licensing Process, R. Goldschneider & M. de Haas, eds. 1981, S. 29, 74, Fußn. 19; Danino, Roberto und Gallo, Julio, Les Nouvelles 1987, S. 72.

5) Vgl. zum ganzen Fragenkomplex Weigand, S. 12f. Vgl. auch OMPI, Guide sur les licences, S. 23.

- Verkauf von schlüsselfertigen Industrieanlagen
- Errichtung von Tochterunternehmen unter Einbringung von Technologie
- Gründung von Joint Ventures (gemeinsame Unternehmen) unter Beteiligung einheimischer und ausländischer Kapitalgeber
- Vereinbarung industrieller Kooperation
- Lizenzvereinbarungen über Patente und Warenzeichen, Vereinbarungen über Gebrauchsmuster
- Management- und Beratungsverträge zur Schulung einheimischer Führungskräfte
- Übertragung technischen Wissens durch die Verbreitung von Fachbüchern und -zeitschriften

Die Formen des Technologietransfers, die am meisten zur wirtschaftlichen Förderung der entsprechenden Länder beitragen, sind der Verkauf von Kapitalgütern, die Gründung gemeinsamer Unternehmen und die Vergabe von Lizenzen.[6)] Die verschiedenen Möglichkeiten des Technologietransfers werden häufig miteinander verknüpft.

Der Anwendungsbereich der Technologietransfergesetze des Andenpaktes bzw. vergleichbarer Technologietransfergesetze in Mexiko und Argentinien bezieht sich jedoch nicht auf alle Formen des Technologietransfers. Die Verbreitung von Wissen durch Fachliteratur und die Einfuhr von Kapitalgütern ist z.B. nicht durch spezifische Verbotsnormen erfaßt.[7)]

---

6) Vgl. Weigand, S. 14 m.w.N. Vgl. auch Alvarez Soberanis, S. 78ff.

7) Vgl. Cabanellas, IC Studies, S. 17.

Die Einfuhr von Kapitalgütern kann jedoch aus anderen Gründen nicht möglich sein; vgl. für Ecuador z.B. Wiesbadener Kurier vom 9.-10. Sept. 1989, S. 28.

II. Einordnung des Lizenzvertrages im Gefüge der Technologietransferverträge

1. Im deutschen Recht

Im deutschen Recht ist nicht mit letzter Sicherheit geklärt, ob ein Technologietransfervertrag und ein Lizenzvertrag über gewerbliche Schutzrechte zu unterscheiden sind oder ob ein Lizenzvertrag nur "einem Technologietransfer im weitesten Sinne zu dienen bestimmt" sei.[8] Nach Betrachtung der praktischen Anwendung könne man jedoch in der Regel davon ausgehen, daß die Übertragung oder Lizenzierung einer patentierbaren Erfindung oft nur ein Element in einer komplexen Vertragsbeziehung darstelle, die ebenso geheimes oder nicht geheimes Know-how und sonstige Leistungen, z.B. Training von Fachkräften, technische Hilfeleistung und produktionsbegleitende Beratung beinhalte.[9] Ausgehend von der Vertragspraxis sei bei besonders personalintensiven Objekten und einer langwierigen Aufbau- und Konstruktionsphase eine Zweiteilung der Vereinbarungen zu beobachten und zwar in der Weise, daß zunächst ein Rechtsrahmen geschaffen werde, während die Spezifizierung der übrigen Pflichten Gegenstand eines weiteren, meist "Engineering-Vertrag" genannten Vertrages sei.[10]

Der Technologietransfer stelle mithin - nach dem oben Gesagten - einen "Korb" dar, in welchem sich verschiedene Leistungen, aber ebenfalls - wenn auch nicht zwangsläufig - die Übertragung gewerblicher Schutzrechte befänden.[11] Man könne danach nicht mehr davon ausgehen, daß die gewerblichen Schutzrechte weiterhin "stilbildend" für das rechtliche

---

8) Vgl. Pfaff, Dieter, Technologietransfer und "das" Wesen "der" Lizenzverträge, RIW 1982, S. 381.

9) Vgl. Kraßer, Rudolf, Lehrbuch des Patentrechts - Recht der Bundesrepublik Deutschland, Europäisches und Internationales Patentrecht, 4. Auflage, München 1986, S. 684 (zit. Kraßer) und Pfaff, RIW 1982, S. 381.

10) Vgl. Pfaff, RIW 1982, S. 383.

11) Vgl. Pfaff, RIW 1982, S. 382.

Wesen "der" Lizenzverträge herangezogen werden könnten, da sie zunehmend unter dem Oberbegriff "Technologietransfer" Regelungen beinhalteten, die mit dem Inhalt eines gewerblichen Schutzrechts nur noch wenig oder keine Verbindung mehr aufwiesen. Sie hätten vielmehr nach den dazugekommenen Regelungsinhalten ihr rechtliches Wesen geändert und bedürften einer neuen Einordnung, vor allem hinsichtlich einer möglichen Analogie z.B. zu den Gewährleistungsregeln der herkömmlichen typischen Verträge des Bürgerlichen Rechts. Nach Auffassung von Pfaff[12)] liege es zwar demzufolge nahe, zwischen "Lizenzverträgen" bezüglich gewerblicher Schutzrechte - als grundlegendem Vertragstyp - und "Technologietransferverträgen" insofern zu unterscheiden, als letztere zwar Lizenzierungen enthalten könnten, aber vor allem auf die "Mitteilung und Einübung vorhandener technischer Kenntnisse und Fertigkeiten gerichtet" seien. Mit hinreichender Sicherheit sei dies jedoch nicht möglich, ebenso wie sich in der Praxis keine klare terminologische Trennung der beiden Verträge fände, vielmehr würden beide oft als Lizenzverträge bezeichnet. Der "Vertrag sui generis" biete keine Lösung, vielmehr müßten letztendlich die Gerichte rechtsfortbildend tätig werden.

Die begriffliche Unsicherheit hinsichtlich der Definition eines "Lizenzvertrages" setzt sich fort in "Lizenzverträgen" über Know-how,[13)] als geheimes oder auch nicht geheimes technisches Wissen, das nur mitgeteilt, aber nicht lizenziert werden könne,[14)] ebenso in den als "Lizenzverträge" bezeichneten Überlassungsverträgen über Computersoftware, ohne daß im einzelnen geklärt wird, ob das Programm urheberrechtsfähig ist.[15)]

---

12) Vgl. Pfaff, RIW 1982, S. 384.

13) Zur Abgrenzung vom Patentlizenzvertrag vgl. z.B. Pfaff, Dieter, Der Know how-Vertrag im bürgerlichen Recht, BB 1974, S. 565ff. Vgl. auch Pagenberg, Jochen, Lizenzverträge, 2. Auflage, Köln, Berlin, Bonn, München 1989, S. 110ff. m.w.N.

14) So Pfaff, RIW 1982, S. 384.

15) Vgl. zu Lizenzverträgen über Computersoftware z.B. Kilian, Wolfgang, Vertragsgestaltung und Mängelhaftung bei Computersoftware, Computer und Recht 1986, S. 187, 188f.

Die Lizenzverträge werden im deutschen Recht noch hinsichtlich der "Benutzungsarten"[16] unterschieden: So berechtigt die Herstellungslizenz lediglich dazu, patentgemäße Erzeugnisse an den Patentinhaber oder an einen vom ihm genannten Abnehmer zu liefern, während im Rahmen einer reinen Vertriebslizenz die Herstellung allein durch den Patentinhaber oder einen von ihm autorisierten Dritten erfolgt.[17] In der Regel wird eine Lizenz sowohl für die Herstellung der Ware als auch für ihren Vertrieb erteilt. Die Gebrauchslizenz dagegen erlaubt dem Lizenznehmer nur die Benutzung oder den Gebrauch der Ware.[18]

2. Im Recht des Andenpaktes

a) *Auffassung der Literatur*

Da der Begriff "Technologietransfer" auch die Vergabe von Lizenzen umfaßt und ein "Technologietransfervertrag" in der Regel verschiedenste Elemente, wie technische Assistenz, Warenzeichen- und Patentlizenzen, Know-how[19] und Beratungsdienste enthält,[20] würde der Lizenzvertrag lediglich eine Untergruppe des Technologietransfervertrages darstellen.[21]

---

16) Vgl. Kraßer, S. 696.

17) Vgl. weiterführend Stumpf, Herbert, Der Lizenzvertrag, 5. Auflage, Heidelberg 1984, Rdnr. 26ff.

18) Vgl. Stumpf, Rdnr. 34.

19) Vgl. zur Definition eines Know-how-Vertrages Masnatta, Hector, Los contratos de trasmisión de tecnología, Buenos Aires/Argentinien 1971, S. 26f.

20) Vgl. Alvarez Soberanis, S. 236. Vgl. auch Arias Cobo, Margarita, El contrato de licencia de uso de marcas en la legislación ecuatoriana, Dissertation Quito/Ecuador 1983, S. 111.

21) Vgl. Alvarez Soberanis, S. 236f. Dort wird der Begriff "Technologietransfer" sowohl nach der Auffassung der UNO, als auch nach dem mexikanischen Technologietransfergesetz dargestellt. Trotz unterschiedlicher Auffassung ist in beiden Darstellungen der Lizenzvertrag im Technologietransfervertrag enthalten.

Diese Einordnung ist umstritten, obwohl sie sach- und praxisgerecht ist, wenn man von der oben dargestellten weiten Definition des Technologievertrages ausgeht.

Man kann drei abgestufte Auffassungen unterscheiden:[22)]

Zum einen wird "Technologietransfer" tatsächlich als Oberbegriff sowohl für die Gewährung von Warenzeichen- und Patentlizenzen als auch die Überlassung von Know-how benutzt.[23)]

Nach der zweiten Auffassung versteht man unter "Technologietransfer" nur die Gewährung einer Patentlizenz und die Überlassung von Know-how,[24)] während die Warenzeichenlizenz ausgeklammert wird. Dies wird damit begründet, daß in Warenzeichenlizenzverträgen, "technisch" gesehen, kein Technologietransfer stattfinde.[25)] Alvarez Soberanis[26)] widerspricht dem mit dem Argument, daß durch Warenzeichenlizenzverträge den Entwicklungsländern die Möglichkeit eröffnet werde, Artikel der gleichen Qualität wie die Industrieländer herzustellen.

---

22) Zu den praktischen Auswirkungen des Meinungsstreits vgl. z.B. S. 221 Fußn. 478.

23) Vgl. OMPI, Guide sur les licences, S. 23 und Alvarez Soberanis, S. 236f.

24) Vgl. Vailanti, Hugo Jorge, El objeto de los contratos de licencia de patentes y de "know-how" y la trasferencia de tecnología: derecho comparado, Revista del Derecho Industrial 1986 (24), S. 443, S. 461.

25) Vgl. Aracama Zorraquin, Ernesto, The Impact of Trademarks of Legislation in the Andean Pact and Argentina, The Trademark Reporter, Vol. 66, No. 3, 1976, S. 165, 169; CONITE (die peruanische Genehmigungsbehörde) folgt ebenfalls dieser Auffassung vgl. Danino, Roberto und Gallo, Julio, Les Nouvelles 1987, S. 71. Vgl. auch Aracama Zorraquin, Ernesto, Der gewerbliche Rechtsschutz in Lateinamerika - Beginn einer neuen Entwicklung, GRUR Int. 1976, S. 53, 58. Vailanti, Revista del Derecho Industrial 1986 (24), 450f.; dennoch werden Warenzeichenlizenzverträge in Technologietransfergesetzen behandelt; zu den praktischen Auswirkungen: Im argentinischen Gesetz No. 20.794 (vgl. des weiteren unten S. 245) wurden Warenzeichenlizenzverträge ohne Technologieübertragung anders behandelt als solche mit Übertragung von Technologie; vgl. ders. aaO.

26) Vgl. Alvarez Soberanis, S. 292.

Nach der letzten - und begrifflich engsten - Definition umfassen Technologietransferverträge lediglich die Gewährung von Know-how[27)] und technischer Assistenz und die übrigen Fälle der Übergabe von Technologie,[28)] während Patent- und Warenzeichenlizenzverträge gesondert zu betrachten seien.[29)] Mittels eines Patentlizenzvertrages würden keine technischen Kenntnisse im eigentlichen Sinne übertragen, sondern lediglich die Nutzung bereits bekanntgemachter Kenntnisse gewährt, deren Gebrauch bisher dem Lizenzgeber vorbehalten war.[30)] Dies gelte auch für Warenzeichenlizenzverträge, da dort aus "technischen Gründen" kein Technologietransfer stattfinde.[31)]

Cabanellas[32)] unterscheidet den Lizenzvertrag und den Vertrag über die Bereitstellung bzw. die Versorgung mit technischen Kenntnissen, wobei er die grundlegende Unterscheidung darin sieht, daß in einem Lizenzvertrag dem Technologiegeber ein vom Staat verliehenes Patent- oder Warenzeichenrecht zur Seite stehe, während bei der bloßen Weitergabe technischer Kenntnisse kein gewerbliches Schutzrecht betroffen sei und dies daher juristisch anders - als Know-how-Vertrag[33)]- einzuordnen sei. Trotz der eindeutigen dogmatischen Festlegung räumt er ein, daß der Begriff "Lizenzvertrag" oft für Verträge über technische Kenntnisse verwendet werde und dies müsse bei der Interpretation des Vertrages in Betracht gezogen werden. Die gemeinsame Behandlung der Technologie- und Lizenzverträge habe ihren Grund in praktischen Erwägungen: In der

---

27) Vgl. Correa, Carlos, Regimenes de control de la transferencia de tecnología en America Latina, INTAL-BID Quito/Ecuador 1980, S. 51 (zit. Correa).

28) Vgl. Arias Cobo, S. 39.

29) Dieser Auffassung folgen ohne weitere Begründung auch Danino, Roberto und Gallo, Julio, Les Nouvelles 1987, S. 69.

30) Vgl. Correa, S. 51.

31) Vgl. u.a. Correa, S. 51.

32) Vgl. Cabanellas, Guillermo, Contratos de licencia y de transferencia de tecnología en el derecho privado. Buenos Aires/Argentinien 1981, S. 16ff. (zit. Cabanellas).

33) Vgl. Alvarez Soberanis, S. 308 m.w.N.

Vertragspraxis existiere kaum einer der Vertragstypen isoliert, vielmehr enthielten Verträge über Technologietransfer häufig eine Lizenzvergabe über Patente und die Weitergabe technischer Kenntnisse; ebenso sei die wirtschaftliche Auswirkung beider Vertragstypen vergleichbar.

b) Abgrenzung nach den gesetzlichen Vorschriften

Die Dec. 220 trifft keine ausdrückliche Einordnung des Lizenzvertrages. Eine Abgrenzung gegenüber dem Technologietransfervertrag ist nur durch Auslegung und Heranziehen der verschiedenen Literaturmeinungen möglich.

Art. 18[34)] der Dec. 220 unterscheidet den Technologieimportvertrag und den Vertrag über Patente und Warenzeichen. Eine ähnliche Unterscheidung, zwischen Technologieimportverträgen und Verträgen über Patente, findet sich in Art. 20.[35)] Keine Differenzierung erfolgt dagegen in Art. 19[36)], der Bestimmungen über den notwendigen Inhalt des Vertrages (obligatorische Klauseln) enthält; er bezieht sich seinem Wortlaut nach lediglich auf Technologieimportverträge, gilt aber nach allgemeiner Auffassung auch für Lizenzverträge.[37)]

Art. 20 der Dec. 220 ist auf Verträge über Patente und Technologieimportverträge anwendbar. Aufgrund der unterschiedlichen Verwendung des Begriffes "Technologieimport" wäre eine Anwendung nur auf Patentlizenz- und andere Technologieimportverträge nicht abzuleiten, jedoch ist in Art. 24[38)] der Dec. 220 (Art. 25 der früheren Dec. 24) aus

---

34) Vgl. unten S. 213f.

35) Vgl. unten S. 170f.

36) Vgl. unten S. 155f.

37) Vgl. Arias Cobo, S. 107.

38) Vgl. unten S. 172.

drücklich ein Verbotskatalog für Warenzeichenlizenzverträge enthalten: Die Klauseln des Art. 20 wiederholen sich bis auf wenige Ausnahmen in Art. 24 der Dec. 220. Der Anwendungsbereich des Art. 20 der Dec. 220 - Regelung des Vertrages über Patente und Technologieimport - ist daher vom Anwendungsbereich des Art. 24 - Regelung des Warenzeichenlizenzvertrages - zu unterscheiden.

Die gemeinsame Regelung des Vertrages über Patente und des Technologievertrages in Art. 20 und die gesonderte Regelung des Warenzeichenlizenzvertrages deuten dogmatisch auf die oben dargestellte zweite Auffassung hin, daß lediglich Know-how- und Patentlizenzverträge unter den Begriff Technologietransferverträge fallen. Art. 19 dagegen, der nur auf Technologietransferverträge verweist, jedoch auf alle Lizenzverträge anwendbar ist, könnte der oben dargestellten ersten Auffassung untergeordnet werden, wonach der "Technologietransfervertrag" als Oberbegriff sowohl für alle Lizenzverträge als auch für Know-how-Verträge zu sehen ist.

Ecuador folgt in Art. 1 des Ac. No. 175 der "weiten Auslegung". Danach umfaßt der Technologieimportvertrag auch den Lizenzvertrag. In Venezuela stand die für die Vertragsgenehmigung zuständige Behörde ebenfalls auf dem Standpunkt, daß Art. 56 *lit.* e) des Decr. No. 63, der nur von Technologieimportverträgen sprach, auf Lizenzverträge jeglicher Art anwendbar war.[39)]

Beim Abschluß eines Vertrages ist im Einzelfall zu prüfen, welche Regelung das Land getroffen hat bzw. welcher Auffassung die zuständige Genehmigungsbehörde folgt, um die für den Vertrag in Frage kommenden Regelungen zu eruieren und nicht durch eine unerwartete Ablehnung des Vertrages überrascht zu werden.

Trotz der Widersprüche und aller zuwiderlaufenden Praktiken der ein-

---

39) Vgl. Freitag, Robert, Warenzeichenlizenzen in Lateinamerika, GRUR Int. 1976, S. 328, 331 Fußn. 29. Decr. No. 63 ist nicht mehr in Kraft. Vgl. des weiteren unten S. 159 Fußn. 202.

zelnen Länder kann die für Art. 20 der Dec. 220 getroffene Feststellung als dogmatischer Ausgangspunkt dafür benutzt werden, im Import von Technologie, z.B. technischer Assistenz mit darin weitergegebenen technischen Kenntnissen, eine andere Art von Vertrag als in einem Lizenzvertrag zu sehen.[40] Diese Unterscheidung basiert letztendlich darauf, ob die zu übertragende Technologie durch ein gewerbliches Schutzrecht geschützt ist oder nicht.

Die Diskrepanz in der Terminologie der Dec. 220, die hinsichtlich der genannten Vorschriften mit der früheren Dec. 24 übereinstimmt, ist wohl darauf zurückzuführen, daß die "Väter" des Andenpaktes zunächst von wirtschaftlichen Überlegungen ausgingen und Juristen in der Anfangsphase nicht "gerne gesehen waren."[41]

---

40) Vgl. Hernandez Vasquez, S. 181.

41) Dagegen ist die Dec. 85 - auch vom dogmatischen Gesichtspunkt aus gesehen - eher das Werk von Juristen.

D. Dogmatische Einordnung des Lizenzvertrages im deutschen Recht und im Recht der Andenstaaten

I. Abgrenzung des Lizenzvertrages gegenüber typischen Verträgen des bürgerlichen Rechts

Im deutschen Recht ist nicht abschließend geklärt, welche Rechtsnatur der Lizenzvertrag hat. In Schrifttum und Rechtsprechung wurden die verschiedensten Auffassungen vertreten. Man versuchte ihn als Rechtskauf, als Miete, als Pacht oder als Gesellschaftsvertrag zu qualifizieren.[1] Es wurde unter anderem die Meinung vertreten, daß es sich bei einem Lizenzvertrag nicht um einen besonderen Vertragstyp handle, sondern um einen Sammelnamen für Vertragsformen, die sich z.B. auf die Ausnutzung eines Patentes beziehen, ohne daß der Inhaber des Patentes das Patentrecht als solches verliere. Je nach Sachlage seien die Rechtsnormen aus verschiedenen Vertragstypen zur entsprechenden Anwendung heranzuziehen.[2]

Soweit man in einem Lizenzvertrag einen Vertrag eigener oder besonderer Art sehe, sei in jedem Fall zu prüfen, inwieweit er Merkmale aufweise, die eine entsprechende Anwendung einzelner, für andere typische Verträge geltender Vorschriften, rechtfertige. Da Inhalt und vereinbarte Rechtsfolgen sehr unterschiedlich sein könnten, gelangten im Einzelfall durchaus Kaufregeln, das Gesellschaftsrecht oder die gesetzlichen Vorschriften des Miet- und Pachtrechts zur Anwendung.[3]

Im südamerikanischen Recht ist vor allem umstritten, ob die Transaktionen als Kauf oder als Miete zu qualifizieren sind, da durch die jeweilige Vereinbarung definitiv in die Rechte des Technologiegebers und -nehmers eingegriffen werde, was den Gebrauch der Technologie nach

---

1) Vgl. Stumpf, Rdnr. 19 m.w.N.

2) Vgl. Stumpf, Rdnr. 19 m.w.N.

3) Vgl. Benkard-Ullmann, § 15 PatG Rdnr. 49.

Abschluß des Vertrages und das Recht Unterlizenzen an Dritte zu vergeben betrifft.[4)]

1. Kaufvertrag

Die Decisionen 220 und 84 des Abkommens von Cartagena unterscheiden nur den Vertrag über den Import von Technologie und den Lizenzvertrag, treffen aber keine Einordnung der Verträge in eine typische Vertragsart.

Der Handel mit Technologie, der auch die Vergabe von Lizenzen umfaßt, könnte nach Hernandez Vasquez[5)] als Kauf des Benutzungsrechtes oder der Herrschaft über die technischen Kenntnisse verstanden werden. Diese Auffassung kann jedoch ohne Gegenüberstellung der Merkmale des Kaufvertrages und des Lizenzvertrages nicht übernommen werden.

a) Verbleiben der Eigentümerstellung beim Lizenzgeber

Im deutschen Recht bestehen Bedenken gegen die Einordnung des Lizenzvertrages als Kaufvertrag (Rechtskauf).[6)] Dagegen spreche, daß der Lizenzgeber sich nicht verpflichte, über das ganze Patentrecht[7)] zu verfügen, sondern lediglich einen Teil seines Rechtes, nämlich die Be-

---

4) Vgl. Hernandez Vasquez, S. 181.

5) Vgl. Hernandez Vasquez, S. 181: "La negociación o el comercio de la tecnología..." zit. nach Moreno Posada, Félix, "Glosario Comentado sobre Política Tecnológica", en Revista CIENCIA TECNOLOGIA Y DESARROLLO, Vol. 1, No. 2, COLCIENCIAS, 1977, S. 81.

6) RGZ 76, S. 235 ging von einem Kaufvertrag aus. In seiner Entscheidung vom 23. 3. 1982, NJW 1982, S. 2861, 2863 lehnt der BGH dagegen ausdrücklich die Anwendung der kaufrechtlichen Vorschriften ab. Vgl. auch Stumpf, Rdnr. 19.

7) Vgl. Stumpf, Rdnr. 20.

fugnis zur Nutzung, abzuspalten.[8] Daher könne nicht von einem Kauf gesprochen werden, zumal wesentliche Teilrechte beim Lizenzgeber verblieben oder an Dritte vergeben werden könnten.[9] Selbst wenn die gesamten Nutzungsmöglichkeiten des Patentes erschöpft würden, sei der Lizenzgeber weiterhin Träger des formalen Rechtes, "während beim Kaufvertrag der Käufer zum Eigentümer des veräußerten Rechtes wird, d.h. ein voller Rechtsübergang eintritt".[10]

Im deutschem Recht wird überwiegend angenommen, daß die Ablehnung der Anwendung der Kaufrechtsregeln unabhängig davon sei, ob man in der Lizenzvergabe die Übertragung eines abgespaltenen Teilrechts mit dinglicher oder quasidinglicher Wirkung (nach h.M. bei der Vergabe einer ausschließlichen Patentlizenz)[11] oder die Begründung eines positiven Nutzungsrechts sehe.[12]

Gem. Art. 79 der Dec. 85 des Andenpaktes kann der Inhaber eines Warenzeichens dieses durch schriftlichen Vertrag zur Benutzung abtreten oder übertragen.[13]

---

8) Darstellung durch Stumpf, Rdnr. 20, hier ungenau, da in der Regel Abspaltung und Benutzungsgewährung unterschieden werden; vgl. unten S. 52.

9) Vgl. Knap, Karel, Der Lizenzvertrag als ein besonderer Vertragstypus, GRUR Int. 1973, S. 225, 226f.

10) Vgl. Stumpf, Rdnr. 20. Im deutschen Recht besteht daher ein wesentlicher Unterschied zwischen Lizenzverträgen gem. § 15 Abs. 2 PatG und dem in § 15 Abs. 1 PatG vorgesehenen Patentkauf; vgl. Stumpf, aaO. Vgl. auch unten S. 50.

11) Im einzelnen vgl. unten S. 52, 57f.

12) Vgl. Benkard-Ullmann, § 15 PatG Rdnr. 49. AA Nirk, Rudolf, Die Einordnung der Gewährleistungsansprüche und Leistungsstörungen bei Verträgen über Patente in das Bürgerliche Gesetzbuch, GRUR 1970, S. 329, 330.

13) Span. Wortlaut des Art. 79 der Dec. 85: "El titular podrá cederla en uso o transferirla por contrato escrito".

Eine Abtretung wird allgemein definiert als eine Veräußerung aller Rechte oder eines Teils davon.[14] Sie liegt bei einem Kaufvertrag, für den die Veräußerung einer Sache und die Übertragung des Eigentums daran[15] oder eines Rechtes typisch ist, vor.

Eine Lizenzvergabe dagegen sei lediglich die Erlaubnis, ein Warenzeichen zu benutzen, ohne daß sich der Inhaber seiner Rechte entäußere,[16] da das Eigentum an dem Patent oder Warenzeichen unversehrt beim Inhaber bleibe, könne er es weiter benutzen oder Lizenzen an Dritte vergeben, soweit nicht dem Lizenznehmer ein exklusives Nutzungsrecht zugesagt wurde.[17] Die Einordnung eines Lizenzvertrages als Kaufvertrag wird damit weitgehend mit den gleichen Argumenten abgelehnt wie im deutschen Recht.

Der Begriff "Abtretung zur Benutzung" in Art. 79 der Dec. 85 ist nach Meinung von Arias Cobo[18] "schlecht gewählt", soweit es sich um die Gewährung einer Lizenz handelt, auf welche diese Regelung selbstverständlich angewandt wird. Der Lizenzvertrag stelle nur die bloße Verwertung bzw. Benutzung des Rechtes des Inhabers nach vorheriger Genehmigung dar.[19]

---

14) Vgl. Pachón Muñoz, Manuel, Manual de Propiedad Industrial en el Acuerdo de Cartagena, 2. Auflage, Bogotá/Kolumbien 1984, S. 121 und Arias Cobo, S. 38.

15) Vgl. beispielsweise zur Definition eines Kaufvertrages Art. 1474 des venezolanischen Código Civil; Art. 1759 des ecuadorianischen Código Civil; Art. 1529 des peruanischen Código Civil. Alle diese gesetzlichen Regelungen gehen übereinstimmend von einer Eigentumsübergabe aus.

16) Vgl. Pachón Muñoz, S. 121.

17) Vgl. Bustamante Luna, Santiago, Los contratos de licencia y la transferencia de tecnología, Dissertation Quito/Ecuador 1979, S. 26. Zu den Rechtsfolgen einer Exklusivlizenz im einzelnen vgl. unten S. 69ff.

18) "mal utilizada", so Arias Cobo, S. 38. Man könnte den Ausdruck wohl besser als "irreführend" bezeichnen.

19) Vgl. Bustamante Luna, S. 26: "Podemos de esta manera darnos cuenta de que la naturaleza en sí de los contratos de licencia es la de otorgar permiso a una persona para que explote, use o utilice una patente o una marca de propiedad de otra."

Im südamerikanischen Recht kann daher ein Lizenzvertrag nicht als Kaufvertrag eingeordnet werden.[20] Ein "Lizenzvertrag" kann jedoch - und wird dies in der Regel - als komplexes Vertragswerk Elemente des Kaufvertrages enthalten, soweit nicht lediglich nur eine "reine" Lizenz ohne zusätzliche Vereinbarungen, wie z.B. technische Assistenz, auf ein gewerbliches Schutzrecht vergeben wird. Die juristische Einordnung der Lizenzvereinbarung als "Nicht-Kaufvertrag" ändert sich dadurch nicht.

b) *Lizenzvertrag als Dauerschuldverhältnis*[21] *(als Unterscheidungsmerkmal zum Kaufvertrag)*

Der Lizenzvertrag ist im deutschen Recht ein Dauerschuldverhältnis, das für eine bestimmte Zeit oder für die Dauer des lizenzierten Schutzrechtes vereinbart wurde.[22] Er ist im Unterschied zum Kaufvertrag kein Austauschverhältnis, das mit der Erbringung der gegenseitigen Leistungen in der Regel abgewickelt und erfüllt ist.

Im argentinischen Recht wird nach Auffassung von Cabanellas[23] der Lizenzvertrag als Dauerschuldverhältnis ("cumplimiento continuado") gesehen, das von der Form der Gegenleistung im speziellen Fall unabhängig sei. Ebenso gilt dies im ecuadorianischen[24] und venezolanischen

---

20) Vgl. zum ganzen Fragenkomplex auch weiterführend Hernandez Vasquez, S. 181.

21) Zur Einordnung des Lizenzvertrages als Dauerschuldverhältnis vgl. des weiteren unten S. 102ff.

22) BGH vom 23. 3. 1982, NJW 1982, S. 2861; Stumpf, Rdnr. 20; Benkard-Ullmann, § 15 PatG Rdnr. 49. Vgl. auch Kraßer, S. 699.

23) Vgl. Cabanellas, S. 55.

24) Vgl. Arias Cobo, S. 80.

Recht,[25] auch dort wird der Lizenzvertrag den Dauerschuldverhältnissen zugeordnet.

c) *Patentkauf*

§ 15 Abs. 1 Satz 2 des deutschen PatG sieht vor, daß das Recht auf das Patent, der Anspruch auf Erteilung des Patents und das Recht aus dem Patent beschränkt oder unbeschränkt auf andere übertragen werden können, während § 15 Abs. 2 PatG von Lizenzen spricht,[26] - diese Gesetzesergänzung ist angelehnt an die sich zuvor unabhängig von einer gesetzlichen Grundlage entwickelt habende Rechtsprechung und Rechtslehre. Die Übertragung der Rechte als Ganzes stellt in der Regel einen Kauf (Rechtskauf) dar.[27] Ob eine bloße Lizenzierung vorliegt, beurteilt sich jedoch nicht nach der Bezeichnung durch die Vertragsparteien, sondern nach dem gesamten Inhalt der Vereinbarung.[28] Nach Darstellung von Pagenberg[29] wird in der Praxis statt eines Kaufvertrages im eigentlichen Sinne häufig ein "verdeckter Kaufvertrag" in Form einer ausschließlichen Lizenz abgeschlossen. Zweck einer solchen Abrede könne sein, beispielsweise der Konkurrenz Patentrecherchen zu erschweren oder ihr zu verheimlichen, in welche Richtung die eigene Forschung und Entwicklung gehen.

Die Möglichkeit des "Patentkaufes"[30] existiert auch im südamerikanischen Rechtskreis. Es ist jedoch umstritten, ob tatsächlich ein Kauf vor-

---

25) ("tracto sucesivo"); vgl. Palacios, Leopoldo, Las marcas comerciales en Venezuela, Caracas/Venezuela 1968, S. 166.

26) § 15 Abs. 2 hat keine rechtsändernde, sondern nur klarstellende, rechtssichernde und rechtsvereinheitlichende Bedeutung; vgl. Benkard-Ullmann, § 15 PatG Rdnr. 33.

27) Vgl. Benkard-Ullmann, § 15 PatG Rdnr. 13 m.w.N.

28) Vgl. Benkard-Ullmann, § 15 PatG Rdnr. 13.

29) Vgl. Pagenberg, S. 458.

30) Vgl. Pachón Munoz, S. 59.

liegt, da Kaufverträge in der Regel nur über dingliche Objekte abgeschlossen werden können.[31)]

Pachón Muñoz[32)] bezeichnet die Abtretung eines Patentes nicht als "Kaufvertrag" ("compraventa"), sondern als "Veräußerung" ("enejación") des Patentes. "Veräußerung" bedeutet aber gleichfalls Abtretung aller Rechte.[33)]

Alvarez Soberanis[34)] geht davon aus, daß die "Abtretung" ("cesion") des Patentes einen Kaufvertrag darstelle und darauf die Regeln des Kaufes anwendbar seien, wenn tatsächlich eine teilweise oder gesamte Übertragung der Rechte vorgenommen werde.

2. Mietvertrag oder Pachtvertrag

a) Abspaltungstheorie, positives Benutzungsrecht oder Verzicht auf Eingriffsrechte

Viele Autoren - im südamerikanischen und im deutschen Recht - neigen dazu, Lizenzverträge als Miet- oder Pachtverträge zu qualifizieren,[35)] da

---

31) Vgl. hierzu Cámara 3ª. Civil y Comercial de Cordoba, Revista del Derecho Industrial 1982, S. 393.

32) Vgl. Pachón Muñoz, S. 59.

33) Vgl. oben S. 48.

34) Vgl. Alvarez Soberanis, S. 305: Zit. nach Sepúlveda, César, El sistema méxicano de propiedad industrial, México 1955, S. 59. Dies ist eine alte Auflage des Buches. In der neuen Auflage des Buches von Sepúlveda von 1981 wurde dieses Problem nicht mehr angesprochen.

35) Vgl. Cabanellas, S. 42 m.w.N. Vgl. ebenso Arias Cobo, S. 45 und Bustamante Luna, S. 28 (dort Einordnung als mietähnlicher Vertrag). Vgl. weiterführend auch Rondón de Sansó, Hildegard, La explotación de las patentes in Venezuela, Universidad Catolica Andres Bello, Estudios Juridicos, Caracas/Venezuela 1978, S. 87.

Für das deutsche Recht vgl. z.B. Stumpf, Rdnr. 23 und Benkard-Ullmann, Rdnr. 49. Beide sprechen sich für eine Anlehnung an die Regeln der Rechtspacht aus. Vgl. ebenso Pfaff, BB 1974, S. 568f.

beide Vertragstypen den Genuß einer bestimmten Sache gewährten.[36)]

Während im deutschen Recht für die ausschließliche Patentlizenz[37)] die sog. Abspaltungstheorie vertreten wird, die besagt, daß der Schutzrechtsinhaber einen Teil seines Rechtes abspaltet und auf den Lizenznehmer überträgt[38)], bzw. davon ausgegangen wird, daß auch die einfachen Lizenzen ein positives Benutzungsrecht gewährten,[39)] ist dies in Südamerika umstritten. Da die Regelungen des Andenpaktes keinen Hinweis darauf enthalten, war die Lösung der juristischen Doktrin vorbehalten. Es

---

36) Vgl. Art. 1883 des ecuadorianischen Código Civil ("conceder el goce de una cosa"); Art. 1666 des peruanischen Código Civil; Art. 685 des bolivianischen Código Civil; Art. 1579 des venezolanischen Código Civil. Art. 1982 des kolumbianischen Código Civil, dort jedoch etwas anders formuliert.

37) Zur Definition einer ausschließlichen Lizenz vgl. Benkard-Ullmann, § 15 PatG Rdnr. 52.

38) Vgl. Pfaff, Dieter, Internationale Lizenzverträge im europäischen Internationalen Privatrecht, AWD/RIW 1974, S. 243; ders. RIW 1982, S. 381; ders. Conflict of Laws Aspects of License Contracts in Germany and the Socialist Countries, Industrial Review of Industrial Property and Copyright Law 1977, S. 28f.

Nach Ansicht von Troller, Alois, Das internationale Privat- und Zivilprozeßrecht im gewerblichen Rechtsschutz und Urheberrecht, Basel 1952, S. 194 ist die Auffassung, die Abspaltungstheorie gelte sowohl für die einfache als auch die ausschließliche Lizenz, heute wohl allgemein aufgegeben worden.

39) Wird von der neueren Literatur und Rspr. vertreten. Dies hat die Neuregelung des § 15 Abs. 2 PatG nun insofern klargestellt, da die Formulierung, daß das Recht an der Erfindung in seinen in § 15 Abs. 1 PatG genannten Ausgestaltungsformen Gegenstand einer Lizenz sein kann, deutlich unterstreicht, daß es hier um positive Benutzungsrechte gehen muß. Vgl. Stumpf, Rdnr. 16 und Kraßer, S. 690f. Vgl. zum ganzen Fragenkomplex auch Kraßer, Rudolf, Verpflichtung und Verfügung im Immaterialgüterrecht, GRUR Int. 1973, S. 230ff. und Lichtenstein, Erich, Der Lizenzvertrag im engeren Sinne, NJW 1965, S. 1839, 1841ff. Vgl. zur Kritik des Aufsatzes von Lichtenstein Lüdecke, Wolfgang, Zur rechtlichen Natur der Lizenz, NJW 1966, S. 815.

Nach Pfaff, AWD/RIW 1974, S. 243, gilt diese Theorie, die hinsichtlich der Rechte aus einem Lizenzvertrag von mit obligatorischer Wirkung ausgestatteten Benutzungsrechten ausgeht, für den einfachen Patentlizenzvertrag.

wird z.T. die sog. Verzichtstheorie[40] vertreten, die nicht von einer Abspaltung von Befugnissen bzw. von einer positiven Erlaubnis ausgeht, sondern in der Vergabe einer Lizenz lediglich einen Verzicht des Lizenzgebers sieht, von seinem Verbietungsrecht Gebrauch zu machen.[41] Der Lizenzgeber muß hier nur alles unterlassen, was den Lizenznehmer im Genuß dieses Verzichts stört oder hindert,[42] während es nach der Abspaltungstheorie bzw. bei der Gewährung eines Benutzungsrechts einer positiven Erfüllungshandlung bedarf.

---

40) Vgl. Cabanellas, S. 46, sog. "obligación de no hacer". Ebenso geht Palacios, S. 164 von einem bloßen Verzicht auf Verbietungsrechte aus: "...el dueno o propietario de ella no renuncia al derecho que le concede la marca, si no sólo al derecho de perseguir a quien la use sin su consentimiento": Zit. nach Sepúlveda, César: Boletin del Instituto de Derecho Comparado de México, N° 42, pag. 631, Ano XIV.

Auch im deutschen Recht ging das RG (RGZ 76, 235; RGZ 90, 162, 164) zunächst davon aus, daß eine gewöhnliche Lizenz nur die bloße Verpflichtung beinhalte, dem Vertragspartner gegenüber von seinem Untersagungsrecht keinen Gebrauch zu machen. Sie stellte sich danach als ein auf eine negative Leistung gerichtetes Schuldverhältnis dar, als pactum de non petendo. Nach Kraßer, S. 690, war diese Auffassung jedoch nicht mit dem Parteiwillen vereinbar, der von einer rechtmäßigen Benutzung des Patentes ausgehe.

Z.T. wird noch die sog. negative Lizenz erwähnt, die sich von der einfachen Lizenz dadurch unterscheide, daß die einfache Lizenz über den bloßen Verbietungsverzicht hinaus dem Lizenznehmer ein positives Benutzungsrecht gewähre, das der Lizenznehmer während der Vertragsdauer zu erhalten habe. Vgl. Benkard-Ullmann, § 15 PatG Rdnr. 56. Diese negative Lizenz dürfte jedoch wegen obiger Einwendungen obsolet geworden sein.

Andererseits ist z.B. Knap, GRUR Int. 1973, S. 226, der Auffassung, daß der negative Bestandteil des Lizenzvertrages mit dem positiven Grundcharakter dieses Vertrages eine untrennbare Einheit bilde. Es könne damit keine Einteilung der Lizenzverträge in positive und negative vertreten werden.

41) Vgl. Lichtenstein, Erich, Der Lizenzvertrag mit dem Ausland, NJW 1964, S. 1345, 1346 und Cabanellas, S. 46.

42) Vgl. zu der Auffassung, die Hauptpflicht des Lizenzgebers sei eine "obligación de no hacer" Cabanellas, S. 46. Die Verpflichtung des Lizenzgebers gegen Dritte, die das Exklusivrecht des Lizenznehmers verletzen, vorzugehen, habe lediglich akzessorischen Charakter, da sie nur den dem Lizenznehmer zuerkannten Bereich schütze und damit ihren Ausgangspunkt in der hier dargestellten Hauptpflicht des Lizenzgebers habe.

Cabanellas[43] sieht daher eine weitgehende Unvereinbarkeit des Lizenzvertrages mit den Grundsätzen des Mietrechts, da der Vermieter die Nutzung einer Sache gewähre, während der Lizenzgeber sich lediglich zu einem Unterlassen verpflichte.

Andere südamerikanische Autoren billigen dem Lizenznehmer ein Benutzungsrecht zu[44] und gehen von einer Vereinbarkeit des Lizenzvertrages mit den Regeln des Mietrechts aus.[45]

b) *Immaterialgüterrechte als Objekt eines Mietvertrages*

Es ist im südamerikanischen Recht umstritten, ob das Objekt des Lizenzvertrages eine vermietbare "Sache" darstellt.

---

43) Vgl. Cabanellas, S. 42. Vgl. auch Breuer Moreno, P.C., Tratado de las Patentes de Invención, Buenos Aires/Argentinien 1957, T. II, S. 468f.

44) In den Arbeiten von Arias Cobo, S. 60 und Bustamante Luna, S. 27 wird, jedoch ohne dogmatisch auf das Problem einzugehen, in der Lizenzvergabe die Gewährung eines Nutzungsrechtes gesehen.

Pachón Muñoz, S. 61f. geht ebenfalls von einer Benutzungserlaubnis aus: "La licencia es un contrato no traslatico de dominio en que el titular de la patente confiere a otra persona el derecho de usar la invención patentada" bzw. "El derecho a explotar la invención..." Die in der 1. Auflage verwendete Definition "autorisación que a un tercero confiere el titular de la patente para explotar su invención, sin trasferirla derecho distinto sobro la creación", S. 52, wurde nicht mehr übernommen, jedoch ohne Hinweis darauf, daß Pachón Munoz damit seine Meinung geändert habe.

Auch Alvarez Soberanis nimmt sowohl für Warenzeichen- ("autorización de uso"; S. 298) als auch für Patentlizenzverträge ("autorización de explotación"; S. 300) ein Benutzungsrecht an, ebenfalls ohne weitere Begründung.

45) Vgl. Pachón Muñoz, S. 61. Er wendet auf den entgeltlichen Lizenzvertrag die Mietrechtsregeln an. Vgl. auch Bustamante Luna, S. 28.

Während Cabanellas,[46] ausgehend von der Definition der Miete im argentinischen Recht (Art. 1499 des Código Civil), welches als Mietsache nur bewegliche nicht verbrauchbare Sachen und Grundstücke zuläßt, eine Einordnung des Lizenzvertrages als Mietvertrag verneint, steht Bustamante Luna,[47] ausgehend vom ecuadorianischen Recht (Art. 1884 des Código Civil), auf dem Standpunkt, eine Einordnung des Lizenzvertrages als Mietvertrag sei möglich. Gem. Art. 1884 des ecuadorianischen Código Civil können Gegenstand eines Mietvertrages sowohl körperliche als auch nichtkörperliche Sachen sein, die benutzt werden können, ohne daß sie aufgebraucht werden. Bustamante Luna sieht in einem Patent oder einem Warenzeichen eine "nichtkörperliche Sache", die dem Eigentümer ein dingliches Recht gewähre.[48] Auch nach kolumbianischem,[49] bolivianischem[50] und wohl ebenso nach peruanischem[51] Recht kann Ge-

---

46) Vgl. Cabanellas, S. 42. Er geht bei dieser Einordnung von dem Fall aus, daß der Lizenzgeber ausdrücklich oder stillschweigend dem Lizenznehmer das Recht zur Nutzung z.B. des Patentes versichert habe. Dies im Unterschied zu der oben dargestellten Verzichtstheorie.

47) Vgl. Bustamante Luna, S. 30. Im ecuadorianischen Código Civil wird die Pacht lediglich als Spezialfall der Miete betrachtet. Der hier zitierte Art. 1884 beinhaltet die generelle Definition eines Objektes, welches gemietet werden kann. Spezialregeln für die Pacht sind in den Art. 1938ff. des Código Civil zu finden, überschrieben mit "Reglas particulares relativas al arrendamiento de casas, almacenes u otros edificios".

48) Vgl. Bustamante Luna, S. 30: "Evidentemente que los contratos de licencía versarán sobre cosas incorporales, ya que una marca, una patente, un modelo o dibujo, son y vienen a constituir un derecho real de los propietarios de los mismos."

Vgl. ebenso Pachón Muñoz, S. 2: "La propiedad industrial es un especie de propiedad privada." AA Vailanti, Revista del Derecho Industrial 1986 (24), S. 444: "res incorporales" können nur Rechte sein, nicht aber "creaciones intelectuales", wie sie s.E. Patente und know-how darstellen.

49) Vgl. Art. 1974 Código Civil: "cosas corporales o incorporales". Der Wortlaut dieser Vorschrift entspricht der o.g. Auffassung von Pachón Muñoz, S. 61. Er geht vom kolumbianischen Recht aus.

50) Vgl. Art. 685 Código Civil: Dort werden zwar nach dem Gesetzeswortlaut nur bewegliche und unbewegliche Sachen "cosa mueble o inmueble" als Objekte eines Mietvertrages zugelassen; nach Morales Guillen, Carlos, Código Civil, Concordado y Anotado, 2. Auflage, La Paz/Bolivien 1982, Kommentar zu Art. 685, S. 793, ist jedoch in bestimmten Fällen die Miete eines Rechtes möglich, z.B. nach Art. 219 des bolivianischen Código Civil die des Nießbrauchsrechtes.

genstand eines Mietvertrages eine körperliche oder eine nichtkörperliche "Sache" sein. Für diese Länder gelten daher die Ausführungen hinsichtlich des ecuadorianischen Rechts.

Anderes gilt nach venezolanischem[52] Recht: Gegenstand eines Mietvertrages kann - wie nach argentinischem Recht - lediglich eine bewegliche oder unbewegliche körperliche Sache sein. Daher kann in diesen Ländern die Einordnung eines Lizenzvertrages als miet- oder mietähnlicher Vertrag abgelehnt werden.

Gegen die Annahme des Lizenzvertrages als Miete im deutschem Recht gem. §§ 535ff. BGB spricht, daß hiernach nur eine Miete an Sachen und nicht auch an Rechten möglich ist.[53] Die Abgrenzungskriterien sind im wesentlichen die gleichen wie im argentinischen Recht.

c) *Obligatorischer oder dinglicher Charakter des Lizenzvertrages*

Eine dem Mietvertrag vergleichbare Situation liegt nach südamerikanischem Recht insofern vor, als der Lizenzvertrag dem Lizenznehmer ein nur obligatorisches Recht zur Verwertung des Warenzeichens gewährt, ebenso wie der Mietvertrag ein obligatorisches Recht auf Nutzung der Mietsache enthält.[54] Nach Auffassung von Palacios[55] stellt die Ge-

---

51) Vgl. Art. 1666 Código Civil: "un bien". "un bien" kann sowohl "Vermögensgegenstand" als auch "Sache" bedeuten. Der Begriff ist weit auszulegen und umfaßt auch nichtkörperliche "Sachen".

52) Art. 1579 Código Civil: "Cosa mueble o inmueble". Eine erweiternde Auslegung wie in Art. 685 des bolivianischen Código Civil ist nach der vorhandenen Literatur nicht ersichtlich.

53) Vgl. Stumpf, Rdnr. 21.

54) Vgl. Bustamante Luna, S. 29.

Zu dem Problem, ob ein Mietvertrag ein lediglich "persönliches" (=obligatorisches), nichtdingliches Recht oder aber ein Recht dinglicher Natur gewährt; vgl. Morales Guillen, Kommentar zu Art. 685 des bolivianischen Código Civil, S. 794. Vgl. auch Valencia Zea, Arturo, Derecho Civil, T. IV, De los Contratos, 6. Auflage, Bogotá/Kolumbien 1985, S. 214ff.

brauchslizenz im südamerikanischen Recht ein relatives und "persönliches" Recht dar.[56]

Dieser Gesichtspunkt gilt gleichfalls bei Einordnung des Lizenzvertrages als Verpflichtung zum "Nichtstun", da auch hier nur eine obligatorisch wirkende Vereinbarung, nicht aber die Übertragung dinglicher Rechte angenommen werden kann. Nach Auffassung von Lichtenstein[57] wird "keine Rechtsordnung, die der Verzichtstheorie folgt, ... jemals anerkennen, daß die Lizenz die Natur eines dinglichen Rechts haben kann. Darin sind alle Rechtsordnungen im Einklang".

Das Abgrenzungskriterium des rein "persönlichen" obligatorischen Rechts gilt im südamerikanischen Rechtskreis - nach umstrittener Auffassung[58] - nicht nur für die einfache, sondern auch für die ausschließliche Lizenz. Sie vermittelt, anders als im deutschen Recht, das sie wegen ihrer Ausschließlichkeitsfunktion weitgehend als quasi-dingliches

---

55) Vgl. Palacios, S. 165: "Dos características que consideramos fundamentales en la licencia de uso: a) Es un derecho relativo, oponible solamente entre las partes contratantes, y b) Es un derecho personal (intuitu personae) y, por supuesto, no transferible."

56) Zu den Auswirkungen des Relativitätsgrundsatzes auf das Verhältnis der obligatorischen Rechte zu den "absoluten" dinglichen Sachenrechten vgl. Münchener Kommentar zum Bürgerlichen Gesetzbuch, Band 2, Schuldrecht, Allgemeiner Teil (§§ 241 - 432), 2. Auflage, München 1985; zit. MünchKomm-Kramer, Einl. Rdnr. 15.

57) Vgl. Lichtenstein, NJW 1964, S. 1346.

58) Vgl. Pachón Muñoz, S. 62. Dort wird zunächst erläutert, daß exklusive und nichtexklusive Lizenzen vergeben werden können. Daran anschließend wird festgestellt, daß die juristische Doktrin immer davon ausgegangen sei, daß der Lizenzvertrag "un contrato celebrado intuitu personae" sei. Die Auffassung eines rein "persönlichen" Rechts gilt damit sowohl für ausschließliche als auch für nicht ausschließliche Lizenzen. AA Rondón de Sansó, S. 87.

oder dingliches Recht ansieht,[59] lediglich ein obligatorisches Recht auf Nutzung.

Letztere Auffassung wird im deutschen Rechtskreis nur für die Warenzeichenlizenz vertreten, sei sie nun einfach oder ausschließlich. Die z.Zt. in Literatur und Rechtsprechung herrschende Meinung[60] sieht in der Lizenzerteilung für Warenzeichen nur eine obligatorisch wirkende Vereinbarung, die den Lizenznehmer berechtige, seine Produkte mit dem entsprechenden Warenzeichen zu versehen. "Da der Lizenznehmer nicht das Recht habe, eigene Waren mit dem Lizenz-Warenzeichen zu versehen, könne der Lizenzerteilung keine dingliche Wirkung zuerkannt werden".[61]

Soweit ein dingliches Nutzungsrecht angenommen werde, stehe es einer Einordnung des Lizenzvertrages als Miet- bzw. Rechtspachtvertrag und den schuldrechtlichen Beziehungen zwischen Lizenznehmer und Lizenzgeber gem. §§ 581 ff. BGB nicht entgegen.[62]

---

59) Vgl. Stumpf, Rdnr. 36 m.w.N. Vgl. auch Benkard-Ullmann, § 15 PatG Rdnr. 53: "Die ausschließliche Lizenz hat eine dem Sachenrecht angenäherte gleichsam dingliche, absolute Natur".

Die z.T. vertretene Ansicht, daß die ausschließliche Lizenz eine absolute Rechtsstellung vermittle, ändere an diesem Ergebnis nichts, da dingliche Rechte nur eine Untergruppe der absoluten Rechte seien. Die dingliche Wirkung der ausschließlichen Lizenz hänge dabei nicht von der Eintragung in die Patentrolle gem. § 34 Abs. 1 PatG ab, da die Eintragung in die Patentrolle nicht rechtsbegründend sei, sondern nach h.M. nur deklaratorischen Charakter habe. Vgl. Stumpf, Rdnr. 36 m.w.N.

60) Vgl. Pfaff, AWD/RIW 1974, S. 244 m.w.N.; ders. International Review of Industrial Property and Copyright Law 1977, S. 28, 32 m.w.N.

61) Vgl. Pfaff, AWD/RIW 1974, S. 244 m.w.N.

62) Vgl. Benkard-Ullmann, § 15 PatG Rdnr. 49 m.w.N.

d) *Sukzessionsschutz*

Die Einordnung der ausschließlichen Patentlizenz als dingliches oder quasi-dingliches Recht hat nach deutscher Auffassung weitreichende Folgen im Bereich des Sukzessionsschutzes: Der Erwerber eines Patentes mußte nach h.M. den Fortbestand ausschließlicher Lizenzen gegen sich gelten lassen.[63)] Dagegen war die Frage nach dem Fortbestand der einfachen Lizenz umstritten. Während die überwiegende Meinung in der Literatur in diesem Fall den Sukzessionsschutz bejahte,[64)] verneinte der BGH[65)] eine gegenständliche Wirkung der einfachen Lizenz und lehnte auch die analoge Anwendung des § 571 BGB ab. Die festgestellte mangelnde Bestandskraft wurde überwiegend als unbefriedigend empfunden.[66)] Der Gesetzgeber kam mit der Kodifizierung des § 15 Abs. 3 PatG (Inkrafttreten 1. 1. 1987) dem Regelungsbedürfnis nach. Danach genießen sowohl die ausschließliche wie auch die einfache Lizenz Sukzessionsschutz, soweit die Lizenz zum Zeitpunkt des Rechtsübergangs wirksam begründet ist. "Das positive Benutzungsrecht hat Rechtswirkungen gegenüber dem Patentinhaber wie gegenüber jedem Dritten."[67)]

Im südamerikanischen Rechtskreis wird ein Sukzessionsschutz bei Veräußerung des Patentes trotz der allgemein nur rein obligatorischen Einordnung von Pachón Muñoz[68)] bejaht. Er geht davon aus, obwohl er diesen Punkt als strittig bezeichnet, daß der Erwerber eines Patentes die Lizenz (Pachón Muñoz unterscheidet nicht zwischen einer ausschließli-

---

63) Vgl. Benkard/Ullmann, § 15 PatG Rdnr. 60 m.w.N. Vgl. auch Forkel, Hans, Zur dinglichen Wirkung einfacher Lizenzen, NJW 1983, S. 1764, 1765.

64) Vgl. Forkel, NJW 1983, S. 1765.

65) Urteil des BGH vom 23. 3. 1982, NJW 1983, S. 1790.

66) Vgl. zum ganzen Fragenkomplex Benkard-Ullmann, § 15 PatG Rdnr. 60ff.

67) Vgl. Benkard-Ullmann, § 15 PatG Rdnr. 63.

68) Vgl. Pachón Muñoz, S. 62.

chen und einer einfachen Lizenz) gegen sich gelten lassen müsse, soweit sie bei der jeweils zuständigen Behörde registriert und eingetragen sei.[69] Diese Auffassung ist auf die anderen Andenländer übertragbar, da ihr entsprechend angewendetes Mietrecht in der Regel einen Schutz für den Mieter vorsieht, d.h. den Mietvertrag weitergelten läßt, wenn die gemietete Sache vom Vermieter an einen Dritten übertragen wird.[70]

e) *Verpflichtung zur Zahlung der Lizenzgebühren*

Im deutschem Recht ist die Zahlung des Mietzinses "Haupt- und Gegenseitigkeitspflicht" und für den Vertragstyp Miete unerläßlich.[71] Dagegen ist für die Annahme eines Lizenzvertrages eine Verpflichtung zur Gebührenzahlung nicht unerläßlich, obwohl in der Regel die Zahlung der Lizenzgebühren als eine Hauptpflicht des Lizenznehmers angesehen wird.[72]

Gleiches gilt im südamerikanischen Recht: Für Leistungen aus einem Mietvertrag ist ein Entgelt zu leisten.[73] Auch für Leistungen aus einem Lizenzvertrag stellt die Zahlung der Lizenzgebühren in der Regel eine

---

69) Pachón Muñoz wendet kolumbianisches Recht an: Vgl. Art. 2020 *lit.* 2 des kolumbianischen Código Civil - Regelung des Mietrechts.

70) Vgl. z.B. Artt. 1604f. des venezolanischen Código Civil, dort für Immobilien; vgl. wie bereits erwähnt Art. 2020 des kolumbianischen Código Civil, dort mit Einschränkungen für alle Mietverträge. Diese Regelung hat zu Streit geführt, ob der Mietvertrag nicht doch ein dingliches Recht sei; vgl. Ortega Torres, Jorge, Código Civil, 16. Auflage, Bogotá/Kolumbien, 1983, Kommentar zu Art. 2020 Código Civil, S. 908; vgl. auch Art. 711 des bolivianischen Código Civil, diese Regelung gilt nach *lit.* 2 jedoch nicht für bewegliche Sachen, die nicht registriert werden, soweit der Erwerber die Sache ohne Wissen der Vermietung in Besitz genommen hat.

71) Vgl. Palandt-Putzo, § 535 Anm. 3) a).

72) Vgl. Benkard-Ullmann, § 15 PatG Rdnr. 71.

73) Pachón Muñoz, S. 61 leitet aus der Verpflichtung zur Zahlung der Lizenzgebühren die Ähnlichkeit des Lizenzvertrages mit dem Mietvertrag ab.

Hauptpflicht des Lizenznehmers dar.[74] Dieses Kriterium ist jedoch nur für den Mietvertrag zwingend,[75] während eine Lizenz kostenlos gewährt werden kann, z.B. wenn der Lizenzgeber sein Warenzeichen in einem bestimmten Land einführen möchte, um seinen Markt zu erweitern, dafür eine kostenlose Lizenz für einige Jahre vergibt, dem Lizenznehmer aber die dafür anfallende Werbung überläßt, um auf dieser nach Ablauf des Vertrages aufzubauen.[76]

f) Ausübungspflicht

Die Ausübungspflicht des Lizenznehmers - als abgrenzendes Kriterium des Lizenzvertrages zum Mietvertrag - ist im deutschen Recht umstritten. In Lizenzverträgen wird häufig eine Ausübungspflicht ausdrücklich vereinbart, insbesondere dann, wenn Stücklizenzgebühren zu zahlen sind.[77] Es erhebt sich jedoch die Frage, ob der Lizenznehmer auch ohne besondere Vereinbarung eine Ausübungspflicht hat.

Zunächst ausschlaggebend ist der - auch nur mutmaßliche - Parteiwille. Diesen festzustellen ist oftmals schwierig. Es wurde daher in der Literatur verschiedentlich eine Ausübungspflicht aus der Rechtsnatur des Vertrages heraus angenommen, weil es sich um einen verlagsähnlichen Vertrag handle.[78] Im allgemeinen wird eine Ausübungspflicht in der Litera-

---

74) Vgl. Alvarez Soberanis, S. 256.

75) Für den Mietvertrag vgl. Art. 1883 des ecuadorianischen Código Civil; Art. 685 des bolivianischen Código Civil; Art. 2000 des kolumbianischen Código Civil; Art. 1579 und Art. 1592 *lit.* 2 des venezolanischen Código Civil; Art. 1681 *lit.* 2 des peruanischen Código Civil. Für den Lizenzvertrag vgl. Arias Cobo, S. 45.

76) Vgl. Cabanellas, S. 48.

77) Vgl. BGH vom 17. 4. 1969, BGHZ 52, S. 55, 58 und Stumpf, Rdnr. 149.

78) Vgl. z.B. Wertheimer, Ludwig, Pflichten des Lizenznehmers, Ein Beitrag zum Wesen des Lizenzvertrages, GRUR 1930, S. 578, 581.

tur dann angenommen, wenn eine ausschließliche Lizenz erteilt wurde.[79)] Lüdecke[80)] begründet die Ausübungspflicht bei der ausschließlichen Lizenz damit, daß der Lizenzgeber für die Vertragsdauer alles aus der Hand gebe, weil er nicht, wie bei der einfachen Lizenz, weitere Lizenzen an Dritte vergeben könne und die wirtschaftliche Auswertung sowie die Wahrnehmung seines Interesses an dem Vertrieb der Erzeugnisse allein dem Lizenznehmer überlasse. Wer, wie hier der Lizenznehmer, eine derartig ausschließliche Stellung erlange, werde in der Regel verpflichtet sein, mit der Erfindung alles zu tun, was man gemeinhin mit gewerblichen Schutzrechten mache, nämlich sie auszuwerten. Je mehr dieses ausschließliche Recht durch vertragliche Vorbehalte eingeschränkt werde, desto eher könne eine Ausnahme von der Ausübungspflicht bestehen.

Hinsichtlich der einfachen Lizenz wird z.T. die Auffassung vertreten, schon ihre Erteilung spreche gegen eine Ausübungspflicht.[81)] Dagegen nimmt Nirk[82)] - wenn auch mit Einschränkungen - an, daß bei der einfachen Lizenz ebenfalls eine Ausübungspflicht bestehe. Stumpf[83)] verneint eine Ausübungspflicht bei der einfachen Lizenz, wenn keine besonderen Umstände dafür sprächen, weil hier dem Lizenznehmer keine Monopolstellung eingeräumt werde und der Lizenzgeber die Möglichkeit habe, neben dem Lizenznehmer selbst herzustellen und zu vertreiben

---

79) Vgl. Stumpf, Rdnr. 151 m.w.N.

AA Schade, Peter, Die Ausübungspflicht bei Lizenzen; Köln, Berlin, Bonn, München 1967, S. 39. Nach seiner Auffassung spricht die Vereinbarung einer Pauschalgebühr auch bei ausschließlichen Lizenzen gegen eine Ausübungspflicht.

80) Vgl. Lüdecke, Wolfgang, Die Ausübungspflicht des Lizenznehmers, GRUR 1952, S. 211, 213.

81) Vgl. Stumpf, Rdnr. 151 m.w.N.

82) Vgl. Nirk, Rudolf in Klauer/Möhring, Patentrechtskommentar Band I, 3. Auflage, München 1971, Rdnr. 78 zu § 9: "Eine Pflicht zur Ausübung des Patents gilt bei einer ausschließlichen Lizenz grundsätzlich als stillschweigend vereinbart. Bei einer einfachen Lizenz gilt dies dann, wenn die Vergütung auf Stücklizenzbasis erfolgen soll."

83) Vgl. Stumpf, Rdnr. 152.

oder weitere Lizenzen zu vergeben. Aus der Tatsache, daß eine Stück- oder Umsatzlizenz vereinbart wurde, könne gleichfalls eine Ausübungspflicht nicht entnommen werden.[84)]

Jedoch entfalle eine im Lizenzvertrag vereinbarte Ausübungspflicht, soweit eine wirtschaftlich sinnvolle Nutzung des Lizenzgegenstandes nicht mehr möglich sei. Dabei sei auf die objektiven Gegebenheiten abzustellen.[85)]

Der Lizenznehmer ist im südamerikanischen Recht - auch beim Fehlen einer ausdrücklichen Vereinbarung - verpflichtet, das Warenzeichen zu benutzen, da dies eine Hauptpflicht dieser Art von Verträgen darstelle;[86)] die Ausübungspflicht bestehe quasi aus der Rechtsnatur des Lizenzvertrages heraus.[87)]

Dagegen muß eine gemietete Sache nicht genutzt werden.[88)]

---

84) Vgl. Stumpf, Rdnr. 152. AA Schade, S. 43ff.

85) Vgl Benkard-Ullmann. § 15 PatG Rdnr. 108 m.w.N.

86) Vgl. Arias Cobo, S. 46 und 102. Es wird oft nicht nur eine Ausübungspflicht als solche angenommen, sondern des weiteren vom Lizenznehmer verlangt, daß er sie in ordentlicher Weise - auch hinsichtlich der Qualität der Produkte - ausführt. Dies ist geregelt in Art. 77 der Dec. 85: "Podrá sancionarse hasta con la cancelación definitiva de la marca o de la licencia cuando se compruebe por la autoridad nacional competente que el titular o el licenciatario de una marca ha especulado o ha hecho uso indebido en el precio o calidad de un producto amparado por la marca en detrimento del público o de la economía del País Miembro." Es kann hier auch im Rahmen der Vertragsautonomie durch die Parteien ein Schadensersatzanpruch für nicht ordentliche Durchführung vereinbart werden. Art. 77 der Dec. 85 stellt jedoch die Grenze der vertraglichen Vereinbarungen dar. Vgl. dazu Arias Cobo, S. 103.

87) Vgl. Arias Cobo, S. 46.

88) Vgl. Art. 1906 des ecuadorianischen Código Civil; Art. 1681 *lit.* 1 des peruanischen Código Civil; Art. 1592 *lit.* 1 des venezolanischen Código Civil; Art. 1996 des kolumbianischen Código Civil; Art. 702 des bolivianischen Código Civil. In allen diesen Regelungen wird zwar eine Nutzung der Sache nach den Bestimmungen des Vertrages angeordnet, dies bedeutet jedoch lediglich, daß der Mieter die Mietsache nicht zu vertragsfremden Zwecken nutzen darf, nicht jedoch, daß er die Sache überhaupt nutzen muß.

Der Mieter hat ein ausschließliches Nutzungsrecht an der Sache, während das Nutzungsrecht für den Lizenznehmer nicht-exklusiv sein kann.[89)]

Die gemeinsamen Regelungen des Andenpaktes bestimmen nicht ausdrücklich eine Ausübungspflicht, implizieren diese jedoch weitgehend durch die Möglichkeit der Eintragung einer Zwangslizenz, soweit der Patentinhaber oder ein Lizenznehmer nicht innerhalb von drei Jahren den zuständigen Stellen angezeigt hat, daß das Patent verwertet wird (Art. 30 iVm Art. 34 *lit.* a) der Dec. 85).[90)]

---

89) Vgl. Arias Cobo, S. 46.

90) Artt. 30, 34 der Dec. 85. Vgl. dazu Weigand, S. 152f.

Wortlaut der Artt. 30, 34 der Dec. 85 nach Übersetzung von Weigand, S. 152f.:

Art. 30:

Der Inhaber des Patentes ist verpflichtet:

a) den zuständigen Stellen innerhalb einer Frist von drei Jahren seit der Erteilung des Patentes den Beginn der Ausübung anzuzeigen. Unterbleibt diese Mitteilung, wird im Hinblick auf Art. 34 vermutet, daß die Ausübung des Patentes nicht begonnen hat,

b) bei dem zuständigen nationalen Amt jeden Vertrag zu registrieren, der eine Übertragung, Lizenz oder andere Form der Nutzung des Patents durch Dritte aufgrund irgendeiner Befugnis zum Gegenstand hat.

Die in den Buchstaben a) und b) vorgesehenen Verpflichtungen obliegen dem Patentinhaber, seinen Rechtsnachfolgern, Zessionaren, Lizenznehmern und jeder anderen Person, die Inhaber eines aus dem Patent abgeleiteten Rechts ist.

Art. 34:

Nach Ablauf von drei Jahren seit der Erteilung des Patents kann jedermann bei dem zuständigen nationalen Amt die Erteilung einer Zwangslizenz zur Nutzung des Patents beantragen, wenn zum Zeitpunkt der Antragstellung und ohne von dem genannten Amt festgestellten rechtfertigenden Grund eine der folgenden Tatsachen gegeben sind:

a) daß die patentierte Erfindung nicht im Inland ausgeübt worden ist;

b) daß die Ausübung der Erfindung für mehr als ein Jahr unterbrochen worden ist;

c) daß die Ausübung der Erfindung nicht die Nachfrage auf dem nationalen Markt zu vernünftigen Bedingungen hinsichtlich Menge, Qualität oder Preis befriedigt;

Abweichend zu der allgemeinen Ausübungspflicht in den Andenpaktstaaten nimmt Cabanellas[91] - ausgehend von einem Vergleich mit dem amerikanischen und französischen Recht - für das argentinische Recht an, daß nur dann eine Ausübungspflicht bestehe, wenn die Parteien eine Exklusivlizenz, unter Verzicht des Patentinhabers auf sein eigenes Verwertungsrecht vereinbart hätten oder in anderen Fällen einer ausschließlichen Lizenz, wenn die Tantiemen von der Verwertung durch den Lizenznehmer abhingen oder wenn dem Lizenzgeber die Verwertung seiner Erfindung technisch unmöglich sei.

g) Vergabe mehrerer Lizenzen auf das gleiche Immaterialgüterrecht

Der Lizenzgeber kann unterschiedlichen Lizenznehmern verschiedene Rechte über das gleiche Warenzeichen oder Patent gewähren,[92] während verschiedene Mietverträge über die gleiche Sache nicht möglich sind.[93]

---

d) daß der Inhaber des Patents vertragliche Lizenzen nicht zu vernünftigen Bedingungen erteilt hat, so daß die Inhaber dieser Lizenzen die Nachfrage auf dem nationalen Markt zu vernünftigen Bedingungen hinsichtlich Menge, Qualität oder Preis nicht befriedigen können.

Nach Ablauf von fünf Jahren seit der Erteilung des Patents kann die Zwangslizenz durch das zuständige nationale Amt ohne Rücksicht auf den Nachweis des Vorliegens der unter den Buchstaben b), c) und d) dieses Artikels genannten Tatsachen erteilt werden.

Der Inhaber einer Zwangslizenz zahlt dem Patentinhaber eine angemessene Vergütung.

91) Vgl. Cabanellas, S. 323ff.

92) Vgl. Vailanti, Revista del Derecho Industrial 1986 (24), S. 445.

93) Vgl. zum ganzen Fragenkreis Arias Cobo, S. 46. Zu dem Problem, daß mehrere Miet- bzw. Pachtverträge über das gleiche Objekt abgeschlossen wurden vgl. z.B. Art. 1670 des peruanischen Código Civil: Es wird derjenige gutgläubige Mieter bzw. Pächter bevorzugt, dessen Titel als erstes eingetragen wurde bzw. bei Fehlen einer Eintragung derjenige, der die Sache in Besitz genommen hat. Hat niemand die Sache in Besitz genommen, wird der Mieter bzw. Pächter bevorzugt, dessen Rechtsanspruch am frühesten datiert, außer in den Fällen, in denen sich ein Rechtsanspruch aus einer Urkunde mit einem öffentlich beglaubigten Datum ergibt.

Dies gilt jedoch nicht bei Gewährung einer ausschließlichen Lizenz. Hier ist dem Lizenzgeber nach deutscher und südamerikanischer Auffassung verwehrt, weitere Lizenzen an Dritte zu vergeben.

h) *Zusammenfassung zur Einordnung als Mietvertrag*

Eine direkte Anwendung der Mietrechtsregeln auf den Lizenzvertrag ist im südamerikanischen Recht aufgrund der genannten Abweichungen nicht möglich. Jedoch wäre eine analoge Anwendung denkbar. Während Arias Cobo[94)] eine analoge Anwendung verneint, sieht Cabanellas[95)] diese Möglichkeit aufgrund der Ähnlichkeit beider Verträge, die gleichermaßen den "Genuß" eines körperlichen oder nichtkörperlichen Gutes während einer bestimmten Zeitdauer gewährten, durchaus gegeben. Dafür spreche z.B. die Zahlung einer bestimmten Gebühr, die durch den Lizenznehmer bzw. vom Vermieter zu erbringen sei.

i) *Einzelheiten zur Einordnung als Pachtvertrag*

Im deutschen Recht liegen für eine Einordnung des Lizenzvertrages als Pachtvertrag in der Regel die wesentlichen und typischen Merkmale dieses Vertragstyps vor, da eine Pacht an Rechten[96)] möglich ist. Entscheidend sei, daß bei der Lizenzvergabe dem Lizenznehmer nur ein Nutzungsrecht eingeräumt werde, während die Inhaberschaft des Rechtes beim Lizenzgeber verbleibe. Ebenso wie bei der Pacht würde beim Lizenzvertrag ein Dauerschuldverhältnis begründet. Die Besonderheiten

---

94) Vgl. Arias Cobo, S. 45.

95) Vgl. Cabanellas, S. 43f. Vgl. auch Breuer Moreno, S. 470.

96) Vgl. Palandt-Putzo, § 581 Rdnr. 1) b) und Stumpf, Rdnr. 23.

des Lizenzvertrages gegenüber der Pacht - z.B. daß im Rahmen der Pacht ein Gegenstand nicht gleichzeitig wirksam an mehrere voneinander unabhängige Personen verpachtet werden kann und daß die Pacht nach deutschem Recht keinen dinglichen Charakter habe, wie dies bei ausschließlichen Lizenzen der Fall ist - seien nicht von der Art, daß man in der Lizenz nicht einen pachtähnlichen Vertrag sehen könne. Die Pacht komme in ihrer gesetzlichen Ausgestaltung dem Lizenzvertrag am nächsten.[97)] Im konkreten Ergebnis seien deshalb auf den Lizenzvertrag die Vorschriften der Pacht im allgemeinen analog anwendbar und es solle nur insofern davon abgewichen werden, als dies aufgrund der Eigenart des Lizenzvertrages erforderlich sei.[98)]

3. Nießbrauch (Nutznießungsrecht bzw. Fruchtziehungsrecht) "usufructo"

a) *Nießbrauch als dingliches Recht - ausschließliche Lizenz*

Aufgrund der dinglichen Wirkung der ausschließlichen Lizenz wird im deutschen Recht angenommen, daß eine umfassende ausschließliche Lizenz dem Nießbrauch nahe verwandt sei.[99)]

Anderes gilt in Südamerika: Während das Nutznießungsrecht ein dingliches Recht[100)] über eine Sache darstelle, erhalte der Lizenznehmer nur ein obligatorisches Recht.[101)] Dabei sei jedoch zu beachten, daß das

---

97) Vgl. Stumpf, Rdnr. 23 m.w.N.

98) Vgl. Stumpf, Rdnr. 24.

99) Vgl. Benkard-Ullmann, § 15 PatG Rdnr. 53; Lichtenstein, NJW 1964, S. 1349; Pfaff, International Review of Industrial Property and Copyright Law 1977, S.29f.

100) Vgl. Art. 823 des kolumbianischen Código Civil; Art. 583 des venezolanischen Código Civil; Art. 796 des ecuadorianischen Código Civil; ebenso für das bolivianische Recht Morales Guillen, Kommentar zu Art. 216 Código Civil, S. 290: "por su esencia el usufructo es un derecho real".

101) Vgl. Arias Cobo, S. 42. Str.: AA für die Exklusivlizenz Rondón de Sansó, S. 88; sie bejaht daher eine Analogie von Exklusivlizenz und Nießbrauch.

Recht des Lizenzgebers durchaus eine gewisse Ähnlichkeit mit den dinglichen Rechten habe,[102)] es sei ein Recht des gewerblichen Eigentums mit Wirkung "erga omnes".[103)] Die Unkörperlichkeit des Gutes auf dem das Recht des Lizenzgebers bestehe, bewirke jedoch, daß diese Affinität dann breche, wenn eine Lizenzvergabe stattfinde.[104)] Der Lizenznehmer erhalte lediglich ein obligatorisches Recht,[105)] im Gegensatz zur Nachfolge in ein dingliches Recht. Der Lizenzgeber könne mehrere Lizenzen auf das gleiche Objekt erteilen, ohne in die Rechte vorhergehender Lizenznehmer einzugreifen, wobei dies nicht gelte, soweit eine ausschließliche Lizenz erteilt wurde.

Ein weiterer Punkt zur Abgrenzung[106)] bestehe im südamerikanischen Rechtskreis in der Tatsache, daß der Nutznießer kraft Gesetzes[107)] das Recht besitze, die Rechts- und natürlichen Früchte des Nießbrauchsobjektes zu nutzen und einzunehmen und in den vollen Genuß der Objekte zu gelangen, auf welche sich sein Recht beziehe, ebenso wie in seinen Bereich falle, daß er sie verwalte, mit einer Hypothek belaste, vermiete oder verpachte oder auch das Nutznießungsrecht abtrete, also so damit verfahre, als sei er Eigentümer, ohne eine Genehmigung desselben

---

102) Anders Bustamante Luna und Pachón Muñoz, sie nehmen ein dingliches Recht an, vgl. oben S. 55.

103) Vgl. Cabanellas, S. 41.

Nach deutschem Recht wird das Patent als (unvollkommen absolutes) Immaterialgüterrecht bezeichnet, das sich gegen jeden Dritten richte; vgl. z.B. Schulte, Rainer, PatG, 4. Auflage, Köln 1987, § 6 PatG Rdnr. 5; ebenso Kraßer, S. 4. Zum Streit, ob es sich bei Warenzeichen um gewerbliches Eigentum, ein Persönlichkeits- oder Individualrecht oder ein Immaterialgüterrecht handle vgl. Busse/Starck, Sammlung Guttentag, Kommentar zum Warenzeichengesetz, 6. Auflage, Berlin, New York 1990, Einf. 4.

104) Vgl. Cabanellas, S. 41.

105) Vgl. oben S. 56ff. Diese Argumentation gilt auch hier. Ebenso Palacios, S. 165.

106) Vgl. zum ganzen Fragenkomplex Arias Cobo, S. 43f.

107) Vgl. z.B. für das ecuadorianische Recht Artt. 813, 822, 825 und 809 aE Código Civil.

einholen zu müssen. Er sei Herr über sein eigenes Recht - das Nutznießungsrecht. Im Gegensatz dazu habe der Lizenznehmer keine anderen Rechte als die, welche in dem jeweiligen Vertrag begründet seien; er erhalte niemals Rechte, die denjenigen des Inhabers des Schutzrechtes ähnlich seien. Um Unterlizenzen vergeben zu können, benötige er die ausdrückliche Genehmigung des Lizenzgebers, er könne diese Befugnis nicht aus seinem Status als Lizenznehmer ableiten.[108)] Sei dem Lizenzgeber die Vergabe einer Sublizenz nicht bekannt, so sei sie nicht wirksam. Die Vergabe von Unterlizenzen könne jedoch gebilligt werden.[109)]

Die Feststellung, daß die Rechte des Lizenznehmers niemals ähnlich denen des Warenzeichen- oder Patentinhabers sind, gilt nach südamerikanischer Auffassung ebenfalls bei Gewährung einer Exklusivlizenz. Während im deutschen Recht die ausschließliche Lizenz dem Lizenznehmer im Rahmen der vertraglichen Vereinbarung ein gegen jedermann wirkendes Ausschlußrecht verleiht, das sowohl das alleinige Recht zur Verwertung der Erfindung als auch ein negatives Verbietungsrecht gegenüber allen anderen, mangels ausdrücklicher Vereinbarung auch gegenüber dem Lizenzgeber selbst, verleiht,[110)] gewährt sie einem Lizenznehmer im südamerikanischen Rechtsraum nicht so weitgehende Befugnisse: Zwar ist dem Lizenzgeber untersagt, weitere - den gleichen Vertragsgegenstand betreffende - Lizenzen an Dritte zu vergeben, jedoch

---

108) Vgl. Cabanellas, S. 397 und Palacios, S. 165: "derecho personal no transferible". AA für die Exklusivlizenz Rondón de Sansó, S. 83.

Vgl. dazu z.B. Art. 556 des kolumbianischen Código de Comercio: "Salvo estipulación en contrario, la licencia contractual se rige por las reglas siguentes: *lit.* 3) El beneficiario de la licencia no puede cederla a terceros, ni está autorizado para otorgar sublicencias." Vgl. auch Carrillo Ballesteros, Jesús M. und Morales Casas, Francisco, La Propiedad Industrial, Bogotá/Kolumbien 1973, S. 183.

109) Vgl. Arias Cobo, S. 43f.

110) Vgl. Stumpf, Rdnr. 36 m.w.N.

Will der Lizenzgeber trotz der ausschließlichen Lizenz selbst Benutzungshandlungen vornehmen, so muß er sich diese vorbehalten, wobei sich ein solcher Vorbehalt auch stillschweigend ergeben kann. Hier liegt dann eine sog. alleinige Lizenz vor. Vgl. Stumpf, Rdnr. 36.

kann er, ohne daß besondere Absprachen vonnöten sind, nach wie vor die Erfindung selbst nutzen.[111)] Der Lizenznehmer hat nicht das Recht, direkt gegen Dritte vorzugehen, die das Immaterialgüterrecht verletzen für welches die Lizenz vergeben wurde. Diese Befugnis bleibt nach argentinischer Rechtsauffassung beim Patentinhaber, der Lizenznehmer kann gegen solche Patentverletzungen nur als Bevollmächtigter des Lizenzgebers vorgehen.[112)][113)]

Dagegen kann im deutschen Recht wenigstens der Inhaber einer ausschließlichen Lizenz Unterlizenzen vergeben, soweit nichts Gegenteiliges vereinbart ist,[114)] und zwar in einem so weiten Umfang, daß der Unterlizenznehmer fast die gleiche Rechtsstellung erlangt wie der ausschließliche Lizenznehmer selbst. Verletzt dagegen der Lizenznehmer

---

111) Vgl. Sepúlveda, César, El sistema méxicano de propiedad industrial, 2. Auflage, México 1981, S. 89. Vgl. auch Cabanellas, S. 373f. Er lehnt sich hier an die französische Auffassung an und sieht die dort vertretene Meinung für das argentinische Recht anwendbar.

Vgl. dazu z.B. auch Art. 556 des kolumbianischen Código de Comercio: "Salvo estipulación en contrario, la licencia contractual se rige por las reglas siguentes: *lit.* 1) No excluye el derecho de conceder otras ni que el titular explote la invención por sí mismo."

112) Vgl. Cabanellas, S. 375. AA für Exklusivlizenzen Rondón de Sansó, S. 86.

113) Nach Lichtenstein, NJW 1964, S. 1346 stellten in Ländern, die der einfachen Lizenz allein keine Möglichkeit geben, sich Dritten gegenüber durchzusetzen, die Rechtsordnungen den Rechtsbehelf der Eintragung des Lizenzvertrages oder eines Lizenzvermerks zur Verfügung. Dies gelte insbesondere dann, wenn dem Lizenzinhaber kein Recht "übertragen" werde, sondern nur die Freiheit vom Vorwurf der Patentverletzung gewährt werde, die Rechtsordnung also der sog. Verzichtstheorie folge. Obwohl nach Art. 32 Abs. 2 und Art. 80 der Dec. 85 für Patent- als auch für Warenzeichenverträge eine Registrierung verlangt wird, hat diese Registrierung keine Schutzfunktion für den Lizenznehmer. Zum einen war z.Zt. des Aufsatzes von Lichtenstein das südamerikanische Gesetz noch nicht in Kraft und konnte damit auch nicht in Betracht gezogen werden, zum anderen haben Eintragungen nach - wenn auch umstrittener südamerikanischer Auffassung - nur Schutzfunktion bei der Übertragung von Immobilien, nicht aber im Bereich des Technologietransfers. Vgl. Entscheidung des Corte Suprema, Revista del Derecho Industrial 1981, S. 719. AA Rondón de Sansó, S. 85.

114) Vgl. zum ganzen Fragenkomplex Benkard-Ullmann, § 15 PatG Rdnr. 53 m.w.N.

durch die heimliche Erteilung einer Unterlizenz, die die Gewinnaussichten des Lizenzgebers beeinträchtigt, das dem Vertrag zugrundeliegende Vertrauensverhältnis, steht dem Lizenzgeber - im Gegensatz zur oben für Südamerika festgestellten Unwirksamkeit der Unterlizenz - lediglich ein Recht zur fristlosen Kündigung zu.[115)]

Ebenso gewährt die ausschließliche Lizenz im deutschen Recht dem Lizenznehmer die Befugnis, selbständig die Rechte aus dem Patent geltend zu machen.[116)] Dieses Recht hat er bei Erteilung einer einfachen Lizenz nicht.[117)] In diesem Falle kann - wie im südamerikanischen Rechtskreis für alle Lizenzen angenommen - nur der Patentinhaber aus eigenem Recht bei Patentverletzungen Dritter auf Unterlassung und Schadensersatz klagen.[118)] Der Lizenznehmer kann jedoch im Wege der Prozeßstandschaft im eigenen Namen Unterlassungsklage erheben, wozu er aber der Ermächtigung des Patentinhabers bedarf. Das eigene Interesse am Prozeß ergibt sich aus seiner Stellung als Lizenznehmer.

Eine Schadensersatzklage bedarf einer Zession, soweit der Lizenznehmer Leistung an sich verlangt; begehrt er dagegen Schadensersatz für den Patentinhaber, genügt dessen Ermächtigung.[119)]

b) *Nießbrauch auf ein Patent*

Im deutschen Recht kann gem. §§ 1068, 1069 BGB an einem Patent ein

---

115) Vgl. Benkard-Ullmann, § 15 PatG Rdnr. 53 m.w.N.

116) H. M. Vgl. z.B. Benkard-Ullmann, § 15 PatG Rdnr. 55 m.w.N.

117) Vgl. Benkard-Ullmann, § 15 PatG Rdnr. 57 m.w.N.

118) Vgl. Benkard-Ullmann, § 15 PatG Rdnr. 57 m.w.N.

119) Vgl. Benkard-Ullmann, § 15 PatG Rdnr. 57 m.w.N.

Nießbrauchsrecht bestellt werden.[120] Der aus dem Nießbrauch Berechtigte hat das Recht Eingriffe Dritter abzuwehren. Er kann bei Patentverletzungen auf Unterlassung, Rechnungslegung und Schadensersatz klagen.[121] Die Möglichkeit der Eintragung des Nießbrauchs in die Patentrolle ist umstritten.[122]

Im südamerikanischen Recht besteht ebenfalls die Möglichkeit, auf Patente ein Nutznießungsrecht zu gewähren. Sie eröffnet sich z.B. durch Art. 2838 des argentinischen Código Civil. Dieser erlaubt Nießbrauchsrechte hinsichtlich aller Arten von Gütern, beweglichen und unbeweglichen, körperlichen und nichtkörperlichen, die veräußert oder zugewendet werden können.[123] Ebenso ist ein Nießbrauch auf ein Patent möglich nach Art. 999 des peruanischen Código Civil "bien ajeno" und nach Art. 218 des bolivianischen Código Civil. Bezüglich des letzteren bestimmt zwar das Gesetz, daß sie nur auf "bienes muebles e inmuebles" anwendbar ist, "bienes muebles" umfassen jedoch körperliche und nichtkörperliche Sachen und damit auch Rechte.[124]

Die Vergabe eines Nutznießungsrechtes auf ein Patent ist jedoch von einer Lizenzvergabe zu unterscheiden: Der Nutznießer hat alle Rechte auf das Nutznießungsobjekt, die auch dem Eigentümer zustehen. Dies schließt das Recht ein, im eigenen Namen gegen Dritte vorzugehen, die das Patent verletzen. Im Gegensatz dazu ist das dem (auch ausschließlichen) Lizenznehmer verwehrt. Er hat nur die Rechte, die unmittelbar aus dem Vertrag resultieren und diese sind niemals ähnlich umfangreich wie die des Patentinhabers.

---

120) Vgl. Benkard-Ullmann, § 15 PatG Rdnr. 28 und Palandt-Bassenge, § 1068 Anm. 1.

121) Vgl. Benkard-Ullmann, § 15 PatG Rdnr. 28.

122) Vgl. Benkard/Ullmann, § 15 PatG Rdnr. 28 aE m.w.N.

123) Vgl. Cabanellas, S. 27.

124) Vgl. Morales Guillen, Kommentar zu Art. 218 des bolivianischen Código Civil, S. 292.

Die Einräumung eines Nutznießungsrechtes hat den gleichen Formalitäten zu folgen wie die Übertragung des Eigentums. Wurde eine Übereinkunft getroffen, wirkt sie inter omnes, nicht nur inter partes.[125] Dagegen müssen bei einer Lizenzvergabe nicht die hier genannten Formalitäten[126] eingehalten werden; ebenso wirken die aus dem Lizenzvertrag resultierenden Rechte nur zwischen den vertragschließenden Parteien.

c) *Erwerb des Nießbrauchs durch Ersitzung*

Im deutschen Recht kann der Nießbrauch an einer beweglichen Sache gem. § 1033 BGB durch Ersitzung erworben werden. Diese Vorschrift gilt über § 1068 Abs. 2 BGB auch für den Nießbrauch an Rechten, da sich aus den §§ 1069 bis 1084 BGB nichts anderes ergibt. Obwohl strittig ist, ob der Nießbrauch an einem Recht ebenso wie der Nießbrauch an einer Sache ein dingliches Recht darstellt[127] und obwohl wenigstens die ausschließliche Patentlizenz als dingliches oder quasi-dingliches Recht bezeichnet wird - dies begründet ihre nahe Verwandtschaft mit dem Nießbrauch - [128] ist die Möglichkeit zur Ersitzung einer ausschließlichen Lizenz nicht anzunehmen.

Das Nutznießungsrecht kann im südamerikanischen Rechtskreis ebenfalls durch Ersitzung[129] ("prescripción" oder "usucapión")[130] erworben

---

125) Vgl. Cabanellas, S. 28.

126) Zu den anderweitig verlangten Formalitäten vgl. unten S. 96ff.

127) Vgl. Palandt-Bassenge, Vorbem. zu § 1068 Anm. 1.

128) Vgl. oben S. 67.

129) Vgl. Arias Cobo, S. 44.

130) "Prescripción" kann sowohl Ersitzung wie auch Verjährung bedeuten. Art. 2416 des ecuadorianischen Código Civil (unter dem Überpunkt "De la prescripción en general") enthält demzufolge auch beide Rechtsinstitute: "Prescripción es un modo de adquirir las cosas ajenas (Ersitzung) o de extinguir las acciones y derechos ajenos (Verjährung); por haberse poseído las cosas, o no haberse ejercido dichas acciones y derechos, durante cierto tiempo, y concurriendo los demás requisitos legales."

werden.[131] Die Ersitzung gilt jedoch nur für dingliche Rechte und einer Lizenz wird dort keine dingliche Natur zuerkannt.[132]

d) *Erlöschen des Nießbrauchsrechts mit dem Tode des Berechtigten*

Ein weiteres Unterscheidungsmerkmal speziell im südamerikanischen Recht stellt die Tatsache dar, daß das Recht des Nießbrauchers mit seinem Tod erlischt,[133] während das des Lizenznehmers ihn überdauern kann.[134] Ebenso erlischt das Recht des Lizenznehmers, soweit er eine juristische Person ist (ohne nun schon auf eine zeitliche Begrenzung der Verträge durch restriktive Regelungen des Andenpaktes oder einzelner Länder einzugehen), nicht nach dem Ablauf einer bestimmten Anzahl von Jahren, wie dies beim Nießbrauch der Fall ist.[135] Jedoch ist das Recht des Lizenznehmers bei Patenten auf die Dauer des Patentes begrenzt.

Im deutschen Recht erlischt der Nießbrauch mit dem Tode des Berech-

---

131) Vgl. z.B. Artt. 798 und 2422 des ecuadorianischen Código Civil; Art. 216 *lit.* 2 des bolivianischen Código Civil; Art. 825 *lit.* 4 des kolumbianischen Código Civil.

132) Vgl. oben S. 56ff.

133) Vgl. Art. 2920 des argentinischen Código Civil; Art. 619 des venezolanischen Código Civil; Art. 1021 *lit.* 4 des peruanischen Código Civil; Art. 865 des kolumbianischen Código Civil; Art. 217 *lit.* 1 des bolivianischen Código Civil.

134) Vgl. Cabanellas, S. 41 m.w.N.

135) Gem. Art. 2920 des argentinischen Código Civil nach 20 Jahren; gem. Art. 829 des kolumbianischen Código Civil kann ein Nießbrauchsrecht zugunsten einer Kapitalgesellschaft oder einer Stiftung nicht für mehr als 30 Jahre bestellt werden; ebenso Art. 217 *lit.* 2 des bolivianischen Código Civil; Art. 1001 des peruanischen Código Civil; Art. 584 des venezolanischen Código Civil und Art. 802 des ecuadorianischen Código Civil.

tigten, er ist unvererblich, § 1061 BGB.[136] Diese Bestimmung ist nicht abdingbar.[137] Eine dem südamerikanischen Recht entsprechende Befristung des Nießbrauchsrechtes bei Begünstigung juristischer Personen fehlt.[138]

e) *Sicherheitsleistung des Nießbrauchers*

Der Nießbraucher hat im südamerikanischen Recht Sicherheit zu leisten, d. h. er hat für die Erhaltung und Rückerstattung der Sache eine Kaution zu stellen.[139] Diese Regelung ist auf die Vergabe einer Lizenz nicht anzuwenden.[140]

Im deutschen Recht kann Sicherheitsleistung gem. § 1051 BGB verlangt werden, wenn durch das Verhalten des Nießbrauchers die Besorgnis einer erheblichen Verletzung der Rechte des Eigentümers begründet ist. Diese Vorschrift ist auf einen Nießbrauch an Rechten anwendbar,[141] kann jedoch mit dinglicher Wirkung abbedungen werden.[142]

---

136) Ebenso z.B. nach kolumbianischem Recht. Dort ausdrücklich bestimmt in Art. 832 Código Civil.

137) Vgl. Palandt-Bassenge, § 1061 Anm. 1.

138) Vgl. zu den sonstigen Besonderheiten bei der Beteiligung juristischer Personen §§ 1059aff. BGB.

139) Vgl. Art. 807 des ecuadorianischen Código Civil; Art. 602 des venezolanischen Código Civil; Art. 233 *lit.* 3 des bolivianischen Código Civil; Art. 1007 des peruanischen Código Civil; Art. 834 des kolumbianischen Código Civil.

140) Vgl. Arias Cobo, S. 44.

141) Vgl. Palandt-Bassenge, § 1068 Anm. 2.

142) Vgl. Palandt-Bassenge, § 1051 Anm. 1.

Diese Regelung ist auf Lizenzverträge nicht anwendbar; hier kann lediglich vertraglich eine Sicherheitsleistung vereinbart werden.[143)] Diese ist zu empfehlen, wenn der Lizenzgeber Vorleistungen in Form von Know-how-Übermittlung erbracht hat. Ebenso kann eine Vertragsstrafe[144)] vereinbart werden, für sie gelten die allgemeinen Grundsätze des BGB.

4. Leihvertrag

Als Objekte eines Leihvertrages kommen im südamerikanischen Recht Geld ("especie") und bewegliche Sachen ("mueble") bzw. Grundstücke ("raiz") in Betracht,[145)] also sog. körperliche Sachen ("bienes corporales"). Da das Objekt des Lizenzvertrages ein Nutzungsrecht an einem Warenzeichen oder einem Patent,[146)] also an einem immateriellen Gut sei, komme eine entsprechende Anwendung der Leihe nicht in Betracht.

Dieses Abgrenzungskriterium gilt gem. § 598 BGB auch für das deutsche Recht: Gegenstand eines Leihvertrages kann lediglich die unentgeltliche Überlassung des Gebrauchs einer beweglichen oder unbeweglichen Sache sein.[147)]

Ein weiteres essentielles Element des Leihvertrages ist im südamerikanischen Recht die kostenlose Überlassung[148)] des Gebrauchs der

---

143) Vgl. Pagenberg, S. 252.

144) Vgl. Benkard-Ullmann, § 15 PatG Rdnr. 69.

145) Vgl. z.B. Art. 2104 des ecuadorianischen Código Civil. Art. 1728 des peruanischen Código Civil spricht dagegen ganz allgemein von einem Vermögensgegenstand "un bien". Art. 880 *lit.* 1 des bolivianischen Código Civil läßt als Gegenstand eines Leihvertrages unvertretbare bewegliche und unbewegliche Sachen zu.

146) Vgl. Arias Cobo, S. 47.

147) Vgl. Palandt-Putzo, § 598 Anm. 2 a), b) und c).

148) Vgl. z.B. Art. 1728 des peruanischen Código Civil; Art. 880 *lit.* 2 des bolivianischen Código Civil; Art. 2104 des ecuadorianischen Código Civil.

Sache, während die Unentgeltlichkeit eines Lizenzvertrages ein eher zufälliges Element darstellt; in der Regel werden Lizenzen entgeltlich vergeben.[149] Wird eine Lizenz aber kostenlos vergeben, werden z.T. die Regeln des Leihvertrages angewandt.[150]

Im deutschen Recht ist zwar die Zahlung der Lizenzgebühren Hauptpflicht des Lizenznehmers,[151] aber kostenlose Lizenzierung ebenfalls möglich.

Ein weiteres Abgrenzungskriterium stellt im südamerikanischen Recht die Tatsache dar, daß - anders als bei einem Leihvertrag - bei einem Lizenzvertrag im eigentlichen Sinne keine Übergabe des Besitzes einer Sache stattfinde.[152] Vielmehr werde nur ein Nutzungsrecht auf ein immaterielles Gut eingeräumt bzw. auf Verbietungsrechte verzichtet.

Das gilt m.E. auch für das deutsche Recht: Die häufig erforderliche Übergabe von Dokumentationen ist zwar der Gewährung des Nutzungsrechtes immanent, aber wohl nicht als das Hauptcharakteristikum des Lizenzvertrages zu bezeichnen.[153] Dennoch ist es nach Auffassung von Pagenberg[154] ratsam, eine Aufzählung der technischen Unterlagen in eine separate Anlage aufzunehmen und sie genau zu beschreiben. Darauf beschränke sich dann die Erfüllungspflicht des Lizenzgebers. Anders äußert sich zu diesem Gesichtspunkt Kraßer:[155] Er nimmt an, daß der Lizenzge-

---

149) Vgl. Arias Cobo, S. 47.

150) Vgl. Pachón Munoz, S. 61.

151) Vgl. Benkard Ullmann, § 15 PatG Rdnr. 71.

152) Vgl. Arias Cobo, S. 47.

153) Vgl. zu den Pflichten des Lizenzgebers z.B. Benkard-Ullmann, § 15 PatG Rdnr. 87 bis 89. Danach ergeben diese sich in erster Linie aus den im Lizenzvertrag getroffenen Abreden der Parteien.

154) Vgl. Pagenberg, S. 118.

155) Vgl. Kraßer, S. 700.

ber zunächst zur Erteilung der vereinbarten Benutzungserlaubnis verpflichtet sei. Diese sei in der Regel im Abschluß des Lizenzvertrages zu sehen. In Sonderfällen könne sich die Verpflichtung des Lizenzgebers in der bloßen Erlaubniserteilung erschöpfen. Gewöhnlich habe jedoch der Lizenzgeber dem Lizenznehmer die tatsächliche Möglichkeit der Benutzung unter dem Schutze des Patentes zu verschaffen. Dazu müsse er ihm den Erfindungsbesitz verschaffen, dürfe ihn also nicht auf allgemein zugängliche Quellen, beispielsweise die Offenlegungs- oder Patentschrift, verweisen, ebenso wie er im Einzelfall eine Pflicht zur Überlassung von ergänzendem Know-how habe.

5. Abtretung von Rechten ("cesión de derechos") bzw. Forderungsabtretung ("cesión de créditos")[156)]

Während nach Auffassung von Cabanellas[157)] im südamerikanischen Recht der Unterschied des Lizenzvertrages zu einer Forderungsabtretung klar ins Auge falle, da dort keine Forderung - wie z.B. aus einem Kaufvertrag auf Lieferung der Sache - übertragen werde, sei dies nicht so offensichtlich, soweit es sich um die Abtretung von Rechten im allgemeinen handle. Eine solche Abtretung könne definiert werden als ein Vertrag, durch den sich eine der beiden Vertragsparteien verpflichte, an die andere Partei bestimmte nichtkörperliche Objekte, Rechte oder Anteile ("acciones") zu übertragen, wobei die entsprechenden Titel mit übertragen würden, soweit sie existierten. Im weitesten Sinne könnte dies den Lizenzvertrag mit umfassen, da dort bestimmte Rechte durch den Lizenznehmer erworben würden, die nicht unter andere Vertragsarten einzuordnen seien. Jedoch existierten auch hier Unvereinbarkeiten, die eine solche Einordnung als Abtretung eines Rechtes verhinderten.

---

156) Vgl. z.B. Artt. 1868ff. des ecuadorianischen Código Civil; Artt. 1959ff. des kolumbianischen Código Civil.

157) Vgl. Cabanellas, S. 44.

So setze die Abtretung eines Rechtes voraus, daß ein bestimmtes Recht bereits vorher beim Zedenten vorlag ("el contrato de cesión de derechos supone la existencia previa de cierto derecho en poder del cedente, derecho que es transmitido en virtud de dicho contrato al cesionario")[158], dieses werde dann in der jeweiligen Form an den Zessionar übertragen. Diese Konstellation liege bei einem Lizenzvertrag nicht vor. Der Lizenznehmer erhalte ein anderes Recht als das, welches der Lizenzgeber innehatte und nach Abschluß des Lizenzvertrages weiterhin behält. Die formale Rechtsstellung bleibt - wie im deutschen Recht - auch im Falle der ausschließlichen Lizenz beim Lizenzgeber.

Nach Auffassung von Cabanellas[159] könne der Lizenzgeber - als Rechtsinhaber - Dritte von der Verwertung seines gewerblichen Schutzrechtes ausschließen. Ein solches Recht erhalte der (auch ausschließliche) Lizenznehmer nicht. Vielmehr werde das Recht des Lizenzgebers als solches überhaupt nicht übertragen, es bleibe bei ihm bestehen, während beim Lizenznehmer ein eigenes Recht aufgrund des Vertrages erst entstehe. Man könne, so Cabanellas[160] hinzufügen, daß diese Argumentation nicht gelte, soweit exklusive Lizenzen vergeben würden, die auch dem Lizenzgeber ausdrücklich verbieten, seine Erfindung zu nutzen, das Exklusivrecht also vom Lizenzgeber auf den Lizenznehmer übergehe. In diesem Fall könne man aber nicht mehr von einer Lizenzvergabe sprechen - um die Figur des Lizenzvertrages nicht zu zerstören -, sondern

---

158) Vgl. zum ganzen Fragenkomplex Cabanellas, S. 44f. Diese Äußerung deutet nicht darauf hin, daß auch die Abtretung eines zukünftigen Rechts, wie z.B. nach deutschem Recht einer zukünftigen Forderung gem. § 398 BGB (vgl. auch Palandt-Heinrichs, § 398 Anm. 4) c), möglich sei. Von der gleichen Annahme gehen die Artt. 1959ff. des kolumbianischen Código Civil aus: Vgl. hier vor allem Art. 1965 "el que cede un crédito a título oneroso, se hace responsable de su existencia al tiempo de la césion, esto es, de que verdaderamente le pertenicia en ese tiempo". Ebenso Ortega Torres, Kommentar zu Art. 1965, S. 875. In den Vorschriften des ecuadorianischen Código Civil zur Abtretung von Rechten Artt. 1868ff. wird die Abtretung eines zukünftigen Rechtes ebenfalls nicht erwähnt.

159) Vgl. Cabanellas, S. 45.

160) Vgl. Cabanellas, S. 45.

dann liege eine Abtretung z.B. des Patentes vor, auch wenn die Parteien dies als Lizenzvertrag verstanden und benannten.[161)]

Im deutschen Recht werden ausschließliche Lizenzen - auch soweit sie das Verwertungsrecht des Patentinhabers ausschließen - nicht als Abtretung eines Rechtes betrachtet. Jedoch ist zu beachten, daß nach südamerikanischer Auffassung der Patentinhaber, der eine ausschließliche Lizenz gewährt, nicht stillschweigend auf sein Nutzungsrecht verzichtet[162)] wie dies nach deutscher Auffassung[163)] - bei Fehlen einer ausdrücklichen Vereinbarung - der Fall ist.

Ein weiteres Unterscheidungsmerkmal besteht nach Auffassung von Cabanellas[164)] darin, daß die Rechte des Lizenznehmers eines Patentes schon natürlicherweise auf die Schutzfrist des Patentes beschränkt seien, während die Rechte des Zessionars nur hinsichtlich der Existenz des Rechtes überhaupt limitiert seien. Dieses Argument gilt im wesentlichen auch für das deutsche Recht.

Als letztes Abgrenzungskriterium[165)] könne - wie im deutschen Recht - noch herangezogen werden, daß das gleiche Recht nicht mehrmals abgetreten werden kann, der Lizenzgeber aber verschiedene voll wirksame Lizenzen auf das gleiche Objekt vergeben kann.

---

161) Vgl. Cabanellas, S. 22.

162) Vgl. dazu Cabanellas, S. 373f. Er vergleicht hier die zu diesem Problem vertretene Auffassung in den USA und Frankreich. Während in den USA die Meinung vertreten wird, daß der Geber einer Exklusivlizenz auch auf sein eigenes Recht zur Ausnutzung des Patentes verzichte, soweit er sich nicht ausdrücklich das Recht dazu vorbehalten habe, geht man in Frankreich davon aus, daß dieser Verzicht nicht implizit angenommen werden könne. Cabanellas folgt hier der französischen Meinung, die er als für das argentinische Recht passend bezeichnet.

163) Vgl. z.B. Stumpf, Rdnr. 36. Vgl. oben S. 69.

164) Vgl. Cabanellas, S. 45.

165) Vgl. Cabanellas, S. 45.

Obwohl man aufgrund der genannten Merkmale eine Einordnung des Lizenzvertrages als Abtretung eines Rechtes verneinen müsse, besteht nach Meinung von Cabanellas[166] die Notwendigkeit, in speziellen Fällen analog auf deren Regelungen zurückzugreifen. Er sieht darin sogar, wenigstens für das argentinische Recht, den bestmöglichen Analogieschluß von allen angesprochenen, da es sich in beiden Fällen um immaterielle Vertragsobjekte handle.

In der deutschen Literatur und Rechtsprechung wird dagegen - soweit ersichtlich - dieser Analogieschluß zur Forderungsabtretung nicht gezogen, da der Lizenzvertrag nicht die Überlassung des Rechtes selbst, sondern nur die Überlassung von Nutzungen an einem Recht bezwecke.[167]

6. Gesellschaftsvertrag

Nach deutscher Auffassung wird mit der Vergabe einer Lizenz nur dann ein Gesellschaftsvertrag begründet, wenn die Parteien über die Verpflichtung zur Einräumung eines Nutzungsrechtes hinaus noch zusätzliche Abmachungen treffen. Der Abschluß eines Vertrages, durch den sich ein Lizenzgeber verpflichtet, einem Lizenznehmer ein Benutzungsrecht einzuräumen und dieser sich zur Zahlung einer Lizenzgebühr verpflichtet, reiche, unbeschadet dessen, daß sich aus dem daraus resultierenden Dauerschuldverhältnis eine verstärkte Treuebindung und daraus wiederum eine Interessen- und Zweckgemeinschaft ergibt, nicht für die Annahme eines gesellschaftsähnlichen Vertragsverhältnisses aus.[168] Entscheidend dafür sei vielmehr, daß sich die Vertragspartner

166) Vgl. Cabanellas, S. 45.

167) Vgl. Baumbach-Duden-Hopt, HGB, 27. Auflage, München 1987, Überbl. vor § 373 1 A.

168) Vgl. Stumpf, Rdnr. 22.

Ebenso Benkard-Ullmann, § 15 PatG Rdnr. 49.

verpflichten, ein gemeinsames Ziel durch Zusammenwirken zu erreichen (§ 705 BGB).[169] Beim Abschluß eines Lizenzvertrages verfolge zunächst jede Vertragspartei ihre eigenen Interessen, so will z.B. der Lizenzgeber durch die Vergabe einer Lizenz das von ihm nicht selbst genutzte Know-how vermarkten oder die Lizenzvergabe stellt für ihn einen Vertriebsersatz dar, soweit er aufgrund der in manchen Märkten gegebenen Verhältnisse dort nicht selbst liefern kann, was insbesondere für Staatshandelsländer gilt.[170] Für den Lizenznehmer dagegen sind Gesichtspunkte wie z.B. Einsparung von Entwicklungsaufwendungen und Entwicklungszeit, Zugehörigkeit des Nachbauproduktes zu seinem Fertigungs- und Vertriebsspektrum und natürlich die von ihm festgestellten Marktmöglichkeiten für das Nachbauprodukt ausschlaggebend.[171] Wie Troller[172] dies ausdrückt, sei bei Hervortreten gesellschaftsvertraglicher Elemente im Lizenzvertrag nicht die Lizenz das Entscheidende, sondern das Zusammenwirken beider Parteien. Es gälten dann für dieses Verhältnis diejenigen Regeln, die auf Gesellschaftsverträge angewandt werden.[173]

Im Gegensatz zu dieser wohl als herrschend zu bezeichnenden Auffassung hatte die RG-Rechtsprechung den gesellschaftsähnlichen Charakter von Lizenzvereinbarungen vielfach bejaht.[174]

---

169) Vgl. BGHZ 26, 7. Vgl. auch Stumpf, Rdnr. 22 m.w.N.

170) Vgl. Müller, Rudolf, Vertragsgestaltung bei Lizenzvergabe ins Ausland einschließlich Aspekte der Suche von Lizenznehmern, Bundesstelle für Außenhandelsinformation, Köln in Zusammenarbeit mit dem Institut für Außenwirtschaft GmbH, Köln, Prof. Dr. G. Stahr, 1984, S. 3.

171) Vgl. Müller, S. 1.

172) Vgl. Troller, S. 197.

173) Vgl. auch Pfaff, RIW 1982, S. 384: "So ist es recht eindrücklich festzustellen, wie sehr in Lizenzverträgen gerade in der jüngeren Zeit jene Elemente prägend erscheinen, die in ihrem Zusammenwirken eine Qualifikation vieler Lizenzverträge als "gesellschaftsähnlich" nahelegen."

174) Vgl. z.B. RGZ 142, 212. Vgl. auch Benkard-Ullmann, § 15 PatG Rdnr. 121 m.w.N.

Heute wird diese Auffassung abgelehnt:[175] Von einem Lizenzvertrag mit gesellschaftsrechtlichem Einschlag könne man nach heute h.M. nur sprechen, wenn beide Teile verpflichtet seien, zur Erreichung eines gemeinsamen Zweckes mitzuwirken, sich also beispielsweise der Lizenzgeber dem Vertrieb der durch den Lizenznehmer hergestellten Produkte widme, ihn mit Werkzeugen ausstatte und auf der Basis der Umsatzbeteiligung eine längere Zusammenarbeit erfolge. In einem solchen Fall trete die eigentliche Schutzrechtslizenzierung hinter die sonstigen Vertragsinhalte zurück.

Die "Gesellschaft" wird im südamerikanischen Rechtskreis - ebenso wie im deutschen Recht - als ein gemeinsames Verfolgen eines gemeinsamen Zweckes definiert.[176] Daher ist ein "reiner" Lizenzvertrag nicht als gesellschaftsähnlicher Vertrag einzuordnen. Der Lizenzvertrag kann jedoch auch hier Teil eines Kooperationsrahmens zwischen verschiedenen Unternehmen sein[177], wobei der Rahmenvertrag gesellschaftsrechtlicher Natur sein kann.

7. Zusammenfassung

Als Ergebnis kann man festhalten, daß keiner der traditionellen Vertragstypen geeignet ist, das Wesen eines Lizenzvertrages zu beschreiben und daß dieser seinerseits nicht einem typischen Vertrag zuzuordnen ist. Der Lizenzvertrag folgt vielmehr seinen eigenen Regeln.

---

175) Vgl. Benkard-Ullmann, § 15 PatG Rdnr. 121 m.w.N.

176) Vgl. z.B. Art. 1984 des ecuadorianischen Código Civil: "Sociedad o companía es un contrato en que dos o mas personas estipulan poner algo en común,..."; Art. 1649 des venezolanischen Código Civil: "...realización de un fin económico común"; Art. 750 des bolivianischen Código Civil: "...para ejercer una actividad económica, con el objeto de distribuirse los resultados"; vgl. auch Morales Guillen, Kommentar zu Art. 750, S. 838: "Las personas que la forman (die Gesellschaft), tienen un interés común y no un interés contrario como en los demás contratos...".

177) Vgl. Cabanellas, S. 49f.

Dieses Ergebnis stützt sich nach Meinung von Cabanellas[178] vor allem darauf, daß der Lizenzgeber zu einem "Nichtstun"[179] verpflichtet sei, dies sei allen klassischen Vertragstypen fremd. Schon allein daraus ließe sich ableiten, daß Lizenzverträge eine eigene Kategorie innerhalb des Vertragsrechts darstellten. Dagegen ließe sich zwar einwenden, daß jedenfalls eine positive "Garantie"-Verpflichtung des Lizenzgebers vorliege, z.B. Dritte davon abzuhalten, das Recht, auf dem die Lizenz beruht, zu beeinträchtigen, dies habe jedoch wohl eher akzessorischen Charakter und seinen Ursprung in der Verpflichtung das Recht des Lizenznehmers nicht zu beeinträchtigen. Die "Garantie"-Verpflichtung könne zudem von den Vertragsparteien abbedungen werden.

Vailanti[180] wählt dagegen als Mittel der Abgrenzung das Objekt des Lizenzvertrages: Die Immaterialgüterrechte seien im Prinzip temporaler Natur; sie hätten weitaus unklarere und schwerer zu bestimmende Grenzen als die dinglichen Rechte ("derecho real"); das Recht über Immaterialgüter werde anders als das Eigentum an Sachen erlangt; die typische Form sei die persönliche Schöpfung ("creación personal"). Wie die Rechte an Sachen könnten sie durch Vertrag erworben werden ("adqisición derivada"), niemals aber durch Verbindung oder Verarbeitung.

Im Ergebnis sei damit festzustellen, daß der Lizenzvertrag seine eigene juristische Natur besitze, also einen Vertrag sui generis darstelle.[181]

---

178) Vgl. Cabanellas, S. 46.

179) Vgl. allgemein zu den "obligaciones de no hacer" Uribe Holguin, Ricardo, De las obligaciones y de los contratos en general, 2. Auflage, Bogotá/Kolumbien 1982, S. 15 und Valencia Zea, Arturo, Derecho Civil, T. III, De las Obligaciones, 6. Auflage, Bogotá/Kolumbien 1982, S. 7: Dort wird festgestellt, daß Verpflichtungen zum Nichtstun in sehr geringem Ausmaße existierten. Vgl. auch z.B. Art. 1495 des kolumbianischen Código Civil.

180) Vgl. Vailanti, Revista del Derecho Industrial 1986 (24), S. 445.

181) Vgl. Arias Cobo, S. 47.

Im deutschen Recht wird der Lizenzvertrag nach h.M. - trotz abweichender Auffassung hinsichtlich eines bloßen Verzichts auf Verbietungsrechte - ebenfalls als Vertrag sui generis betrachtet, da er nicht unter die im BGB und HGB geregelten Vertragstypen passe.[182] Kraßer[183] führt als hauptsächliches Unterscheidungsmerkmal des Lizenzvertrages seinen aleatorischen Charakter[184] an, da bei den in Frage kommenden gesetzlichen Vertragstypen das wirtschaftliche und rechtliche Risiko in der Regel "wesentlich leichter überschaubar und beherrschbar" sei. Deshalb könne die Zuordnung zu einem bestimmten Typ - Kraßer bezieht sich bei Vollübertragung der Rechte auf den Kauf und ansonsten auf die Rechtspacht - nur eine Klassifikation sein, "die unter dem Vorbehalt einer Überprüfung der Angemessenheit ihrer Konsequenzen" stehe.

Abschließend kann man feststellen, daß sich für das deutsche, ecuadorianische, bolivianische, peruanische und kolumbianische Recht - aus der Formulierung der dafür in Frage kommenden Gesetze resultierend - durchaus das Institut der Rechtspacht oder der Miete als "lückenfüllendes" Instrument heranziehen läßt, während für das argentinische und venezolanische Recht eher das Institut der Abtretung von Rechten, jedoch in Grenzen auch das Institut der Miete in Frage kommt.

II. Einordnung des Lizenzvertrages als handelsrechtlicher Vertrag

Die Frage, ob handelsrechtliche Vorschriften anzuwenden sind, stellt sich bei den meisten Lizenzverträgen, da es sich in der Regel um Vertragsbeziehungen zwischen Unternehmen handelt. Der Lizenzvertrag zählt jedoch weder im südamerikanischen noch im deutschen Handelsrecht zu

---

182) Vgl. Benkard-Ullmann, § 15 PatG Rdnr. 49 m.w.N.

183) Vgl. Kraßer, S. 699.

184) Vgl. des weiteren unten S. 92ff.

den ausdrücklich aufgeführten Handelsgeschäften,[185] seine Einordnung als Handelsgeschäft ist daher durch Aufschlüsselung der einzelnen Merkmale festzustellen.[186] Bedeutung für die hier vorliegende Arbeit hat das Problem deshalb, da im Rahmen der internationalen Schiedsgerichtsbarkeit in der Regel nur solche Fälle behandelt werden, die als handelsrechtlich qualifiziert werden können.

Als Handelsgeschäfte werden im deutschen Handelsrecht nur Rechtsgeschäfte eines Kaufmanns bezeichnet. Das Geschäft muß zum Betrieb des Handelsgewerbes gehören, § 343 Abs. 1 HGB. Lizenzverträge sind demzufolge Handelsgeschäfte, da sie in der Regel diese Voraussetzungen erfüllen, jedoch solche außerhalb des HGB,[187] da das Gesetz "ganz vom Modell des Warenhandels beherrscht wird."[188] Das Außenprivatrecht der Unternehmen sei mehr als nur ein Privatrecht des Warenhandels und der dazugehörigen Hilfsgeschäfte. Die Regeln über Handelsgeschäfte müßten daher bei anderen Dienstleistungen und bei nur kaufähnlichen Geschäften Anwendung finden.[189]

Nach südamerikanischer Auffassung wird der Lizenzvertrag objektiv dem Handelsrecht zugeordnet, soweit er ein Handelsgeschäft darstellt. Dies ist der Fall, wenn der Lizenzvertrag einen Teil der Aktivität eines Unternehmens darstellt und dazu dient, ein Produkt gewerbsmäßig zu

---

185) Für Südamerika vgl. Cabanellas, S. 46; z.B. Art. 8 des argentinischen Código de Comercio. Ebenso fehlt ein Hinweis im ecuadorianischen Recht. Vgl. auch Arias Cobo, S. 49ff.

186) Vgl. Alvarez Soberanis, S. 247.

187) Vgl. Schmidt, Karsten, Handelsrecht, 2. Auflage, Köln 1982, S. 756: Dort wird explizit der Lizenzvertrag als ein wichtiges Handelsgeschäft außerhalb des HGB aufgeführt. In der 3. Auflage des Buches von 1987 wird dieser Standpunkt nicht mehr vertreten. Danach liegen heute die Probleme der Lizenzverträge auf dem Gebiet des Kartellrechts. "Diese Fragen gehören nicht in eine handelsrechtliche Untersuchung"; S. 907.

188) Vgl. Schmidt, S. 753; 2. Auflage.

189) Vgl. Schmidt, S. 753; 2. Auflage.

vertreiben.[190] Allerdings paßt die Definition eines Lizenzvertrages nicht in die Aufzählung der Handelsgeschäfte durch die handelsrechtlichen Regelungen der Länder.[191] Juristische Doktrin und Rechtsprechung haben jedoch, z.B. für Argentinien, die Bedeutung der entsprechenden Regelung nicht nur auf das ausdrücklich Aufgeführte beschränkt, sondern auf unkörperliche Güter und Rechte, wie Patente, Autorenrechte usw. erweitert.[192] In Ecuador wird angenommen, daß Art. 3 des Código de Comercio hinsichtlich der Aufzählung von Handelsgeschäften lediglich Beispielscharakter habe.[193] Die Erweiterung sei gerechtfertigt, da die wirtschaftliche und juristische Funktion des Erwerbs immaterieller Güter gleichartig dem Erwerb von Sachen sei. Beide Arten des Erwerbs beinhalteten einen Verkehr absolut wirtschaftlicher Prägung, da sie auf einen Produktionsprozeß und auf die Erzielung von Gewinn gerichtet seien.[194] Im Gegensatz zur Abgrenzung gegenüber dem Kaufvertrag falle es hier nicht ins Gewicht und ändere an einer möglichen Einordnung als handelsrechtlicher Vertrag nichts, daß keine Veräußerung des Gutes stattfinde. Vielmehr diene die Vergabe einer Lizenz dazu, am Produktionsprozeß zur Herstellung einer Sache teilzuhaben, welche dann an Dritte veräußert werde.[195]

Subjektiv unterfällt ein juristischer Akt dem Handelsrecht, wenn es sich um einen solchen Akt zwischen Kaufleuten oder Unternehmen als juristi-

---

190) Vgl. Alvarez Soberanis, S. 247; Cabanellas, S. 48 und Arias Cobo, S. 49.

191) Vgl. z.B. Art. 8 Abs. 1 des argentinischen Código de Comercio; dort ist nur der Erwerb beweglicher Sachen und Rechte darauf genannt. Vgl. Cabanellas, S. 47. Ebenso paßt der Lizenzvertrag nicht in die Liste des Art. 20 des kolumbianischen Código de Comercio. Vgl. ebenfalls Art. 3 des ecuadorianischen Código Civil.

192) Vgl. Cabanellas, S. 47 m.w.N.

193) Vgl. Arias Cobo, S. 51.

194) Vgl. Cabanellas, S. 47; vgl. dazu auch Goldschmidt, Roberto, Curso de Derecho Mercantil, Caracas/Venzuela 1985, S. 48ff.

195) Vgl. Cabanellas, S. 47. Dieser führt dazu das Beispiel des Kaufes eines chemischen Katalysators an, welcher dazu dient, Produkte zur Weiterveräußerung herzustellen, auch hierbei würde man nicht an der Einordnung als Handelsgeschäft zweifeln.

sche Personen handelt. Auch hier fehlt eine ausdrückliche gesetzliche Regelung. Juristische Doktrin und Rechtsprechung haben jedoch alle Aktivitäten eines Unternehmens als Handelsgeschäfte qualifiziert.[196] Da Lizenzverträge in der Regel solche Rechtsgeschäfte zwischen Unternehmen seien, können sie als dem Handelsrecht unterfallend eingestuft werden.[197] Eine Einordnung als handelsrechtlicher Vertrag beinhalte selbstverständlich die Möglichkeit, daß es sich um ein Rechtsgeschäft zwischen Kaufleuten handle und nicht nur um ein Rechtsgeschäft zwischen Unternehmen.[198]

Als weiteres Kriterium zur Einordnung des Lizenzvertrages als handelsrechtlicher Vertrag wird die Gewinnerzielungsabsicht[199] herangezogen. Es muß die Absicht bestehen, eine konstante Einnahmequelle zu schaffen.[200] Es könnte nun daran gezweifelt werden, ob unentgeltlich vergebene Lizenzen als handelsrechtliche Verträge zu qualifizieren sind. Jedoch könne man in diesen Fällen nicht davon ausgehen, daß überhaupt keine Gegenleistung erfolge, vielmehr liege sie in indirekter Form vor, so z.B. wenn ein Unternehmen durch die Vergabe einer Lizenz an ihre Tochterfirma ein Interesse daran habe, ihr Wettbewerbsvorteile zu sichern[201] oder wenn sich ein Unternehmen durch die Vergabe einer Lizenz Gewinne durch weitere Verträge über technische Assistenz er-

---

196) Vgl. Cabanellas, S. 48 m.w.N.

197) Vgl. Arias Cobo, S. 49 m.w.N. und Cabanellas, S. 48 m.w.N.

198) Vgl. Arias Cobo, S. 51. Vgl. z.B. Art. 2 des ecuadorianischen Código de Comercio: "Son comerciantes los que, teniendo capacidad para contratar, hacen del comercio su profesión habitual. Art. 140 Abs. 1 des ecuadorianischen Código de Comercio: "El contrato es mercantil desde el momento que se celebre con un comerciante matriculado". Vgl. auch Art. 10 des kolumbianischen Código de Comercio: "Son comerciantes las personas que profesionalmente se ocupan en alguna de las actividades que la ley considera mercantiles".

199) Vgl. Alvarez Soberanis, S. 256.

200) Vgl. Arias Cobo, S. 50 m.w.N.

201) Vgl. Alvarez Soberanis, S. 254.

hoffe.[202] Eine Gewinnerzielungsabsicht und sei es nur mittels einer Kapitalbeteiligung[203] liege in solchen Fällen vor, der Lizenzvertrag sei daher handelsrechtlicher Natur.

Wird dagegen eine Lizenz unentgeltlich in Schenkungsabsicht vergeben, z.B. an ein Forschungsinstitut, um dessen Aktivitäten zu unterstützen, so liegen die Voraussetzungen eines Handelsgeschäftes nicht vor.[204]

III. Einordnung des Lizenzvertrages nach allgemeinen Merkmalen

1. Gegenseitigkeit

Nach deutscher Auffassung stellt der Lizenzvertrag einen gegenseitigen Vertrag[205] dar,[206] auf den im Falle von Leistungsstörungen die Vorschriften der §§ 320ff. BGB anwendbar sind.[207] Bei nachträglicher Unmöglichkeit, Verzug und bei positiver Vertragsverletzung sind die allgemeinen, vom Gesetz und von der Rechtsprechung entwickelten Grundsätze heranzuziehen. Jedoch kann man nach deutschem Recht auch einen nur einseitig verpflichtenden Vertrag[208] annehmen, soweit eine unent-

---

202) Vgl. Arias Cobo, S. 50.

203) Vgl. Alvarez Soberanis, S. 254.

204) Vgl. Cabanellas, S. 48.

205) Zur Definition der vollkommen zweiseitig verpflichtenden (=gegenseitigen) Verträge vgl. z.B. Palandt-Heinrichs, Einf. vor § 320, Anm. 1) c) m.w.N.

206) Vgl. Benkard-Ullmann, § 15 PatG Rdnr. 95 m.w.N.

207) Zu den Modifizierungen hinsichtlich §§ 325, 326 BGB aufgrund der Einordnung des Lizenzvertrages als Dauerschuldverhältnis vgl. unten S. 102.

208) Vgl. z.B. Palandt-Heinrichs, Einf. vor § 320, Anm. 1) a) zum Schenkungsvertrag.

geltliche Lizenz vergeben wurde und eine Ausübungspflicht verneint wird.

Der Lizenzvertrag wird im südamerikanischen Rechtssystem innerhalb der traditionellen Klassifizierung von Verträgen ebenfalls als gegenseitiger Vertrag eingeordnet.[209)] Von einem gegenseitigen Vertrag spricht man dort, wie im deutschen Recht, wenn sich ein Vertragspartner gegenüber dem anderen verpflichtet, weil dieser sich gegenüber dem ersteren verpflichtet. Jeder der Vertragspartner ist gleichzeitig Schuldner und Gläubiger.[210)] Der unentgeltliche Lizenzvertrag bzw. ein Lizenzvertrag, welcher keinerlei direkte Verpflichtungen für den Lizenznehmer birgt, wird dagegen als unilateral eingestuft.[211)]

Hinsichtlich einer Vergabe einer Warenzeichenlizenz, welche unentgeltlich vergeben wird, spricht Arias Cobo[212)] dennoch von einem gegenseitigen Vertrag, da der Lizenznehmer verpflichtet sei, das Warenzeichen zu benutzen. Diese Auffassung ist - zumindest nach ecuadorianischem

---

209) Vgl. zum gegenseitigen Vertrag z.B. Art. 1482, Art. 1532 des ecuadorianischen Código Civil und Artt. 1426ff. des peruanischen Código Civil. Vgl. dazu auch Cabanellas, S. 48f. und Alvarez Soberanis, S. 253f.

Zu den Rechtsfolgen der Nichterfüllung einer Hauptpflicht aus einem gegenseitigen Vertrag vgl. Art. 1426 des peruanischen Código Civil: "En los contratos con prestaciones recíprocas en que éstas deben cumplirse simultáneamente, cada parte tiene derecho de suspender el cumplimiento de la prestación a su cargo, hasta que se satisfaga la contraprestación o se garantice su cumplimiento". Diese Vorschrift entspricht weitgehend dem § 320 Abs. 1 Satz 1 BGB. Die Unterscheidungen der Verträge nach ihren Wirkungen sowohl im südamerikanischen als auch im deutschen Recht haben ihren gemeinsamen Ursprung im römischen Recht; vgl. Palandt-Heinrichs, Einf. vor § 320 Anm. 1) (44. Auflage; dies wurde in der 49. Auflage nicht mehr erwähnt).

210) Vgl. Castañeda, Jorge Eugenio, El Derecho de los Contratos, T. I., Teoría General de los Contratos, Lima/Perú 1966, S. 30. Vgl. dazu ebenfalls Kaune, Walter, Curso de Derecho Civil, Contratos, Volumen I, Teoría General de los Contratos, La Paz/Bolivien 1981, S. 48.

211) Vgl. Cabanellas, S. 49.

212) Vgl. Arias Cobo, S. 70.

Recht - gerechtfertigt, da die Ausübungspflicht dort eine Hauptpflicht des Lizenznehmers darstellt.[213)]

2. Entgeltlichkeit[214)]

Im deutschen Recht sind Lizenzverträge in der Regel entgeltliche Verträge.[215)]

Gleiches gilt für das südamerikanische Recht. Lizenzverträge sind - außer im Falle der Schenkung - entgeltliche Verträge.[216)]

Unentgeltlichkeit[217)] liegt z.B. auch vor, wenn der Lizenznehmer einer Lizenz sich lediglich verpflichtet,[218)] für den Lizenzgeber die einführende Werbung zu übernehmen und einen Markt aufzubauen.[219)]

---

213) Anders z.B. im argentinischen Recht, vgl. oben S. 63. Daraus resultiert die abweichende Auffassung Cabanellas zur Gegenseitigkeit der unentgeltlichen Lizenzverträge.

214) Vgl. zur Entgeltlichkeit von Verträgen allgemein z.B. Castañeda, S. 33.

215) Vgl. oben S. 60.

216) Vgl. Alvarez Soberanis, S. 255.

217) Nach Art. 21 der früheren Dec. 24 konnte ein Unternehmen eine Lizenz an ihre Tochtergesellschaft nur unentgeltlich vergeben. Dieser Fall einer gesetzlich geregelten Unentgeltlichkeit wurde in Art. 21 der Dec. 220 nicht mehr aufgenommen. Eine Lizenzzahlung kann jetzt in von der zuständigen nationalen Behörde festgelegten Fällen stattfinden.

218) Vgl. Cabanellas, S. 48.

219) Eine indirekte Gewinnerzielungsabsicht kann hier jedoch vorliegen.

3. Lizenzvertrag als Konsensualvertrag[220)]

Die Verpflichtungen aus Lizenzverträgen entstehen durch den bloßen Konsens der Parteien, stellen also keine Realverträge dar, da dazu die Übergabe einer Sache vonnöten wäre.[221)] Der Konsens kann implizit, durch das Verhalten der Parteien erreicht werden.

Diese Einordnung gilt auch für das deutsche Recht, in dem der Lizenzvertrag gleichfalls einen Konsensualvertrag darstellt.[222)]

4. Aleatorischer Charakter des Lizenzvertrages

Als aleatorische Verträge[223)] werden im südamerikanischen Recht die Verträge bezeichnet, in denen "die Vorteile oder Verluste einer oder beider Vertragsparteien von einem ungewissen Ereignis abhängen";[224)] diese Definition hat jedoch nur doktrinären, nicht normativen Charakter.[225)] Verträge mit aleatorischem Charakter sind z.B. das Spiel, die Wette und die Vereinbarung einer Leibrente.[226)]

---

220) Vgl. zum ganzen Fragenkomplex Cabanellas, S. 49. Ebenso zur Qualifizierung von Konsensual- und Realverträgen allgemein Kaune, S. 43 und Castañeda, S. 37.

221) Vgl. Arias Cobo, S. 74. Zur Definition eines Realvertrages vgl. z.B. Art. 1486 des ecuadorianischen Código Civil und Art. 1500 des kolumbianischen Código Civil.

222) Vgl. z.B. Palandt-Heinrichs, Einf. vor § 305 Anm. 3) e). "Beim Konsensualvertrag entstehen die Leistungspflichten durch bloße Willenseinigung der Parteien. Beim Realvertrag werden dagegen Leistungspflichten erst begründet, wenn zu der Willenseinigung ein reales Moment, die Sachhingabe, hinzutritt."

223) "Gewagte Geschäfte". "Compraventa aleatoria" wird auch mit "Hoffnungskauf" übersetzt. Vgl. für das deutsche Recht Palandt-Putzo, § 433 Anm. 1) a) und c) cc).

224) Vgl. z.B. Art. 2051 des argentinischen Código Civil; Art. 1484 des ecuadorianischen Código Civil. Vgl. auch Kaune, S. 61ff. und Castañeda, S. 35.

225) Vgl. Cabanellas, S. 50 m.w.N.

226) Vgl. z.B. Art. 2282 des kolumbianischen Código Civil und Artt. 909ff. des bolivianischen Código Civil.

Es ist strittig, ob Lizenzverträge als Verträge mit aleatorischem Charakter oder als Verträge mit reinem Austauschcharakter ("caracter conmutativo"), d.h. Verträge, in denen Leistung und Gegenleistung gleichwertig sind, einzuordnen sind.[227] Manche Autoren sehen in den Lizenzverträgen aleatorische Elemente, andere bestreiten sie,[228] wieder andere machen dies vom Einzelfall abhängig.[229]

Eine Ungewißheit über die Gegenleistung existiere bei Lizenzverträgen vor allem dann, wenn die Höhe der Gebühren von den Verkäufen des unter Lizenz hergestellten Produktes - in der Regel vom Nettoverkaufspreis[230] - abhänge. Die Höhe der Gegenleistung könne damit erst nach Abwicklung des Vertrages definitiv errechnet werden. Ebenso existiere eine Ungewißheit hinsichtlich des Wertes der Leistung, da nie mit Sicherheit festgestellt werden könne, welchen Wert ein "eingekauftes" Patent beinhalte.[231] Dies verleiht nach Meinung einiger Autoren dem Lizenzvertrag aleatorischen Charakter.

---

227) Vgl. z.B. Castañeda, S. 35: "Son contratos conmutativos aquellos en los que las prestaciones de ambas partes se tiene por equivalentes".

228) Vgl. Alvarez Soberanis, S. 255: "Es un contrato conmutativo porque las prestaciones que se deben las partes son ciertas desde que se celebra el contrato".

229) Vgl. dazu Cabanellas, S. 52 m.w.N. zu den einzelnen Auffassungen.

230) Vgl. dazu Arias Cobo, S. 72f.

Es handelt sich hierbei nicht um die Vereinbarung einer sog. Stücklizenz, bei der der Lizenznehmer entweder für jedes Produkt, das er aufgrund eines Lizenzvertrages hergestellt hat oder für jedes Produkt, das er vertrieben hat, einen festen Betrag zahlt (dies hat für den Lizenzgeber den Nachteil, daß er an Preissteigerungen nicht teilnimmt, was vor allem eine Rolle bei langfristigen Verträgen spielt). Bei der hier angesprochenen Vereinbarung handelt es sich vielmehr um eine Beteiligung am Umsatz des Lizenznehmers, wobei als Gegenleistung ein bestimmter Prozentsatz des Umsatzes, der sich aus dem Nettoverkaufspreis errechnet, vereinbart wird. Vgl. Stumpf, Rdnr. 111, 103 und 105.

231) Vgl. Cabanellas, S. 52.

Dagegen ist Cabanellas[232] der Auffassung, daß eine solche "Ungewißheit" auch in anderen Fällen, z.B. bei Terminkäufen existiere: Sei die Inflationsrate hoch, seien die Gewinne des Verkäufers geringer als im umgekehrten Fall. Er schließt sich damit im Ergebnis den Autoren an, die den aleatorischen Charakter der Lizenzverträge verneinen, dies jedoch unter nur teilweiser Übernahme der Argumentation von Planiol und Burst[233], die davon ausgehen, daß bei Verträgen mit aleatorischem Charakter bewußt, als psychologisches Element, ein Risiko durch die Vertragsparteien eingegangen werde und nicht nur die Ungewißheit in Kauf genommen werde, daß eines Tages z.B. das Patent für nichtig erklärt wird. Dieses psychologische Element fehle beim Lizenzvertrag, vielmehr gehe der Lizenznehmer davon aus, daß er voll in den Genuß des lizenzierten Patentes komme. Diese Argumentation ist nach Cabanellas[234] insofern verfehlt, als die Nichtexistenz des Patentes nicht mit einer Ungewißheit in der Leistung gleichgesetzt werden könne, sondern in einem solchen Fall die Erfüllung des Vertrages unmöglich sei.[235] Jedoch sei der Einordnung als nichtaleatorischer Vertrag dann zuzustimmen, soweit die Wirtschaftlichkeit der Leistung, also der effektive Wert des Patentes angesprochen werde. Dies sei das normale Risiko, das bei fast jedem Vertragsschluß eingegangen werde. Eine automatische Einordnung als Vertrag mit aleatorischem Charakter sei daher abzulehnen. Es sei aber durchaus möglich, daß nach dem Willen der Parteien eine solche Einordnung als angemessen erscheine, z.B. hinsichtlich der ungewissen Gegenleistung.

Im deutschen Rechtskreis fehlt eine gesetzliche Regelung dieser Art von Verträgen mit aleatorischem Charakter. § 762 BGB ist darauf nicht an-

---

232) Vgl. Cabanellas, S. 50.

233) Planiol, Nota a Orleans 13 Juli 1892 in Dalloz Periodique, 1893, Band II, S. 329 und J. J. Burst, Breveté et licencié, Paris 1970, S. 166f. Aus: Cabanellas, S. 53f.

234) Vgl. Cabanellas, S. 54.

235) Vgl. Cabanellas, S. 54.

wendbar.[236] Spiel- und Wettverträgen ist gemeinsam, daß sie "den Geschäftserfolg nach der einen oder anderen Seite von einer Ungewißheit, meist sogar ganz oder teilweise vom Zufall abhängig machen (aleatorischer Bestandteil)".[237] Beim Spiel geht es um ein Wagnis, sein Zweck ist Unterhaltung bzw. Gewinn. Bei der Wette versprechen die Vertragspartner zur Bekräftigung bestimmter widerstreitender Behauptungen einander, daß dem, dessen Behauptung sich als richtig erweist, ein Gewinn zufallen soll. Es handle sich jedoch weder um Spiel noch um Wette, wenn keiner der oben genannten Vertragszwecke vorhanden sei, wenn auch die "verabredete Vermögensverschiebung von einer Ungewißheit abhängig" sei.[238] Der spekulative Charakter mache ein Rechtsgeschäft noch nicht zu Spiel und Wette, sofern die Parteien darüberhinaus noch wirtschaftliche oder sonstige anerkennenswerte Zwecke verfolgen. Das ist bei einem Lizenzvertrag der Fall.

Anders im südamerikanischen Rechtskreis: Dort wird ein Vergleich des Lizenzvertrages zur Wette und zum Versicherungsvertrag gezogen.[239]

Jedoch wird von deutschen Autoren und ebenso von der Rechtsprechung angenommen, daß allen Lizenzverträgen wenigstens ein gewisses Wagnis eigentümlich sei.[240] Für den Lizenznehmer könne das Wagnis darin bestehen, daß die wirtschaftliche Verwertbarkeit des Schutzrechtes - wofür der Lizenzgeber ohne Zusicherungen oder besondere Abreden nicht einzustehen habe[241] - im voraus nicht mit Sicherheit abgeschätzt

236) Vgl. zum ganzen Fragenkomplex Palandt-Thomas, § 762 Anm. 1) a) bis c).

237) Vgl. Palandt-Thomas, § 762 Anm. 1) a).

238) Vgl. Palandt-Thomas, § 762 Anm. 1) c).

239) Vgl. Cabanellas, S. 51.

240) Vgl. z.B. BGH GRUR 1961, S. 27, 28. Vgl. auch Stumpf, Rdnr. 14.

Ebenso Benkard-Ullmann, § 15 PatG Rdnr. 90 m.w.N. Dort wird sogar angenommen, daß Lizenzverträge stets ein gewagtes Geschäft seien.

AA Nirk, GRUR 1970, S. 334ff; differenzierend: Nirk in Klauer/Möhring, Rdnr. 10 zu § 9 m.w.N.

241) Vgl. Benkard-Ullmann, § 15 PatG Rdnr. 108.

werden könne und für den Lizenzgeber darin, daß er sich über die in die Leistungen und Fähigkeiten des Lizenznehmers gesetzten Erwartungen täuschen könne. Auch könne der Rechtsbestand des Schutzrechts und dessen Schutzbereich ungewiß sein.[242] Für beide Vertragspartner sei der Vertrag gewagt, da er stark in die Zukunft hineinwirke.[243] Dem Charakter des Lizenzvertrages als gewagtes Geschäft entspreche es, daß der Lizenznehmer das Risiko der Wettbewerbsfähigkeit, Fabrikationsreife und gewinnbringenden Ausbeutbarkeit, also des wirtschaftlichen Erfolgs überhaupt trage.[244]

5. Lizenzvertrag als formgebundener und genehmigungsbedürftiger Vertrag

Im deutschen Recht beurteilt sich der Abschluß eines Lizenzvertrages nach den §§ 145ff. BGB. Er kommt durch Antrag und dessen unveränderte Annahme zustande. Er bedarf grundsätzlich weder nach dem PatG, dem EPÜ und dem GPÜ[245] noch nach dem deutschen Zivilrecht[246] einer bestimmten Form. Nur soweit Vereinbarungen getroffen werden, die kartellrechtlich relevant sind, muß der Vertrag gem. § 34

---

242) Vgl. Benkard-Ullmann, § 15 PatG Rdnr. 90: Die Eigenschaft des Lizenzvertrags als gewagtes Geschäft zeige sich für den Lizenzgeber z.B. auch in der Gewährleistungshaftung für den Bestand des Rechts z.Zt. des Vertragsabschlusses und in seiner Haftung für die technische Brauchbarkeit und für den Lizenznehmer im Verbot rückwirkender Vertragsaufhebung bei späterem Wegfall des Schutzrechts und dem Risiko der wirtschaftlichen Verwertbarkeit des Lizenzgegenstandes. Vgl. auch BGH v. 23. 3. 1982, NJW 1982, S. 2861.

243) So Stumpf, Rdnr. 14.

244) Vgl. Benkard-Ullmann, § 15 PatG Rdnr. 108 m.w.N.

245) Nach Art. 72 EPÜ, Art. 40 GPÜ stellt das Europäische Patentrecht für die Übertragung von Patenten oder Patentanmeldungen das Schriftformerfordernis auf, nicht aber für den Abschluß des Lizenzvertrages. Vgl. Pagenberg, S. 30.

246) Vgl. Kraßer, Rudolf, S. 689. Vgl. auch Kraßer, Rudolf und Schmid, Hans Dieter, Der Lizenzvertrag über technische Schutzrechte aus der Sicht des deutschen Zivilrechts, GRUR Int. 1982, S. 324, 326.

GWB schriftlich abgeschlossen werden und zwar der gesamte Vertrag, nicht nur die beschränkenden Bestimmungen.[247)]

Nach Auffassung von Merz[248)] seien Lizenzverträge jedoch in aller Regel geeignet, den freien Wettbewerb zu beeinträchtigen. Dies folge aus dem Charakter der gewerblichen Schutzrechte als Monopolrechte. Nach dem deutschen Kartellrecht seien Lizenzverträge aber dann freigestellt, wenn sie dem Lizenznehmer keine über das Schutzrecht hinausgehenden Beschränkungen auferlegten. Da dessen ungeachtet die Gerichte und die Kartellbehörden in jedem Einzelfall den gesamten Vertrag auf eventuell unzulässige Beschränkungen zu überprüfen haben,[249)] bedürfen Lizenzverträge nach der Rechtsprechung des BGH[250)] durchweg auch dann der Schriftform, wenn die Beschränkungen nicht über den Inhalt des Schutzrechtes hinausgehen oder nach § 20 Abs. 2 GWB zulässig sind. Das gilt auch für Vorverträge[251)] und Veränderungen des Vertrages.[252)] Wird die gesetzliche Form nicht eingehalten, so ist der Vertrag gem. § 125 Satz 1 BGB nichtig.

Gem. § 98 Abs. 2 GWB[253)] ist § 34 GWB - unabhängig vom Schutzrecht - anwendbar, wenn die Beschränkungen des Vertrages im Inland Auswirkungen haben.[254)]

---

247) Vgl. zum ganzen Fragenkomplex Stumpf, Rdnr. 46. Vgl. auch Kraßer und Schmid, GRUR Int. 1982, S. 327.

248) Vgl. Merz, Franz in Reithmann, Christoph, Internationales Vertragsrecht, 4. Auflage, Köln 1988, Rdnr. 677 (zit. Reithmann(-Bearbeiter)).

249) Vgl. BGH NJW 1983, S. 1790.

250) Vgl. auch Stumpf, Rdnr. 513 und Reithmann-Merz, Rdnr. 677 m.w.N.

251) Vgl. z.B. BGH v. 24. 2. 1975, GRUR 1975, S. 498. Vgl. auch Stumpf, Rdnr. 513.

252) Vgl. Pagenberg, S. 192.

253) Vgl. des weiteren oben S. 24f. und unten S. 204.

254) Vgl. Pagenberg, S. 30.

Nach dem Außenwirtschaftsgesetz[255)] sind für den deutschen Lizenzgeber, abgesehen von wenigen Ausnahmen, die jedoch Verträge mit südamerikanischen Ländern nicht betreffen, Lizenzverträge mit ausländischen Partnern nicht genehmigungspflichtig. Soweit dennoch ein genehmigungspflichtiger Lizenzvertrag ohne die erforderliche Genehmigung abgeschlossen wurde, ist er schwebend unwirksam. Eine nachträgliche Genehmigung ist möglich.[256)] Im Zweifel sei anzunehmen, daß ein genehmigungspflichtiges Geschäft unter dem Vorbehalt der Genehmigung geschlossen wurde. Bis zu deren Eingang werde der Vertrag daher nicht durchgeführt. Werde dagegen die Genehmigung versagt, sei der Vertrag nichtig.[257)]

Die in § 34 PatG vorgesehene Eintragung der ausschließlichen Lizenz ist - anders als die Eintragung nach südamerikanischem Recht - für die Wirksamkeit des Lizenzvertrages nicht erforderlich.[258)] Die Eintragung von Lizenzen an europäischen Patentanmeldungen nach Regel 21 und 22 EPÜ hat rein deklaratorische Bedeutung.[259)]

---

255) Außenwirtschaftsgesetz der Bundesrepublik Deutschland vom 28. 4. 1961, in Kraft getreten am 1. 9. 1961.

Lizenzverträge bedürfen danach nur dann einer Genehmigung bzw. einer Anmeldung, wenn dies durch eine Rechtsverordnung der Bundesregierung bestimmt wird, was aber nur in gewissem Umfang und unter bestimmten Voraussetzungen möglich ist (Vgl. §§ 5 - 7, 16 und 26 AWG). Bisher wurde lediglich in der Verordnung zur Durchführung des AWG vom 22. 8. 1961 bestimmt, daß die Weitergabe von nicht allgemeinen Kenntnissen über gewerbliche Schutzrechte, Erfindungen, Herstellungsverfahren und Erfahrungen in Bezug auf die im Teil 1 der Ausfuhrliste ausdrücklich genannten Waren an Gebietsfremde, die in einem Land der Länderliste C (Albanien, Bulgarien, Nordkorea, Polen, Rumänien, CSSR, Ungarn, UdSSR, Vietnam, VR China) ansässig sind, der Genehmigung bedarf. Daneben besteht hinsichtlich der in Teil 1 der Ausfuhrliste genannten Embargozonen auch eine Genehmigungspflicht für die Erteilung von Lizenzen an Patenten sowie für die Know-how-Vergabe nach Südafrika und Südwestafrika (§ 45 Abs. 3 AWV). Vgl. Stumpf, Rdnr. 435.

256) Vgl. Stumpf, Rdnr. 435 m.w.N.

257) Vgl. Stumpf, Rdnr. 435.

258) Vgl. Kraßer, S. 689.

259) Vgl. Kraßer, S. 689.

Im südamerikanischen Rechtskreis sind Lizenzverträge wie im deutschen Recht - nach allerdings umstrittener Auffassung - im Prinzip zwar keine formgebundenen Verträge,[260] es existieren jedoch Ausnahmen von dieser Regel in der dazu spezifischen Gesetzgebung: Gem. Art. 79 der Dec. 85 bedarf ein Vertrag über Warenzeichenlizenzen der Schriftform, ebenso ein Vertrag über Patentlizenzen gem. Art. 32 der Dec. 85. Wird die Schriftform nicht eingehalten, ist der Vertrag nicht wirksam (vgl. Art. 40 der Dec. 85).[261]

Die Schriftform ist des weiteren z.B. in Ecuador unabdingbare Voraussetzung für eine spätere Genehmigung und Eintragung durch die zuständige nationale Behörde.[262]

Die Parteien können vor Vertragsabschluß eine Form vereinbaren, wenn der Lizenzvertrag Teil einer komplexen Beziehung zwischen den Vertragspartnern darstellt.[263]

Ein weiteres von den Vertragsparteien zu erfüllendes Formmerkmal - ebenfalls ausdrücklich als Wirksamkeitsvoraussetzung bezeichnet, vgl. Art. 40 der Dec. 85[264] - ist die Genehmigung und die Eintragung der Li-

---

260) Vgl. Breuer Moreno, T. II, S. 472 und Cabanellas, S. 55. AA Alvarez Soberanis, S. 255.

261) Vgl. Pachón Muñoz, S. 61 ("inexistente").

262) Vgl. Arias Cobo, S. 75.

Als weitere Bedingungen an die Form werden dort für Ecuador folgende Punkte aufgeführt: Genehmigung durch die zuständige nationale Behörde (MICEI), Unterzeichnung durch die gesetzlichen Repräsentanten oder Bevollmächtigten der lizenzgebenden und -nehmenden Unternehmen, Protokollierung des Vertrages vor einem der Notariate des Landes, Registrierung bei der Direción de Propiedad Industrial (Direción de Patentes y Marcas) und weitere Registrierung bei der Zentralbank nach Genehmigung durch MICEI. Vgl. dazu Arias Cobo, S. 76.

263) Vgl. Cabanellas, S. 55.

264) Art. 40 der Dec. 85: "No surtirán ningún efecto las licencias que no cumplan con las disposiciones del presente reglamento". Vgl. allgemein zu den Rechtsfolgen der Nichteinhaltung von Formvorschriften Castañeda, S. 38: "En los contratos ad solemnitaten la observancia de la forma exigida por la ley es esencial para su existencia. La ausencia de la forma da lugar a su nulidad (art. 1123 inc. 3° cod. civ.)".

zenzverträge durch die zuständigen nationalen Behörden.[265] Die Genehmigungspflicht für Patent- und Warenzeichenlizenzverträge regelt Art. 18 der Dec. 220.[266] Die Registrierungspflicht für Patentlizenzverträge ergibt sich aus Art. 32 Abs. 2 der Dec. 85, die für Warenzeichenlizenzverträge aus Art. 80 der Dec. 85. Die zuständigen Behörden jedes Mitgliedslandes werden durch die jeweiligen Ausführungsgesetze zu den Dec. 220[267] und 85 bestimmt.

Die im Vergleich zum deutschen Recht extrem restriktive Regelung der Registrierung und Genehmigung der Verträge erklärt sich aus der unterschiedlichen Zielsetzung: In den Andenpaktländern soll dadurch gewährleistet werden, daß sich der Technologietransfer durch Lizenzverträge im Rahmen der durch das öffentliche Interesse gezogenen Grenzen hält. Ebenso soll der entwicklungspolitische Nutzen geprüft werden.[268]

Dagegen ist Hauptzweck der Eintragung einer ausschließlichen Lizenz gem. § 34 Abs. 1 PatG lediglich die Verhinderung der Eintragung einer Lizenzbereitschaft gem. § 23 Abs. 2 PatG.[269] Die Eintragung erfolgt daher auch bei Erteilung einer ausschließlichen Lizenz, die Einschränkungen enthält. Die in Einzelfällen bestehende Genehmigungspflicht für

---

265) Vgl. des weiteren unten S. 213ff.

266) Des weiteren wurde die Genehmigungspflicht noch einmal in Art. 32 Abs. 2 der Dec. 85 für Patentlizenzverträge und in Art. 81 der Dec. 85 für Warenzeichenlizenzverträge ausdrücklich angesprochen.

267) Da die Dec. 24 erst im Mai 1987 durch die Dec. 220 ersetzt wurde, beziehen sich die Ausführungsgesetze der einzelnen Länder noch auf die Dec. 24; vgl. des weiteren unten S. 128.

268) Vgl. Weigand, S. 82. Vgl. zu den Zielsetzungen der Technologietransfergesetze des weiteren unten S. 114ff. und S. 166ff.

269) Vgl. Pagenberg, S. 494.

Lizenzverträge nach dem Außenwirtschaftsgesetz ist auf politische Gegebenheiten zurückzuführen.[270)]

6. Lizenzvertrag als "Haupt"- oder als akzessorischer Vertrag[271)]

Der Lizenzvertrag ist sowohl als "Haupt", als auch als akzessorischer Vertrag möglich. Als Hauptvertrag kann er - kraft eigener Zielsetzung - ohne zusätzliche Vereinbarungen existieren.[272)] Als akzessorische Vereinbarung kann er gelten, wenn er im größeren Rahmen eines Kooperationsvertrages zwischen zwei Unternehmen geschlossen wird. Soweit der Lizenzvertrag akzessorischen Charakter besitzt, kann sich im Einzelfall seine Einordnung und damit seine rechtliche Behandlung ändern. Als Ergänzung zu den Parteivereinbarungen können nicht nur die Regeln des Mietrechts, sondern ebenso die Regeln des Gesellschaftsrechts herangezogen werden, da der Lizenzvertrag dem Hauptvertrag untergeordnet wird: Der akzessorische Vertrag folgt dem Schicksal des Hauptvertrages, nicht umgekehrt.[273)]

---

270) Vgl. oben S. 98 Fußn. 255.

271) Vgl. zum ganzen Fragenkomplex Cabanellas, S. 55 und oben zur Einordnung des Lizenzvertrages als Gesellschaftsvertrag S. 81ff. Vgl. zur gesetzlichen Definition z.B. Art. 1485 des ecuadorianischen Código Civil. Vgl. ebenfalls Castañeda allgemein zu "contratos principales y accesorios", S. 36f.:"Son principales los que existen por sí mismos y accesorios los que tienen por objeto asegurar el cumplimiento de una obligación principal".

272) Vgl. Alvarez Soberanis, S. 255.

273) Vgl. Castañeda, S. 37.

7. Lizenzvertrag als Dauerschuldverhältnis[274)]

Im deutschen Recht wird der Lizenzvertrag als Dauerschuldverhältnis eingeordnet.[275)] Ein Rücktrittsrecht gem. §§ 325, 326 BGB, das den Vertrag rückwirkend auflösen würde, ist daher ausgeschlossen, wenn der Lizenzvertrag durchgeführt wurde.[276)] Dem Lizenznehmer wird statt dessen lediglich ein Kündigungsrecht gewährt.[277)] Das gilt freilich nicht vor Ausführung des Vertrages.

Dem Lizenznehmer steht nicht nur bei Verträgen mit gesellschaftlichem Einschlag oder gesellschaftsähnlichen Lizenzverträgen (unter entsprechender Anwendung von § 723 BGB),[278)] sondern auch bei dauerschuldähnlichen Verträgen, die ein gewisses Vertrauensverhältnis zwischen den Parteien begründen, ein Recht zur fristlosen Kündigung aus wichtigem Grund zu.[279)] Ein solches Vertrauensverhältnis ist beispielsweise anzunehmen, wenn eine Pflicht zum Mindestumsatz besteht, wenn dem Lizenzgeber ein Überwachungsrecht zugebilligt wurde, bei Vereinbarung einer Nichtangriffsabrede oder bei persönlicher Natur der Lizenz.[280)] Dagegen reicht allein die langjährige Dauer des Vertrages oder ein Anteil des Lizenzgebers am Ertrag des Lizenznehmers nicht aus, um

---

274) "cumplimiento continuado" bzw. "tracto sucesivo". Vgl. zum Dauerschuldverhältnis allgemein Castañeda, S. 42ff.

275) Vgl. schon oben bei der Einordnung des Lizenzvertrages als Kaufvertrag S. 49f.

276) Vgl. Kraßer und Schmid, GRUR Int. 1982, S. 327.

277) Vgl. Benkard-Ullmann, § 15 PatG Rdnr. 95 m.w.N.

278) So zunächst die Rechtsprechung. Vgl. dazu Benkard-Ullmann, Rndr. 121 m.w.N. zur Rspr.

279) Vgl. Benkard-Ullmann, § 15 PatG Rdnr. 122 m.w.N.

280) Vgl. Benkard-Ullmann, § 15 PatG Rdnr. 122 mit weiteren Beispielen und Nachweisen.

ein solches auf Dauer berechnetes, vertrauensvolle Zusammenarbeit voraussetzendes Rechtsverhältnis, anzunehmen.[281)]

Ein wichtiger Grund liegt vor, wenn es "dem Kündigenden nach Treu und Glauben billigerweise nicht mehr zugemutet werden kann, an dem Vertrage festzuhalten".[282)] Dabei sei die objektive Erschütterung des Vertrauensverhältnisses ausreichend, soweit sie das Einvernehmen zwischen den Parteien endgültig zerstört hat und anzunehmen ist, daß ein gedeihliches Zusammenwirken nicht mehr möglich sein wird.[283)]

Lizenzverträge sind nach südamerikanischer Auffassung ebenfalls Dauerschuldverhältnisse[284)] und zwar in erster Linie hinsichtlich der Erfüllung durch den Lizenzgeber, der sich verpflichtet, auf gewisse Zeit nicht in die Ausübungsrechte des Lizenznehmers einzugreifen bzw. ihm ein Nutzungsrecht zu gewähren.[285)]

Generell unabhängig ist die Einordnung als Dauerschuldverhältnis von den Zahlungsmodalitäten.[286)] Die Gegenleistung kann als festgesetzter Anfangsbetrag, als festgesetzte Teilzahlungen abhängig von der Dauer des Lizenzvertrages oder als Tantiemen ("regalias") erbracht werden. Eine Vereinbarung von Tantiemen trägt zum Charakter des Lizenzvertrages als Dauerschuldverhältnis bei, da diese als "periodische prozen-

---

281) Vgl. Benkard-Ullmann, § 15 PatG Rdnr. 122 m.w.N.

Ein Kündigungsrecht als ultima ratio wird jedoch auch bei Nichtvorliegen eines solchen Vertrauensverhältnisse oder eines gesellschaftsähnlichen Verhältnisses "aus Gründen der Opfergrenze - Wegfall der Geschäftsgrundlage" angenommen; vgl. Benkard-Ullmann, aaO, Rdnr. 123.

282) Vgl. Benkard-Ullmann, § 15 PatG Rdnr. 125 m.w.N.

283) Vgl. Benkard-Ullmann, § 15 PatG Rdnr. 126 m.w.N.

284) Vgl. zum ganzen Fragenkomplex Alvarez Soberanis, S. 255; Cabanellas, S. 55; Pachón Muñoz, S. 62 und Arias Cobo, S. 80.

285) Vgl. oben S. 51ff.

286) Vgl. Cabanellas, S. 55.

tuale Zahlung" definiert werden,[287] kalkuliert auf der Basis des Produktionsvolumens oder des Nettoverkaufspreises der verkauften Artikel.

Eine Folge der Einordnung als Dauerschuldverhältnis ist, daß z.B. - wie im deutschen Recht - bei Vertragsstörungen bereits erfolgte Leistungen wirksam bleiben.[288][289]

8. Lizenzvertrag als frei vereinbarter Vertrag oder als Formularvertrag[290]

Im deutschen Recht ist es möglich, Lizenzverträge als Formularverträge oder mit Allgemeinen Geschäftsbedingungen abzuschließen. Zum Schutz des Lizenznehmers ist das AGBG - soweit wegen § 24 Nr. 1 AGBG anwendbar - heranzuziehen.[291]

---

287) Vgl. dazu z.B. Art. 8 des ecuadorianischen Acuerdo No. 175; veröffentlicht im Registro Oficial No. 161 vom 9. April 1985.

288) Vgl. Pachón Munoz, S. 62. Allgemein zum Wirksambleiben erbrachter Leistungen bei Dauerschuldverhältnissen vgl. z.B. Art. 1532 des ecuadorianischen Código Civil.

289) Unabhängig von der Wirksamkeit der Leistungen ist jedoch die Frage der Garantiehaftung, z.B. bei Ungültigkeit des Patentes.

290) Vgl. dazu allgemein Kaune, S. 44f.: "En los contratos de libre discusión, las partes tienen amplio margen para la negociación, en procura de hacer que los intereses opuestos se concilien dando lugar al nacimiento de la contratación en un plano de igualdad y de mutuo acuerdo". "En los contratos de adhesión, la libertad de negociación está restringida ya que no existe posibilidad de que una de las partes discuta y obtenga de la otra la modificación de los alcances y condiciones del contrato, contenidos en las cláusulas impuestas unilateralmente por una de ellas." Vgl. ebenso Castaneda, S. 40f. Vgl. dazu ebenfalls De la Puente y Lavalle, Manuel, Estudios sobre el Contrato Privado, T. I, Lima/Perú 1983, S. 286ff.

291) Vgl. z.B. § 5 AGBG. Die sog. "Unklarheitenregel" gilt auch im südamerikanischen Recht (s. unten).

Formularverträge werden - im südamerikanischen wie im deutschen Recht[292] - in der Regel dann abgeschlossen, wenn sich der Lizenzgeber in einer Vorrangstellung gegenüber dem Lizenznehmer befindet.[293] Dieser Fall ist meist bei der Vergabe von Lizenzen durch internationale Unternehmen an den einheimischen Lizenznehmer gegeben. Die einseitige Benachteiligung war zum einen ein Grund dafür, reglementierende Normen zu erlassen und den Spielraum des Lizenzgebers, also desjenigen der die "Vertragsbedingungen" stellt, einzuschränken und die Stellung des Lizenznehmers zu stärken.[294]

Zum anderen existieren auch in Südamerika Regelungen, die den Vertragspartner bei der Verwendung von Allgemeinen Geschäftsbedingungen schützen, z.B. werden unklare Vertragsklauseln zu Lasten des Verwenders ausgelegt.[295]

9. Lizenzvertrag als atypischer schuldrechtlicher Vertrag

Lizenzverträge sind atypische schuldrechtliche Verträge. § 15 Abs. 2 PatG - als spezielle Regelung - trifft keine Einordnung des Lizenzvertrages. Daher sind der Allgemeine Teil des BGB und das Schuldrecht Allgemeiner Teil anwendbar.

Diese Auffassung gilt auch für das südamerikanische Recht. Die Lizenzverträge zeichnen sich nach Alvarez Soberanis[296] durch folgende Charakteristiken aus: Zunächst lassen sie sich nicht ohne weiteres in das System der durch das bürgerliche oder das Handelsrecht vorgegebenen

---

292) Vgl. zur Zielsetzung der AGB z.B. Palandt-Heinrichs, Einf. vor § 1 AGBG Anm. 1.

293) Vgl. dazu Cabanellas, S. 56.

294) Zu den Zielsetzungen der Technologietransfergesetze vgl. unten S. 114ff. und S. 166f.

295) Vgl. Cabanellas, S. 56. Ebenso Kaune, S. 45, gem. Art. 518 des bolivianischen Código Civil.

296) Vgl. Alvarez Soberanis, S. 239f. und S. 252.

Verträge einordnen. Außerdem kennzeichnen sie folgende weitere Merkmale:[297)] Sie werden in der Regel zwischen Vertragspartnern unterschiedlicher Nationalität geschlossen. Die vertragsschließenden Parteien stehen sich nicht in einem Gleichheitsverhältnis gegenüber. Der Lizenzvertrag beinhaltet meist, auch wenn als solcher und nicht als Technologietransfervertrag bezeichnet, eine große Anzahl verschiedener Vertragsobjekte. Der Vertrag ist speziellen Regelungen unterworfen, z.B. muß er der nationalen Behörde zur Genehmigung vorgelegt werden. Lizenzverträge müssen schriftlich abgeschlossen werden. Des weiteren sind sie Verträge mit einem gewissen sozialen Charakter, d.h. die Vertragsautonomie der Vertragspartner wird durch eine übergeordnete wirtschaftliche Ordnung beeinflußt, um den wirtschaftlich schwächeren Partner zu schützen und den Allgemeininteressen Vorrang vor den Einzelinteressen zu verschaffen.[298)]

Die speziellen Regelungen in den Decisionen des Abkommens von Cartagena oder in den nationalen Gesetzen, die für den Abschluß und die Durchführung solcher Verträge zwischen einem ausländischen Lizenzgeber und einem einheimischen Lizenznehmer existieren, ändern nichts an der Einordnung als atypische Verträge.[299)] Sie beziehen sich auf einzelne Aspekte dieser Verträge bzw. sind nur auf bestimmte Lizenzverträge anwendbar und überlassen ansonsten die Ausgestaltung der vertraglichen Beziehungen zwischen den Parteien den allgemeinen Gesetzen. Da Lizenzverträge schuldrechtliche[300)] Verträge darstellen, ist das

---

297) Vgl. Alvarez Soberanis, S. 240ff. Dort wurden die speziellen Merkmale zwar anhand des Technologietransfervertrages dargestellt, jedoch stellen nach Auffassung von Alvarez Soberanis Lizenzverträge lediglich eine Untergruppe der Technologietransferverträge dar. Die hier erwähnten Charakteristiken gelten damit gleichermaßen für den Lizenzvertrag.

298) Vgl. des weiteren anschließend "Privatautonomie bezüglich des Lizenzvertrages als schuldrechtlicher Vertrag" S. 107ff.

299) Vgl. Cabanellas, S. 49.

300) Vgl. Alvarez Soberanis, S. 253 m.w.N.

allgemeine Vertragsrecht anwendbar, z.B. die Regeln über Irrtum, arglistige Täuschung und Vertretungsmacht.[301)]

IV. Privatautonomie bezüglich des Lizenzvertrages als schuldrechtlicher Vertrag

Lizenzverträge als schuldrechtliche Verträge unterliegen im südamerikanischen Recht den allgemeinen Regeln des Vertragsrechts. Das bürgerliche Recht geht dabei zunächst vom Grundsatz der Privatautonomie bzw. der Willensfreiheit der vertragschließenden Parteien aus, d.h. der Fähigkeit einer Person, sich durch Vertrag mit einer anderen Person bestimmten Pflichten zu unterwerfen.[302)] Der Vertrag kann mit einer beliebigen Person abgeschlossen und inhaltlich frei gestaltet werden.[303)]

Auch das deutsche Recht folgt dem grundlegenden Prinzip der Privatautonomie. Es wird unterschieden zwischen Abschlußfreiheit und Freiheit der inhaltlichen Gestaltung.[304)]

---

301) Vgl. Arias Cobo, S. 55ff. Z.B. Art. 1496 des ecuadorianischen Código Civil "error"; Art. 1501 des ecuadorianischen Código Civil "dolo" und Art. 44 des ecuadorianischen Gesellschaftsrechts über Beschränkungen der Vertretungsmacht in Gesellschaftsverträgen. Vgl. allgemein zur Vertretungsmacht, zum Irrtum und zur arglistigen Täuschung Arteaga, Jesus María und Carvajal, Jaime Arteaga, Curso de Obligaciones, Bogotá/Kolumbien 1979, S. 23ff.

302) Vgl. De la Puente y Lavalle, S.52. Das Prinzip der vertraglichen Willensfreiheit hat zum Teil sogar seinen Niederschlag in den Verfassungen gefunden; z.B. regelt Art. 27 der peruanischen Verfassung, daß der Staat die Freiheit sich zusammenzuschließen und Verträge abzuschließen anerkennt.

303) Vgl. De la Puente y Lavalle, S. 53.

304) Vgl. Palandt-Heinrichs, Einf. 3) b) und c) vor § 145. Die Grundlage für die weitgehend gleiche Auffassung beider Rechtsräume liegt in deren Ursprung im römischen Recht, welches im Prinzip bereits die Privatautonomie anerkannte. Vgl. dazu ebenfalls De la Puente y Lavalle, S. 54.

Die absolute Vertragsfreiheit ist jedoch dort Kritik ausgesetzt, wo sich wirtschaftlich ungleich starke Parteien gegenüberstehen. In einem solchen Fall sei aus Gründen der Vertragsgerechtigkeit der wirtschaftlich Schwächere zu schützen. Einschränkungen werden mit sozialen bzw. ethischen Gründen gerechtfertigt.[305)] Dieser auch für das deutsche Recht geltende Gedanke[306)] hat in Südamerika zu weitergehenden Einschränkungen als nur durch die öffentliche Ordnung und die guten Sitten geführt. Seine Ausprägung fand dieses Prinzip vor allem in den noch im einzelnen zu behandelnden Einschränkungen der Privatautonomie hinsichtlich der Lizenzvergabe von ausländischen Unternehmen an einheimische südamerikanische Vertragspartner.[307)] Nach Auffassung von Cancino[308)] können folgende Arten der Einschränkung unterschieden werden: Die sich direkt aus dem Gesetz ergebenden; die, die ihren Ursprung in der öffentlichen Ordnung ("orden publico") bzw. in den guten Sitten haben; diejenigen, die durch einen bestimmten Vertragstyp auferlegt sind; solche, die auf neue Formen der Gesetzgebung zurückzuführen sind ("debidos a nuevas formas legislativas") und schließlich jene, die der Rückkehr zum Formalismus entspringen.

Die lateinamerikanischen Länder vollzogen damit den Schritt von der Willensfreiheit beim Abschluß von Technologieverträgen zu "reglementierten" bzw. "genehmigten" Verträgen.[309)] Die Einschränkung der Privatautonomie sollte nicht nur dazu dienen den wirtschaftlich schwächeren Vertragspartner zu schützen, sondern auch den übergeordneten wirtschaftlichen Interessen der Gemeinschaft - z.B. an der Ent-

---

305) Vgl. Castañeda, S. 13.

306) Vgl. Palandt-Heinrichs, Einf. 3) a) vor § 145.

307) Vgl. Cancino, Fernando, Estudios de Derecho Privado, Bogotá/Kolumbien 1979, S. 40 bis 47.

308) Vgl. Cancino, S. 40ff.

309) Vgl. Correa, S. 21. Vgl. auch Correa, Carlos, Transfer of Technology in Latin America: A Decade of Control, Journal of World Trade Law 1981, S. 388, 391.

wicklung eigener einheimischer Technologie - Vorrang vor den Einzelinteressen einer vertragschließenden Partei zu geben.[310)]

Daher werden die Restriktionen der Technologietransfergesetze mit den einseitig-zwingenden Schutzbestimmungen des Arbeitsrechts rechtspolitisch und methodologisch verglichen.[311)] Diesem Vergleich ist im Hinblick auf das deutsche Recht zuzustimmen, da der Lizenzvertrag wie der Arbeitsvertrag - abgesehen in der Regel von der Wahl des Vertragspartners - weitgehend bezüglich des Inhalts zwingenden Regelungen unterworfen ist.[312)] Die Abschlußfreiheit wird zwar gewahrt, jedoch wird die inhaltliche Gestaltungsfreiheit beschränkt.[313)] Die Schutzfunktion ist in beiden Fällen ähnlich: Sowohl nach dem Arbeitsrecht, als auch nach den Technologietransfergesetzen soll der wirtschaftlich schwächere Vertragspartner geschützt werden. Die Einschränkungen des Arbeitsvertrages dienen wie die Technologietransfergesetze dazu, das Funktionieren der politisch vorgegebenen wirtschaftlichen Ordnung aufrechtzuerhalten, unter Wahrung von Einzelinteressen vorgeordneten Gruppeninteressen, z.B. denen der Gewerkschaften und der Arbeitnehmerverbände.

---

310) Vgl. Alvarez Soberanis, S. 242 m.w.N. Dort wird das Prinzip der "öffentlichen wirtschaftlichen Ordnung" als Argument angeführt.

311) Vgl. Frisch Philipp, Walter und Moser, Peter, Technologieübertragung in Mexiko, RIW 1982, S. 622.

312) Zur Privatautonomie im deutschen Arbeitsrecht vgl. z.B. Zöllner, Wolfgang, Privatautonomie und Arbeitsverhältnis, AcP 176 (1976), S. 221ff.

313) Vgl. Correa, Journal of World Trade Law 1981, S. 391f. Vgl. auch Correa, S. 35.

Dies gilt mit Ausnahme der Eintragung von Zwangslizenzen, wenn der Schutzrechtsinhaber überhaupt keine Lizenzen vergeben will; vgl. oben Artt. 30 und 34 der Dec. 85 und für das deutsche Recht § 24 Abs. 1 PatG; weiterführend Kraßer und Schmid, GRUR Int. 1982, S. 326. Vgl. zu den Zwangslizenzen in den südamerikanischen Ländern Sotelo Bambarén, Carlos, La obligación de explotar las patentes en el Pacto Andino und Rondón de Sansó, Hildegard, La obligación de explotar las patentes en Venezuela; beide in: La obligación de explotar las patentes en Espana y en Iberoamerica, Madrid 1978, S. 57ff. bzw. S. 83ff.

Dagegen können im deutschen Recht die Parteien die inhaltliche Gestaltung des Lizenzvertrages privatautonom nach ihren Vorstellungen regeln. Dies gilt nach Auffassung von Kraßer[314] sowohl für schutzrechtsimmanente als auch für sonstige, rein schuldrechtliche Rechte und Pflichten. In Ansehung nicht schutzrechtsimmanenter Pflichten findet jedoch der Grundsatz der Gestaltungsfreiheit seine Grenzen im Kartellrecht.[315]

---

314) Vgl. Kraßer und Schmid, GRUR Int. 1982, S. 326.

315) Vgl. dazu des weiteren unten S. 177ff.

E. Restriktive Regelungen des Andenpaktes im Vergleich zum deutschen Recht

I. Erlaß der Decisionen 24 (jetzt Dec. 220), 85 und 84

1. Entstehungsgeschichte

a) Dec. 24 (jetzt Dec. 220)[1)]

Die Schaffung eines gemeinsamen gewerblichen Rechtsschutzes war bereits im Vertrag von Cartagena vorgesehen. In Art. 27 wurde die Kommission beauftragt, "eine gemeinsame Regelung für ausländisches Kapital sowie u.a. für Marken, Patente, Lizenzen und Lizenzzahlungen zu erlassen und den Mitgliedsstaaten vorzulegen".[2)] Obwohl die erste Sitzungsperiode der Kommission erst am 21. Nov. 1969 begann, sollte sie nach Art. 27 die gemeinsame Regelung bis spätestens zum 31. Dez. 1970 vorlegen. Trotz der großen Anzahl der zu behandelnden Gebiete und obwohl kaum statistisches Material über die Situation der Mitgliedsländer vorlag, konnte die Junta als ausführendes Organ in weniger als einem Jahr einen Regelungsentwurf vorlegen. Dieser wurde mit einigen Änderungen als Dec. 24 erlassen.[3)]

---

1) Die Dec. 24 wurde am 31. Dezember 1970 erlassen, ergänzt durch die Dec. 37 vom 24. Juni 1971 als "Gemeinsame Regelung für die Behandlung von ausländischem Kapital und betreffend Marken, Patente, Lizenzen und Lizenzgebühren" ("Regimen Común de tratamiento a los capitales extranjeros y sobre marcas, patentes, licencias y regalías"). Die Übergangsregelung D sah vor, daß die Länder innerhalb von 3 Monaten nach Inkrafttreten der Decision die für die Durchführung zuständigen Behörden zu bestimmen haben. Die Dec. 24 einschließlich der sie ergänzenden Decisionen wurde im Mai 1987 durch die Dec. 220 ersetzt; vgl. oben S. 10f.

2) Vgl. dazu León de Labarca, Alba Ivonne, La Decisión 24 del Pacto Andino y su reglamentación interna en Venezuela, Derecho de la Integración November 1975 (20), S. 251 und Schwaiger, GRUR Int. 1982, S. 34.

3) Vgl. zur Entstehungsgeschichte Schwaiger, GRUR Int. 1982, S. 34.

Die Einhaltung der vorgegebenen Zeit war möglich, weil die Junta von anderen Organisationen (z.B. von der Organisation Amerikanischer Staaten und der Interamerikanischen Entwicklungsbank) und von Experten auf dem Gebiet des Technologietransfers und ausländischer Investitionen für die Dauer der Ausarbeitung

Obwohl innovativ in ihrem multinationalen Charakter und ihren ehrgeizigen Zielen, waren die Decisionen des Andenpaktes und besonders die Dec. 24 nicht die ersten Erfahrungen der Andenländer mit dieser Materie. In weiten Teilen basierte die Dec. 24 auf den kolumbianischen Gesetzen Nr. 444 und 688, beide erlassen 1967.[4)] Diese waren vor allem begründet auf Überlegungen zur Devisenbewirtschaftung, beinhalteten aber schon eine Überprüfung, Genehmigung und Registrierung ausländischer Direktinvestitionen und Technologieverträge. Allgemein kann man feststellen, daß sie schon die meisten der wichtigsten Elemente der Dec. 24 enthielten. Im Mai 1987 wurde die Dec. 24 durch die Dec. 220 ersetzt. Die Erneuerung enthält vor allem eine Liberalisierung der Behandlung ausländischen Kapitals, ändert jedoch wenig an der Behandlung des Technologietransfers durch Patent-, Warenzeichen- und sonstige Technologietransferverträge.

b) Dec. 85[5)]

In Art. G der Übergangsbestimmungen wurde die Kommission verpflichtet, innerhalb von 6 Monaten nach Inkrafttreten der Dec. 24 auf Vorschlag der Junta Ausführungsvorschriften über die Anwendung von Normen über das gewerbliche Eigentum zu verabschieden. Die zu regelnden Sachgebiete waren, wenn auch unvollständig,[6)] im Anhang 2 der Dec. 24 aufgelistet. Geregelt werden sollten Produkte und gewerbliche Verfahren, welche hinsichtlich der Ziele einer globalen Entwick-

---

unterstützt worden war. Vgl. Schwaiger, GRUR Int. 1982, S. 34.

4) Vgl. Pate, John R., The Andean Common Market, in: Technology Transfer: Laws and Practice in Latin America, American Bar Association 1978, S. 59, 62 (zit. Pate). Vgl. auch Correa, S. 26.

5) Vgl. zur Entstehungsgeschichte Schwaiger, GRUR Int. 1982, S. 35.

6) Vgl. Schwaiger, GRUR Int. 1982, S. 35.

lungsstrategie für die Subregion patentiert werden könnten. Die Junta legte am 14. Okt. 1971 einen Entwurf für eine gemeinsame Regelung des geistigen Eigentums vor.[7)] Der im Nov. 1971 vorgelegte modifizierte Entwurf sah folgende Kernpunkte für das Patentrecht vor:[8)]

- die Nichtpatentfähigkeit pharmazeutischer Produkte,
- die Beschränkung des Prioritätsrechts auf 6 Monate,
- die ausdrückliche Abschaffung des ausschließlichen Importrechts für den Rechtsinhaber,
- die Beschränkung der Schutzdauer auf ursprünglich 5 Jahre mit einer einmaligen Verlängerungsmöglichkeit um 5 Jahre bei Nachweis der Ausübung,
- die Ausübungspflicht für Patente,
- die Einführung eines Systems von Zwangslizenzen,
- den Verfall des Patents wegen mangelnder Ausübung.

Alle diese Kernpunkte finden sich unverändert in der Dec. 85 (überschrieben mit "Ausführungsverordnung zur Anwendung der Normen über das gewerbliche Eigentum"), welche im Juni 1974 verabschiedet wurde.[9)]

Positivrechtlich orientiert sich die Dec. 85 in großen Teilen am kolumbianischen Handelsrecht, seine Regelungen wurden jedoch durch verschiedene Restriktionen im Bereich des gewerblichen Rechtsschutzes erweitert.[10)]

---

7) Vgl. Schwaiger, GRUR Int. 1982, S. 35 m.w.N.

8) Vgl. Schwaiger, GRUR Int. 1982, S. 35 m.w.N.

9) In der 13. außerordentlichen Sitzungsperiode der Kommission vom 27. Mai bis 5. Juni 1974. Vgl. Schwaiger, GRUR Int. 1982, S. 35.

10) Vgl. Pachón Muñoz, S. 8.

Im Zuge der Erneuerung des Andenpaktes ist eine Überarbeitung der Dec. 85 geplant. Sie soll nicht nur die Adäquanz der subregionalen Technologie berücksichtigen, sondern auch die Interessen der Erfinder wahren.[11)]

2. Zielsetzungen

a) *Allgemeines*

aa) Erste Überlegungen vor dem Erlaß der Decisionen

Schon Ende der 60iger Jahre wurde in Lateinamerika die Meinung vertreten,[12)] daß "im Bereich des Schutzes von Patenten, Mustern, Warenzeichen, des Know-how und der damit verwandten Rechte des gewerblichen Eigentums die sozialen Interessen eines besonderen Schutzes bedürfen, um die Kosten und den Nutzen des Systems des gewerblichen Rechtsschutzes, das ursprünglich allein zugunsten der Inhaber gewerblicher Schutzrechte errichtet worden war, besser in Einklang zu bringen".[13)] Die Behauptung ging dahin, daß das bestehende System ein "die Entwicklungsziele unserer Gesellschaften negativ beeinflußendes Instrument" darstelle.[14)]

bb) Gründe für und gegen den Erlaß der restriktiven Regelungen

Die Andenländer gingen bei Erlaß ihrer - in den Decisionen Dec. 24 (jetzt Dec. 220), 84 und 85 aufgeführten - Restriktionen bezüglich des Technologietransfers, zusätzlich zu den bereits aufgezeigten allgemeinen

---

11) Vgl. Integración Latinoamericana Oktober 1988 (139), Información S. 56.

12) Zu den ersten Gesetzen, die den Technologietransfer regelten vgl. Correa, S. 18.

13) Vgl. Aracama Zorraquin, Ernesto, Der gewerbliche Rechtsschutz in Lateinamerika - Beginn einer neuen Entwicklung, GRUR Int. 1976, S. 53.

14) Vgl. Aracama Zorraquin, GRUR Int. 1976, S. 53: Zit. nach Vaitsos, The Revision of the International Patent System, Lima/Perú 1975, S. 3.

Überlegungen der Entwicklungsländer, von folgenden Voraussetzungen aus:[15]

Praktisch sämtliche angemeldeten Patente in den lateinamerikanischen Staaten stehen ausländischen Firmen zu.[16] Dieses Patentmonopol, das sich in der Regel in der Hand einiger transnationaler Unternehmen befindet, die die Patente im Rahmen ihrer globalen Unternehmen und Unternehmenspolitik einsetzen, beeinflußt nicht nur die zwischenstaatliche, sondern auch die internationale Einkommensverteilung. Auch werden dadurch Erfindungen geschützt, die in anderen Ländern, zumeist in Industriestaaten, entwickelt wurden.[17]

Man glaubte feststellen zu können, daß nur eine sehr geringe Anzahl von Patenten im Anmeldeland selbst ausgeübt wurde. Eine Folgerung daraus war, daß der gewerbliche Rechtsschutz in solchen Fällen hauptsächlich dem Schutz der Importmärkte diene.[18] Das im jeweiligen Land angemeldete Patent sollte nicht durch den Inhaber selbst genutzt werden, sondern lediglich Wettbewerbskonkurrenten davon abhalten, in diesem Land zu produzieren.

Zum Teil wurden daher in den einzelnen Ländern neue Voraussetzungen für die Patentfähigkeit eingeführt. Andere Länder haben Patentierungsverbote erlassen, neue Bedingungen für die Erteilung von Patenten aufgestellt oder die Schutzfrist für Patente beschränkt.[19] Diese Regelungen haben jedoch auf den eigentlichen Technologietransfer im Rahmen von

---

15) Vgl. zu den Zielsetzungen lateinamerikanischer Länder bei Erlaß ihrer Technologietransfergesetze des weiteren Alvarez Soberanis, S. 181ff. und S. 288f. Vgl. auch unten S. 119ff. und S. 166ff.

16) Auf die USA und West-Europa fielen beispielsweise 1974 für Chile (damals noch Mitglied des Andenpaktes, daher sind diese Zahlen verwertbar) 90% der abgeschlossenen Patentlizenzverträge. Vgl. Weigand, S. 55.

17) Vgl. Aracama Zorraquin, S. 53.

18) Vgl. Schwaiger, GRUR Int. 1982, S. 34 m.w.N.

19) Vgl. Aracama Zorraquin, GRUR Int. 1976, S. 53f.

Lizenzverträgen nur insoweit indirekte Auswirkungen, als davon die "Lizenzfähigkeit" des Patentes und die Dauer des Lizenzvertrages betroffen werden bzw. Zwangslizenzen erteilt werden können.

Hinsichtlich der Warenzeichen galten ähnliche Voraussetzungen:[20] Im Jahre 1974 waren 34% aller in Lateinamerika registrierten Warenzeichen ausländischen Ursprungs, die zum größten Teil durch Warenzeichenlizenzen aus Industrieländern auf die lateinamerikanischen Märkte gelangt waren.[21] Nach Auffassung von Olivares Santibánez[22] müsse hier beachtet werden, daß der Lizenzgeber auch dann einen Markt für seine Produkte erhalte, wenn er keine Lizenzgebühren verlange, während der Lizenznehmer in jedem Fall das Risiko und die Kosten der Produkteinführung zu tragen habe und nach Ablauf des Vertrages weder das lizenzierte Warenzeichen noch ein ähnliches weiter benutzen könne. Ebenso existiere des öfteren die Vereinbarung, wonach der Lizenzgeber das vom Lizenznehmer im betreffenden lateinamerikanischen Staat aufgebaute Unternehmen zum Vertrieb der Markenartikel nach Ablauf des Lizenzvertrages übernehmen könne. Diese monopol- bzw. oligopolartige Marktstellung des Lizenzgebers gewähre ihm die eindeutig bessere Position in den Vertragsverhandlungen mit dem Lizenznehmer.

Das chronische Defizit der Andenstaaten an verfügbarer eigener Technologie stellt ein weiteres Problem dar. Andererseits ist aufgrund einer Orientierung an den Wettbewerbsbedingungen des Weltmarktes und der Tendenz zur Produktion hochwertiger Konsumgüter, die durch kapital- und technologieintensive und weniger durch arbeitsintensive Verfahren gekennzeichnet ist, ein steigender Technologiebedarf für den internen Verbrauch zu beobachten. Diese Faktoren führten zu einer beinahe vollständigen Abhängigkeit von den industrialisierten Staaten.[23] Damit war

---

20) Vgl. den Überblick bei Wittenzellner, S. 145f.

21) Vgl. Olivares Santibánez, S. 199 m.w.N.

22) Vgl. Olivares Santibánez, S. 199 m.w.N.

23) Vgl. Broszehl, S. 139.

verbunden eine zum Teil massive politische Einflußnahme, welche die staatliche Souveränität der betreffenden Staaten in Frage stellte.[24)]

Von den restriktiven Regelungen wurde überdies eine Verringerung der Technologietransferkosten erwartet. Sie sind aufgrund der besseren Verhandlungsposition des Technologiegebers hoch und zum Teil überhöht, obwohl ein geringer realer Transfer stattfindet, damit ist ein über Gebühr hoher Kapitalrückfluß in die Industrieländer und eine übermäßige Inanspruchnahme der nationalen Kapitalmärkte bedingt.[25)] Diese Fakten haben wiederum negative Auswirkungen auf die Zahlungsbilanzen der betreffenden Länder. Insgesamt gesehen war der Blick auf die Zahlungsbilanz - aufgrund der Devisenknappheit der lateinamerikanischen Länder - einer der Hauptgründe für den Wunsch, den Technologietransfer einzudämmen.[26)]

Da sich das Verbraucherverhalten in den lateinamerikanischen Staaten an ausländischen Vorbildern orientiert, besteht die Gefahr der Verdrängung einheimischer Erzeugnisse und der Konzentrierung der Nachfrage auf Markenprodukte ausländischer Warenzeichen, die aber wegen zu hoher Kosten nur für einen kleinen Teil der Bevölkerung erschwinglich sind.[27)] Es besteht die Möglichkeit, daß bei einseitiger Ausrichtung auf ausländische Markenartikel eine kulturelle Entfremdung der lateinamerikanischen Gesellschaft stattfindet und die Abhängigkeit zu den industrialisierten Staaten verstärkt wird.[28)]

---

24) Vgl. Broszehl, S. 1.

25) Vgl. Broszehl, S. 1.

26) Vgl. Correa, S. 20.

27) Vgl. Olivares Santibánez, S. 202 Fußn. 20. Bemerkenswert dort der Vergleich des Gebrauchs von Markenartikeln durch einen Mittelschichts-Mexikaner zu einem Mittelschichts-Amerikaner.

28) Vgl. Olivares Santibánez, S. 202.

Andererseits sprechen gewichtige Gründe gegen allzu rigorose Restriktionen:

Durch die mehr oder weniger einseitige Bevorzugung des einheimischen Vertragspartners[29)] wird die Anlage von Kapitalmitteln und der Transfer von Technologie erschwert, was den Entwicklungsbemühungen der einzelnen Ländern schaden kann.[30)] Daß solche Bedenken nicht unbegründet sind, zeigt sich in den einschlägigen Statistiken, die einen Rückgang hinsichtlich der Anzahl der abgeschlossenen Lizenzverträge verzeichnen.[31)] Potentielle Anbieter von Technologie können durch nicht marktgerechte Konditionen, übertriebenen Verwaltungsaufwand, Herabsetzung der Lizenzgebühren durch staatliche Kontrollorgane und durch die Unsicherheit über die Konsequenzen der gesetzlichen Regelungen von der Vergabe volkswirtschaftlich erwünschter Lizenzen abgeschreckt werden.[32)] Ebenso besteht die Gefahr, daß die Ablehnung von Verträgen über politisch nicht gewünschte Technologie eine Reduktion des Transfers bedingt.[33)] Das Verbot, Technologieverträge als "Vehikel für den Transfer von Gewinnanteilen" zu benützen, hat dagegen wohl geringere Auswirkungen, soweit überhaupt ein Transfer von Gewinnen möglich ist.[34)]

---

29) Vgl. Foeth, Giselher, Mexikanisches Technologierecht in der Praxis, RIW 1977, S. 461.

30) Vgl. Broszehl, S. 3.

31) Für Venezuela vgl. Statistik bei Bentata, Les Nouvelles 1985, S. 2.

Ebenso betrifft die Diskussion z.B. der Dec. 85 nicht nur juristische Aspekte, sondern auch die Frage, inwieweit seine Grundkonzeption wirklich an die Gegebenheiten des industriellen Wachstums und der entwicklungspolitischen Situation angepaßt ist. Vgl. Schwaiger, GRUR Int. 1982, S. 33.

32) Vgl. Sell, S. 122.

33) Vgl. Sell, S. 122.

34) Vgl. Sell, S. 122.

Nach Auffassung von Weigand[35] befanden sich die Andenländer Ende der 70iger Jahre in ihrer wirtschaftlichen und gesellschaftlichen Entwicklung auf einem ähnlichen Stand wie Europa im letzten Jahrhundert. Die jeweiligen rechtlichen und wirtschaftlichen Überlegungen seien daher vergleichbar. Heute aber - da die Nachteile allzu strikter Einschränkungen des Technologietransfers absehbar sind und häufig Kritik an ihnen geübt wird[36] - geht die Entwicklung der südamerikanischen Technologietransfergesetze einen eher pragmatischen Weg.

b) *Aufschlüsselung der Technologieverträge vor Erlaß der Decisionen*

Das Ziel der Decisionen war, häufig verwendete einschränkende Vertragsklauseln zu eliminieren. Man ging vor allem von folgenden Mißständen zu Lasten der Technologienehmerländer[37] aus (dargestellt am Beispiel des Patentlizenzvertrages):

Die zugrundegelegten Verträge enthielten Exportbeschränkungen,[38] Bezugsverpflichtungen[39] und andere vertragliche Beschränkungen, wie z.B. Geheimklauseln, die Vereinbarung ausländischer Gerichtsstände und Grant-back-Klauseln (Rückgewährklauseln).[40]

---

35) Vgl. Weigand, S. 97.

36) Vgl. z.B. Hurley, Deborah, National Limits to Technology Transfer, Les Nouvelles 1987, S. 52.

37) Von Wedel, Neue mexikanische Wirtschaftsgesetze, Verfassung und Recht in Übersee 1974, S. 59f., nannte den Katalog des Art. 7 des alten mexikanischen Gesetzes von 1972 "das Sündenregister der international tätigen Konzerne". Aus: Foeth, RIW 1977, S. 463, Fußn. 13.

38) Vgl. Weigand, S. 58.

39) Vgl. Weigand, S. 63.

40) Vgl. Weigand, S. 71.

Die am häufigsten vorkommende Klausel war die Exportverbotsklausel. Sie begrenzte die Produktion und den Verkauf der aufgrund des Patentes erzeugten Waren auf das jeweilige Land. Einige Verträge erlaubten nur den Export in bestimmte Nachbarländer.[41] Die Beschränkungen, die in dieser Ausprägung nur durch die wirtschaftliche Überlegenheit der Technologiegeber und ihrer Position als Eigentümer der Technologie möglich waren, "sind ein Teil der internationalen Strategie der Technologiegeberländer, die Märkte der Welt aufzuteilen".[42] Die Auswirkungen der Exportbeschränkungen sind vielfältig: Sie verhindern nicht nur den Export der aufgrund der Lizenz hergestellten Güter, sondern sie erhöhen auch die Produktionskosten, da die beabsichtigte Massenproduktion ohne Export nicht möglich ist. Die Technologie kann nicht voll genutzt werden und dies erschwert den Entwicklungsländern den Weg zum Weltmarkt, indem sie von der Entwicklung eines Exportmarktes abgehalten werden.[43]

In Bezugsverpflichtungen wurde die Zurverfügungstellung technischen Wissens an die Abnahme von Kapitalgütern oder sonstiger Produkte geknüpft (sog. tie-in-Klausel).[44] Es konnte bestimmt werden, daß diese Güter beim Lizenzgeber oder bei einem von ihm bestimmten Dritten zu erwerben waren.[45] Diese Klauseln banden den Technologienehmer nicht nur hinsichtlich des Erwerbs des Produktes, sondern auch hinsichtlich des dafür zu zahlenden Preises. Dieser war oft überhöht, vor allem dann, wenn in dem betreffenden Land bereits die Lizenzgebühr durch ein staatliches Organ festgesetzt oder kontrolliert wurde, um den vermeintlichen

---

41) Vgl. Weigand, S. 58. 81% der 1971 analysierten Verträge enthielten ein absolutes Exportverbot (bezogen auf die Andenländer Bolivien, Kolumbien, Ecuador und Peru); s. Weigand, aaO.

42) Vgl. Weigand, S. 60.

43) Vgl. zum ganzen Fragenkomplex Weigand, S. 61.

44) Vgl. Broszehl, S. 140.

45) Vgl. Weigand, S. 65 m.w.N. und Beispielen.

oder wirklich existierenden Verlust auszugleichen.[46] Solche Klauseln hatten nicht nur Auswirkungen auf den Technologienehmer, sondern auf die gesamte Marktwirtschaft des betreffenden Landes, da die Technologienehmer auf dem inländischen Markt nicht mehr als potentielle Käufer erscheinen konnten, und so aufgrund eines eingeschränkten Absatzmarktes ein Hindernis für den Aufbau einer einheimischen Industrie gegeben war.[47]

Durch Preiskontrollklauseln waren ebenfalls negative Auswirkungen zu verzeichnen. Ein Produkt, das zu einem überhöhten Preis angeboten werden muß, trägt zum einen zur Festigung der sozialen Unterschiede in dem betreffenden Land bei, zum anderen kann es den Lizenznehmer konkurrenzunfähig machen.

Die zwingende Qualitätskontrollklausel soll garantieren, daß die unter Lizenz hergestellten Produkte von bestimmter Qualität sind. Diese Klausel kann aus der Sicht des Technologiegebers legitim sein, um den Ruf "seiner" Produkte hoch zu halten, sie kann jedoch auch dazu benutzt werden, Verbote hinsichtlich Bezugsverpflichtungen zu umgehen. Eine solche Qualitätskontrollklausel wird nach Weigand[48] meistens dann vereinbart, wenn sich der Lizenzgeber sicher sei, daß zu der vereinbarten hohen Qualität der Endprodukte Zwischenprodukte importiert werden müssen, die die Entwicklungsländer selbst nicht herstellen können.

Die sog. "Geheimklausel" galt für die Zeit nach Ablauf des Vertrages und z.T. noch für die Zeit nach Ablauf des Patentes und beinhaltete die Forderung, alle technischen Informationen nach Ablauf des Vertrages

---

46) Vgl. Weigand, S. 67f. Vergleiche dazu wurden auf der Basis der Weltmarktpreise angestellt.

47) Vgl. Weigand, S. 68.

48) Vgl. Weigand, S. 70.

zurückzugeben oder das Verbot, Informationen an Dritte weiterzugeben.[49)]

Ein Großteil der Verträge enthielt die Bestimmung, daß dem Lizenzgeber von vorneherein das Recht eingeräumt wird, alle Erfindungen zu benutzen, welche der Lizenznehmer während der Laufzeit des Vertrages hinsichtlich der übertragenen Technologie machte.[50)]

Aufgrund der Vereinbarung eines ausländischen Gerichtsstandes und der Abrede, den Lizenzvertrag dem Heimatrecht des Lizenzgebers zu unterstellen, mußte der Lizenznehmer gegen den abgeschlossenen Lizenzvertrag in einem fremden Land nach einem fremden Recht gerichtlich vorgehen. Diese Klauseln waren dazu geeignet, kleinere Unternehmen von einer Klage - in der Regel am Ort des Lizenzgebers - abzuhalten.[51)]

Die Andenländer gingen in der Dec. 24 gezielt daran, den hier dargestellten Benachteiligungen abzuhelfen: Exportbeschränkungsklauseln wurden einer Kontrolle durch die staatlichen Stellen unterworfen, Bezugsverpflichtungsklauseln und Preiskontrollklauseln verboten (Art. 20 der früheren Dec. 24, jetzt Art. 24 der Dec.220) und die Vereinbarung eines ausländischen Gerichtsstandes untersagt (Art. 51 der früheren Dec. 24).[52)] Die Dec. 24 enthielt jedoch nicht nur Normen, die bestimmte restriktive Klauseln in Technologieverträgen untersagten, sondern auch Kriterien für die Bewertung der vereinbarten Gegenleistung, die dem Wert der importierten Technologie entsprechen soll (Art. 18 der früheren Dec. 24, jetzt Art. 18 der 220).[53)] Außerdem

---

49) Vgl. Weigand, S. 71.

50) Vgl. Weigand, S. 71.

51) Vgl. Weigand, S. 71. Vgl. des weiteren unten S. 226ff.

52) Im einzelnen - auch zur Regelung in der Dec. 220 - vgl. unten S. 228.

53) Vgl. Grupo Andino, Transferencia de tecnología de empresas extranjeras hacia el Grupo Andino, Lima/Perú 1979, S. 4.

zeichnete sich dort bereits die Basis für die Schaffung von Verwaltungseinrichtungen ab, die es den einzelnen Ländern ermöglichen sollten, eine gewisse Kontrolle über die Technologieverträge auszuüben, um die exzessiven Kosten durch direkte, indirekte oder "geheime" Zahlungen zu vermindern.[54)]

Die Dec. 24 und die Dec. 85 sollten dazu beitragen, eine selbständige Entwicklung der Region in Gang zu setzen, indem die Nutzungsmöglichkeiten ausländischer Technologien im Empfängerland verbessert und Anstöße zur eigenen Entwicklung gegeben wurden.[55)]

Die Förderung der internen technologischen Innovation hat auch die als Ergänzung zu den Dec. 24 und 85 abgeschlossene Dec. 84 zum Ziel. Darin verpflichten sich die Mitgliedsstaaten, Technologien subregionaler und nationaler Herkunft zu unterstützen und anzuwenden und gemeinsam bei der Auswahl, Kontrolle und Anpassung ausländischer Technologien vorzugehen, um die technologische Infrastruktur aus- und das Technologiegefälle in der Subregion abzubauen.[56)] Die weiteren darin enthaltenen Forderungen stellen - neben den schon in Dec. 24 (jetzt in Dec. 220) genannten Forderungen - Richtlinien dar, nach denen die Genehmigungsbehörden den Vertrag beurteilen.[57)] Sie beziehen sich darauf, was die Andenländer als eine angemessene zukünftige Technologiepolitik ansehen. Derartige "policies" beinhalten z.B., daß die Genehmigungsbehörde den Vertrag nach seinem entwicklungs- und devisenpolitischen Nutzen für das einzelne Land beurteilt (Art. 7 der Dec. 84),[58)] daß der Empfänger der Technologie alternative Quellen der Technologie nennen muß (Art. 8 der Dec. 84), die ebenfalls zur Verfügung stehen, wie

54) Vgl. Grupo Andino, S. 4.

55) Vgl. Broszehl, S. 141.

56) Vgl. auch Broszehl, S. 141f.

57) Vgl. Danino, Roberto, "Peru" in: Technology Transfer: Laws and Practice in Latin America, American Bar Association 1978, S. 115, 119.

58) Vgl. Cabanellas, IC Studies, S. 24.

in bestimmten Fällen die Parteien verpflichtet sind, das Technologiepaket aufzuschlüsseln (Artt. 9 und 10 der Dec. 84). Nach Auffassung von Pate[59)] enthalte die Dec. 84 jedoch keine zwingenden Richtlinien wie z.B. die Dec. 220, sondern stelle nur bestimmte Grundsätze und ein Programm für die Zukunft auf.[60)] Daher hätten zunächst die meisten Länder davon Abstand genommen, die Dec. 84 zu ratifizieren,[61)] da sie der Ansicht waren, die in der Decision enthaltenen Grundsätze und das Programm setzten nicht die Durchsetzung spezieller Normen voraus - im Gegensatz z.B. zur Dec. 85 - und brauchten deshalb nicht formell ratifiziert zu werden. Gegensätzlicher Auffassung war zunächst nur Peru,[62)] dann Venezuela, das die Dec. 84 1978 formell ratifizierte, jedoch nicht vorrangig unter dem Gesichtspunkt, die darin enthaltenen Richtlinien auszuführen, als vielmehr, um sie in eine allumfassende Technologieentwicklungspolitik einzuordnen.

3. Inhalt

a) *Dec. 220 (früher Dec. 24)*

Die Dec. 220 regelt im engeren Sinne die Übertragung und Nutzung von ausländischen gewerblichen Schutzrechten und von Know-how, seien sie nun ausschließlicher Gegenstand oder nur Teil eines Vertrages.[63)] Sie umfaßt damit den gesamten Technologietransfer,[64)] soweit ein ausländi-

---

59) Vgl. Pate, S. 108 Fußn. 4. Vgl. weiterführend aaO, S. 69ff.

60) Vgl. zum ganzen Fragenkomplex Pate, S. 108 Fußn. 4.

61) Jetzt ratifiziert in Peru, Kolumbien und Venezuela.

62) Vgl. für die gegenwärtige Auffassung Danino, Roberto und Gallo, Julio, Les Nouvelles 1987, S. 70.

63) Vgl. Broszehl, S. 138.

64) Vgl. Grützmacher, S. 49.

Technologietransfergesetze wurden außer in lateinamerikanischen Ländern (Mexiko, Argentinien, vgl. dazu unten S. 238ff. und Brasilien) z.B. in Japan, Nigeria, den Philippinen, Portugal, Spanien und Jugoslawien erlassen; vgl. Cabanellas, Guillermo,

scher Lizenzgeber beteiligt ist[65] oder wenn der Vertragsgegenstand ausländische Technologie betrifft.[66] Dabei müssen gem. Dec. 220 bestimmte verfahrensrechtliche und inhaltliche Erfordernisse erfüllt werden. Neben den restriktiven Investitions- und Lizenzvertragsregelungen nehmen die Bestimmungen über das Patent- und Warenzeichenrecht nur einen kleinen Teil ein.[67] Aufgrund der Bedeutung des Technologietransfers wuchs die frühere Dec. 24 in der Folgezeit der Gründung des Andenpaktes zu einem wesentlichen, wenn nicht dem wichtigsten Bestandteil der andinen Integrationsgemeinschaft heran.[68]

b) Dec. 85

Die Dec. 85 regelt Art und Umfang des Rechtsschutzes, den die gewerblichen Schutzrechte bei der Übertragung aus dem Ausland und im Inland beanspruchen können, also das gesamte Patent- und Warenzeichenrecht, und verwirklicht somit gezielt eine Vereinheitlichung dieser Rechtsgebiete in den Ländern des Andenpaktes.[69]

Jurisdiction Rules Under International Transfer of Technology Regulations, International Review of Industrial Property and Copyright Law 1985, S. 19, 21 Fußn. 3.

65) Vgl. Cabanellas, IC Studies, S. 16.

66) Vgl. Cabanellas, IC Studies, S. 18 m.w.N. und Danino, Roberto und Gallo, Julio, Les Nouvelles 1987, S. 72.

67) Vgl. Schwaiger, GRUR Int. 1982, S. 34.

68) Vgl. Broszehl, S. 23.

69) Vgl. Freitag, GRUR Int. 1976, S. 331.

In Art. 83 der Dec. 85 waren die Mitgliedsländer verpflichtet, die Dec. 85 innerhalb von 6 Monaten in ihre nationalen Rechtsordnungen aufzunehmen. Keines der Mitgliedsländer kam dieser Verpflichtung fristgemäß nach. Bis jetzt haben nur Ecuador, Kolumbien und Peru die Decision ratifiziert (S. unten S. 130 Fußn. 88). Der Grund dürfte zum einen Teil darin liegen, daß die Patentbehörden der einzelnen Länder organisatorisch nicht vorbereitet waren und zum anderen Teil, daß die Mitgliedsländer zu dieser Zeit wieder mehr ihre nationale Souveränität gegenüber dem Pakt betonten. Vgl. Schwaiger, GRUR Int. 1982, S. 35.

Kapitel 1 enthält Regelungen über Patente, Kapitel 2 ist Mustern und industriellen Modellen gewidmet, Kapitel 3 behandelt Warenzeichen und Kapitel 4 enthält verschiedene Regelungen ("disposiciones varias").[70)]

Die Dec. 85 ist in ihrer Ausrichtung und Handhabung als ein Instrument der Entwicklungspolitik bzw. der subregionalen Technologiepolitik zu betrachten[71)] und steht als "Kontrolle des Eigentums an technischem Wissen" innerhalb dieser Technologiepolitik[72)] neben der jetzigen Dec. 220 als "Kontrolle des Handels mit Technologie" und der Dec. 84 zum "Aufbau einer eigenen subregionalen Technologie".[73)] Die Dec. 85 ist jedoch für die Ausgestaltung z.B. des Patentlizenzvertrages selbst von untergeordneter Bedeutung, ebenso Dec. 84.[74)]

---

70) Vgl. auch Pachón Muñoz, S. 8.

71) Vgl. Schwaiger, GRUR Int. 1982, S. 33.

Die ideologische Ausrichtung der 1974 gefaßten Dec. 85 wurde grundlegend in der "Aufbruchsphase" des Andenpakts 1969 - 1971 geprägt und war von Anfang an mit den "Reizthemen" multinationale Unternehmen, Auslandsinvestitionen und Technologieabhängigkeit verknüpft. So Schwaiger, GRUR Int. 1982, S. 33. Im einzelnen zu den Zielsetzungen anhand der angeprangerten Mißstände vgl. oben S. 114ff.

72) Vgl. Schwaiger, GRUR Int. 1982, S. 33 m.w.N.

73) "Bases para la política tecnológica subregional".

74) Vgl. Grützmacher, S. 49.

4. Verhältnis der Regelungen des Andenpaktes zum nationalen Recht der Mitgliedsländer

a) Dec. 220 (früher Dec. 24[75])

Die Mitgliedsstaaten des Andenpaktes beabsichtigten keine vollständige Vereinheitlichung der nationalen Rechtsordnungen. Wegen der unterschiedlichen rechts- und wirtschaftspolitischen Standpunkte wäre dies kaum durchführbar gewesen. Es war vielmehr zunächst mit der Dec. 24 - was gleichermaßen für die jetzige Dec. 220 gilt - ein flexibler rechtlicher Rahmen[76] gewollt, der die wichtigsten Grundprinzipien regelt und dennoch Raum läßt für spezifisch nationale Regelungen.[77] Die Bestimmungen sind insofern "positiv-rechtliche Regelungen von regionaler Gültigkeit, die teils regional einheitlich anzuwendende Normen und teils Rahmenrichtlinien enthalten".[78] In den meisten Ländern wurden daher, neben der Ratifizierung der Decision, noch z.T. die frühere Dec. 24 bzw. die jetzige Dec. 220 erweiternde und verschärfende Bestimmungen in

75) Ratifiziert: In Venezuela durch "Ley aprobatoria del Acuerdo de Cartagena, del Consenso de Lima y de las decisiones 24, 37a, 40, 46, 50, 56 y 70 del Acuerdo de Cartagena", erlassen am 3. 9. 1973. In Kolumbien zunächst durch Decr. No. 1299 vom 30. Juni 1971 in Kraft gesetzt. Der Oberste Gerichtshof hob jedoch dieses Decret mit Entscheidung vom 20. 1. 1972 auf, da der nach der Verfassung erforderliche Beschluß des Parlaments fehlte. Nachdem das Parlament den Präsidenten entsprechend ermächtigt hatte, wurde die Dec. 24 durch Decr. No. 1900/73 ratifiziert; vgl. Freitag, GRUR Int. 1976, S. 330 Fußn. 16 und Caicedo Perdomo, José Joaquín, La Incorporación de las Decisiones 24 y 37 al Derecho Colombiano, Revista Camara de Comercio de Bogotá 1973, S. 41, 46ff. In Peru durch Decr. Ley No. 18900/71 vom 30. 6. 1971. In Ecuador durch Decr. Supremo No. 974 vom 30. 6. 1971. In Bolivien durch Decr. Ley No. 09798/71 vom 30. 6. 1971. Dort werden jedoch die Regelungen des Andenpaktes nicht mehr angewandt.

76) Anders ausgedrückt z.B. Goldman, S. 74 Fußn. 17: "The "Decisions" of the Andean Pact provide only the minimum common norms...".

77) Vgl. zum ganzen Fragenkomplex Broszehl, S. 24, dort zwar bezogen auf die in Dec. 24 enthaltenen Regelungen zur Behandlung ausländischer Investitionen; dies gilt jedoch so auch für Technologietransferverträge.

78) Vgl. Broszehl, S. 25.

Ausführungsgesetzen erlassen.[79)]

Ecuador ratifizierte die Dec. 220 mit Decr. No. 3049 vom 6. Juli 1987 und erließ am 28. Juli ein neues Ausführungsgesetz (Decr. No. 3095). Kolumbien konstituierte mit Res. No. 44 vom 17. Juli 1987 und mit Decr. No. 1265 vom 10. Juli 1987 Ausführungsgesetze zur Regelung ausländischer Investitionen im Hinblick auf die Dec. 220.[80)] Dagegen lehnt Bolivien die Dec. 220 ab.[81)] Dort gelte nach Auskunft der Deutsch-Bolivianischen Industrie- und Handelskammer die freie Marktwirtschaft, Bolivien werde daher die Dec. 220 bis zum Jahre 2.000 nicht befolgen. In Peru[82)] sind keine neuen Gesetze zur Umwandlung der Dec. 220 in peruanisches Recht ergangen. Die bisher geltenden Gesetze werden weiterhin angewandt. Ebenso hat in Venezuela[83)] die Dec. 220 keine Auswirkungen auf die Rechtslage, da die neuen Gesetze bereits vorher erlassen worden sind und die Dec. 220 ihre nachträgliche Sanktionierung darstellt. Die Haltung der venezolanischen Regierung gegenüber der neuen Dec. 220 ist positiv, da diese auf ihr Betreiben hin erlassen wurde. Die Dec. 220 wurde jedoch noch nicht ratifiziert.

Die rechtliche Verbindlichkeit[84)] der subregionalen Bestimmungen in den nationalen Rechtsordnungen der Mitgliedsländer ergibt sich aus der Rechtsnatur der Decisionen, die die Kommission im Rahmen der ihr durch den völkerrechtlichen Integrationsvertrag zugewiesenen Befug-

---

79) Vgl. weiterführend Pate, S. 62. Vgl. des weiteren unten S. 159ff. und S. 173ff.

80) Lediglich Art. 30 des Decr. No. 1265 betrifft die Antragstellung zur Genehmigung von Technologietransferverträgen, den Gebrauch von Warenzeichen und Patenten.

81) Vgl. oben S. 11.

82) Auskunft der Deutsch-Peruanischen Industrie- und Handelskammer vom 4. April 1988.

83) Auskunft der Deutsch-Venezolanischen Industrie- und Handelskammer vom 17. März 1988.

84) Vgl. zum ganzen Fragenkomplex Broszehl, S. 47ff.

nisse entscheidet. Sie setzt, als das höchste entscheidungsbefugte Organ des Andenpaktes, dessen allgemeine politische Linie fest und beschließt Normen, "die für die Koordinierung der Entwicklungspläne und die Harmonisierung der Wirtschaftspolitik der Mitgliedsstaaten unerläßlich sind".[85] Die Decisionen selbst stellen keine internationalen Verträge dar, sondern sind "Rechtssetzungsakte eines internationalen Organs in Ausübung einer durch den Integrationsvertrag ausdrücklich überantworteten Kompetenz. Sie sind Bestandteil des internationalen Rechts."[86] Der nationale Gesetzgebungsvorbehalt der einzelnen Länder wird dadurch nicht aufgehoben, die Mitgliedsstaaten sind lediglich verpflichtet, die Decisionen zur Anwendung zu bringen, wobei das Abkommen von Cartagena keine Vorschriften enthält, wie die Beschlüsse in die nationalen Rechtsordnungen aufzunehmen sind.[87] Zu einer Regelung, welche die Rechte und Pflichten aus den Beschlüssen der Kommission direkt begründet, konnten sich die Andenstaaten angesichts der dann weitgehenden Aufgabe ihrer nationalen Souveränität nicht durchringen.

---

85) Art. 7 a) und b) des Acuerdo de Cartagena. Vgl. Broszehl, S. 48. Das Protocolo de Quito änderte daran nichts.

86) Vgl. Broszehl, S. 48.

87) Dec. 24, Übergangsbestimung Art. A, bestimmte hier lediglich, daß die Regelung dann in Kraft tritt, wenn alle Mitgliedsstaaten die Ratifizierungsurkunden bei der Junta hinterlegt haben. Vgl. Broszehl, S. 49. Vgl. auch Morales Paul, Isidro, La aplicación del derecho comunitario por el juez nacional, Derecho de la Integración März 1974 (15), S. 23, 26.

b) *Dec. 85*[88)]

Auch die Dec. 85 regelt nicht den gesamten gewerblichen Rechtsschutz. Art. 84 bestimmt, daß die nationalen Gesetze dann anzuwenden sind, wenn die Decision eine bestimmte Materie ("asunto") des gewerblichen Eigentums nicht anspricht.[89)] Diese Aussage gilt für den Fall, daß ein Punkt überhaupt nicht in der Decision erwähnt wurde, wie z.B. Bestimmungen über Handelsname und Firma,[90)] Schutz des Know-how,[91)] für Regelungen, die die Dec. 85 ausdrücklich in die Kompetenz der Mitgliedsstaaten stellt, seien sie materieller oder verfahrensrechtlicher Natur, und für im Beschluß nicht geregelte Verfahrensfragen sowie die Zulässigkeit von Rechtsmitteln.[92)] Der hier dargestellte Grundsatz gelte nach Pachon Muñoz[93)] gleichwohl, soweit ein Punkt in der Dec. 85 angespro-

88) Ratifiziert: In Venezuela nicht ratifiziert. In Kolumbien durch Decr. No. 1190/78 vom 26. 6. 1978. In Peru durch Decr. Ley No. 22532/79 vom 15. 5. 1979. In Ecuador durch Decr. Supremo 1257/77 vom 10. 3. 1977. In Bolivien durch Decr. Ley No. 19183. Dieses Gesetz war durch die Militärregierung erlassen worden. Nach Einsetzung einer demokratisch legitimierten Regierung war bis 1985 noch nicht über das Schicksal der Militärgesetze entschieden worden; vgl. Grützmacher, S. 72f. Die Dec. 85 wird jedoch nach sämtlichen Darstellungen, vgl. z.B. Organisación Mundial de la Propiedad Industrial (OMPI), Situación de la Propiedad Industrial en los países de América Latina, Genf 1981, S. 81 (zit. OMPI) und Obligado & Cia. Lda., Brevets, Marques et Dessin Industriels en Amérique Centrale et du Sud, Buenos Aires/Argentinien 1986, S. 35 (zit. Obligado) nicht mehr angewendet.

89) Vgl. dazu Olivares Santibánez, S. 15 und Schwaiger, GRUR Int. 1982, S. 39.

90) Zur Regelung im kolumbianischen und peruanischen Recht vgl. Schwaiger, GRUR Int. 1982, S. 39.

91) Zur Regelung im peruanischen Recht vgl. Schwaiger, GRUR Int. 1982, S. 39.

92) Vgl. Schwaiger, GRUR Int. 1982, S. 39.

93) Vgl. Pachón Muñoz, S. 6.

Pachón Muñoz ging im Vergleich zu dieser nun relativ "einfachen" Lösung in der 2. Auflage seines Buches in der 1. Auflage (S. 8) davon aus, daß Zweifel über die Weitergeltung des nationalen Rechts dann auftreten könnten, wenn die Regelung in der Decision unvollständig sei, wie z.B. im Falle der Verbandsmarken ("marca colectiva"). Hier stellte s.E. die Dec. 85 lediglich fest, daß diese eintragbar seien, regelte jedoch weder ihre Nutzung noch weitere Details. Nach seiner Auffassung waren damit die Verbandsmarken in der Dec. 85 nicht geregelt worden, weil der Gesetzgeber der Ansicht war, daß darauf die allgemeinen Regelungen über Marken anwendbar seien. Der Zweck von Verbandsmarken sei jedoch ein anderer und daher

chen wurde, wenn die dortige Regelung weniger streng sei als die dazugehörige nationale Regelung.

Zum Verhältnis der Regelungen des Andenpaktes zu den nationalen Regelungen der Mitgliedsländer kann festgestellt werden, daß trotz aller Bemühungen zur Vereinheitlichung der Rechtsmaterie "drei Klassen" von Normen auf Technologietransfer- und Lizenzverträge anwendbar sind:[94)]

- die Regelungen der Dec. 24 bzw. 220 und 85 des Andenpaktes
- die nationale Gesetzgebung hinsichtlich nicht durch Art. 85 geregelter Materien
- die nationale Gesetzgebung in einigen Aspekten, soweit die Dec. 85 darauf verweist, z.B. Art. 66 der Dec. 85.

---

würden eigene Regeln für ihre Nutzung benötigt. Deshalb seien in diesem Punkt weiterhin die nationalen Gesetze anwendbar. Vgl. ebenso, jedoch ohne weitere Begründung: Cavelier, German, Leyes vigentes sobre Propiedad Industrial, Bogotá/ Kolumbien 1980, S. 52.

94) Vgl. Pachón Muñoz, S. 5ff.

II. Beschränkung der Privatautonomie beim Abschluß von Patent- und Warenzeichenlizenzverträgen mit Vertragspartnern aus Andenstaaten im Vergleich zum deutschen Recht

1. Charakter der Regelungen

Die einschlägigen gesetzlichen Bestimmungen können allgemein in drei Kategorien eingeteilt werden:[95]

- einfache Regelungen, die zwar Lizenzverträge im Gesetz regeln, aber keine einschneidenden Bestimmungen enthalten,
- restriktive Regelungen,
- prohibitive Regelungen.

Einfache Regelungen sind in den Ländern des Andenpaktes, in Mexiko oder Argentinien nicht zu finden.[96]

Die Regelungen des Andenpaktes sind restriktiver Natur,[97] da sie Lizenzen aus dem Ausland nicht generell untersagen, sie jedoch gewissen Einschränkungen unterwerfen. Art. 18 der Dec. 220 sieht beispielsweise vor, daß Verträge über den Import von Technologie und über Patente und Marken der zuständigen einheimischen Behörde zur Prüfung und

---

95) Vgl. zum ganzen Fragenkomplex Freitag, GRUR Int. 1976, S. 329ff. Dort werden nur Warenzeichenlizenzen aufgeführt, die Feststellungen gelten jedoch wohl auch für Patentlizenzverträge.

96) 1976 nur noch in Zentralamerika, so in Costa Rica, Guatemala, Honduras, Nicaragua und El Salvador. Vgl. Freitag, GRUR Int. 1976, S. 329.

97) Hier ist erwähnenswert, daß bis in die 60iger Jahre keine besondere Regelung hinsichtlich des Technologietransfers in Andenländer existierte; vgl. Olivares Santibánez, S. 202 Fußn. 22.

Genehmigung vorzulegen sind und Art. 24 bestimmt, welche Klauseln in Warenzeichenlizenzverträgen nicht enthalten sein dürfen.[98)]

Prohibitive Regelungen - erlassen unter der Überlegung, "daß neben den ausländischen Patenten auch die Benutzung ausländischer Marken die eigene wirtschaftliche Entwicklung hemmen und die Abhängigkeit von den Industrieländern verstärken kann"[99)] - existierten in Ansätzen z.B. in Mexiko. Dort schrieb Art. 128 des Erfindungs- und Warenzeichengesetzes[100)] vor, daß ein Warenzeichenlizenzvertrag, der sich auf ein Zeichen bezog, das ursprünglich im Ausland registriert war oder dessen Inhaber ein Ausländer war, die Verpflichtung enthalten mußte, daß das Zeichen zusammen mit einem ursprünglich in Mexiko und für den Lizenznehmer eingetragenen Warenzeichen benutzt wurde.[101)] Zusätzlich bestimmte Art. 127 dieses Gesetzes, daß generell ein Warenzeichen ausländischen Ursprungs oder dessen Inhaber ein Ausländer war, für in Mexiko hergestellte Produkte nur zusammen mit einem Zeichen benutzt werden durfte, das ursprünglich in Mexiko eingetragen war. Nach der neuesten Änderung des Patent- und Warenzeichengesetzes vom 19. 1. 1987 gelten diese Vorschriften nicht mehr.[102)]

Solche hier kurz dargestellten, wohl als prohibitiv zu bezeichnende Regelungen waren Gegenstand eines Entwurfs zur Dec. 85 des Andenpaktes. Es wurde dort in Artt. 53 und 54 vorgeschlagen, ab dem 1. Jan.

---

98) Vgl. im einzelnen unten S. 172.

99) Vgl. Freitag, GRUR Int. 1976, S. 332.

100) Erfindungs- und Warenzeichengesetz vom 30. Dez. 1975. Weiterhin relevant für Mexiko ist das Technologie-Transfer-Gesetz vom 10. Febr. 1982, welches das frühere Technologieübertragungsgesetz (TÜG) vom 28. Dez. 1972 zur Gänze aufhob. Artt. 127 und 128 des Erfindungs- und Warenzeichengesetzes galten jedoch zunächst weiter; vgl. Frisch Philipp und Moser, RIW 1982, S. 622.

101) Vgl. Freitag, GRUR Int. 1976, S. 332.

102) Abgedruckt in Revista del Derecho Industrial 1987 (26-27), S. 515. Vgl. Aktuelle Informationen, Mexiko - Neue patent- und markenrechtliche Vorschriften in Kraft, GRUR Int. 1987, S. 202 und Delgado, Jaime, Amendments in Mexico affect Licensing, Les Nouvelles 1987, S. 115ff.

1977 die Benutzung von Marken ausländischen Ursprungs zu verbieten, wobei darunter solche verstanden wurden, die vorher für dieselben Waren im Ausland benutzt worden waren. Dieser Vorschlag ging jedoch einigen Ländern zu weit, so daß die Regelungen nicht in den endgültigen Text aufgenommen wurden.[103)]

2. Beschränkung der Privatautonomie bezüglich des Objekts des Vertrages

Die Beschränkungen des Vertragsobjekts[104)] ergeben sich in der Regel nicht aus den eigentlichen Technologietransfergesetzen, wie der Dec. 220, dem mexikanischen und argentinischen Technologietransfergesetz, sondern aus den Warenzeichen- und Patentgesetzen bzw. aus der Dec. 85. Eine Umgehung der gesetzlichen Erfordernisse für ein Patent oder Warenzeichen führt zur Nichtigkeit des Lizenzvertrages, da er auf eine rechtlich nicht erlaubte bzw. unmögliche Leistung gerichtet ist.[105)]

Ein gewerbliches Schutzrecht kann zwar grundsätzlich Objekt eines Lizenzvertrages sein, ohne daß es zuvor in das nationale Patent- oder Warenzeichenregister eingetragen wurde, ist aber dann vor Miß- bzw. Gebrauch durch Dritte nicht geschützt. Für den Lizenzparteien - so Pate[106)] könne sich in diesem Fall - wenn überhaupt - ein Schutz nur aus dem Vertrag ergeben. Einer solchen Konstellation wirken jedoch die nationalen Verwaltungsbehörden dadurch entgegen, daß sie für die Genehmigung und Registrierung des Warenzeichenlizenzvertrages verlangen,

---

103) Vgl. zum ganzen Fragenkomplex Freitag, GRUR Int. 1976, S. 332.

104) Vgl. Vailanti, Revista del Derecho Industrial 1986 (24), S. 461: "... al delimitarse la tecnología por medio de la patente, se está delimitando el objeto del contrato."

105) Vgl. z.B. Art. 1155 des venezolanischen Código Civil: "El objeto del contrato debe ser posible,..." und Artt. 1724 und 1725 des ecuadorianischen Código Civil.

106) Vgl. Pate, S. 73. Vgl. weiterführend aaO, S. 111.

daß die Eintragung des Warenzeichens im entsprechenden Register wenigstens beantragt wurde,[107] anderenfalls führen sie die Genehmigung und Registrierung des Vertrages nicht durch. Ein nicht genehmigter und eingetragener Vertrag ist nichtig, kann gerichtlich nicht durchgesetzt werden und bietet daher keinen Schutz.[108]

Die Vorschriften des gewerblichen Rechtsschutzes bilden zusammen mit den Technologietransfergesetzen und den Bestimmungen über die Besteuerung und die Überweisung der Tantiemen den rechtlichen Rahmen für den Technologietransfer.[109]

Die Gründe, die die Andenländer für die Einschränkung des Patent- oder Warenzeichenschutzes in den jeweiligen Gesetzen angeben, spiegeln deutlich ihre Bedenken gegenüber dem Technologietransfer wider. Eine genaue Betrachtung ist daher nicht nur vom juristischem Standpunkt aus, sondern auch unter wirtschaftspolitischen Aspekten interessant.

a) *Warenzeichenlizenzverträge*

aa) Allgemeine Überlegungen zum Markenschutz im deutschen und im südamerikanischen Recht

Im deutschen Recht werden die vielfältigen Wirkungen, die ein Warenzeichen im Rechtsverkehr haben kann, objektiv nach ihren tatsächlichen Funktionen zu erfassen versucht. Man mißt der Marke Unterscheidungs-, Herkunfts-, Garantie-, Werbe-, Monopolisierungs- und Schutzfunktion zu.[110] Als die wichtigsten wirtschaftlichen und rechtlich geschützten

---

107) Vgl. Brown, Richard Nicholas und Leiseca, Sergio A., Role of Siex in Venezuela, Les Nouvelles 1987, S. 29.

108) Vgl. Brown, Richard Nicholas und Leiseca, Sergio A., Les Nouvelles 1987, S. 30.

109) Vgl. Danino, Roberto und Gallo, Julio, Les Nouvelles 1987, S. 69.

110) Vgl. dazu und zu den Funktionslehren Baumbach-Hefermehl, Warenzeichenrecht und Internationales Wettbewerbs- und Zeichenrecht, 12. Auflage, München 1985, Rdnr. 9 Einl. zum WZG und Beier, Friedrich-Karl und Krieger, Ulrich, Wirtschaftliche Bedeutung, Funktionen und Zweck der Marke, GRUR Int. 1976, S. 125, 126 ff.

Funktionen werden im deutschen Recht die Unterscheidungsfunktion, die Herkunftsfunktion, die Vertrauensfunktion ("Garantiefunktion") und die Werbefunktion angesehen.[111)]

Diese Funktionen gelten auch für den südamerikanischen Rechtskreis. Es zeigt sich aber, daß sich zudem die Vorbehalte gegen den Technologietransfer in den lateinamerikanischen Warenzeichenrechten niedergeschlagen haben. Die UNCTAD als Wortführer der Entwicklungsländer betrachtet die Marke - wie das Patent - "als ein Instrument der Industrieländer zur Beherrschung und Ausbeutung ihrer Absatzmärkte in den Entwicklungsländern und stellt jeden positiven Nutzen des gegenwärtigen Markenschutzsystems für die Entwicklung von Industrie und Handel (...) in Frage."[112)]

Die Vorschriften des lateinamerikanischen Markenrechts sind nach Auffassung von Aracama Zorraquin[113)] in dreifacher Weise geeignet, das System des Schutzes von Warenzeichen auszuhöhlen:

Sie zielten darauf hin, den Gebrauch bestimmter Zeichen als Warenzeichen zu verbieten, sie begrenzten den Schutzumfang von Warenzeichen und sie beabsichtigten, den Gebrauch ausländischer Warenzeichen einzuschränken. So seien - als Beispiel für die Einschränkung der Schutzfähigkeit - in Argentinien, Chile und Kolumbien Warenzeichen verboten, die aus Verbindungen von Buchstaben und Zahlen bestehen und zur Kennzeichnung pharmazeutischer Produkte dienten. Eine Beschränkung des Gebrauchs von Warenzeichen ausländischer Herkunft habe im Andenpakt insofern vorgelegen, als Art. 24 der früheren Dec. 24 den Mitgliedsstaaten gestattete, auf Empfehlung der Kommission Erzeugnisse mit bestimmten Abgaben zu belegen, die Warenzeichen ausländischen Ursprungs trugen, wenn für diese Warenzeichen Lizenzgebühren zu zahlen waren und zur Herstellung der Ware allgemein

---

111) Vgl. Baumbach-Hefermehl, Rdnr. 10 ff. Einl. zum WZG.

112) Vgl. Beier, Friedrich-Karl und Krieger, GRUR Int. 1976, S. 125.

113) Vgl. zum ganzen Fragenkomplex Aracama Zorraquin, GRUR Int. 1976, S. 56.

bekannte oder leicht zugängliche Technologie verwendet wurde.[114] Der Schutzumfang für Warenzeichenrechte werde z.B. durch Art. 75 der Dec. 85 eingeschränkt, worin bestimmt wird, daß der Inhaber einer eingetragenen Marke nicht berechtigt ist, die Einfuhr von Waren zu verbieten, welche dieselbe Marke tragen und aus einem anderen Mitgliedsland stammen. Insoweit sei es ist nur erforderlich, daß die Waren mit einem deutlichen Hinweis auf das Herstellungsland gekennzeichnet sind. Die Unterscheidung von anderen Produkten werde damit nicht durch das Warenzeichen selbst vorgenommen, sondern durch die Herkunftsangabe. Dadurch werde die Eigenschaft des Warenzeichens als unterscheidungsfähiges Zeichen beeinträchtigt und einer Markenpiraterie Vorschub geleistet. Art. 75 der Dec. 85 enthält die einschneidendste Beschränkung des Warenzeichenrechts in den Andenstaaten. Die Verfasser der Dec. 85 versuchten damit, das Problem der Territorialität des Warenzeichens zu lösen und den freien Warenverkehr zwischen den Mitgliedsländern zu erleichtern.

Diese Tendenzen werden nach Aracama Zorraquin[115] verständlich, wenn man den technischen, wirtschaftlichen, sozialen und politischen Hintergrund der Vorschriften betrachtet. Die z.T. schon oben aufgeführten Argumente sollen hier noch einmal kurz beleuchtet werden: Unter dem technischen Aspekt geht man davon aus, daß die bloße Übertragung von Warenzeichen nicht zu einem Technologietransfer führe,[116] und daß daher kein Bedürfnis bestehe, den Gebrauch ausländischer Warenzeichen zu fördern. Unter dem wirtschaftlichen Aspekt weist man auf die Monopolstellung der ausländischen Unternehmen vor allem im Bereich der Pharma-, Kosmetik- und Verbrauchsgüterindustrie hin, aber auch auf die Vorteile hinsichtlich der Markterschließungskosten, die ein ausländisches Unternehmen dadurch erlange, daß es die Produkte nicht selbst importiere bzw. durch eine Tochterfirma herstellen lasse, sondern Lizenzen vergebe, was wiederum zu unnötigen Zahlungen ins Ausland führe. In sozia-

---

114) Die neue Dec. 220 enthält diese Vorschrift nicht mehr.

115) Vgl. zum ganzen Fragenkomplex Aracama Zorraquin, GRUR Int. 1976, S. 58.

116) Vgl. oben S. 40.

ler Hinsicht seien Auswirkungen auf das Verbraucherverhalten der lateinamerikanischen Gesellschaft anzunehmen. Politische Auswirkungen habe die Benutzung ausländischer Warenzeichen schließlich in der kulturellen Entfremdung der lateinamerikanischen Gesellschaft und in ihrer Abhängigkeit von ausländischen Staaten.

Dieser eindeutige Schutzcharakter des Warenzeichenrechts zugunsten der einheimischen Wirtschaft ist dem deutschen Recht fremd.

bb) Eintragungsfähigkeit und Schutzdauer von Warenzeichen im deutschen Recht

Gem. § 1 Abs. 1 WZG kann ein Warenzeichen eintragen lassen, "wer sich in seinem Geschäftsbetrieb zur Unterscheidung seiner Waren von den Waren anderer eines Warenzeichens bedienen will".[117)]

Dienstleistungsmarken werden geschützt. Inbegriffen sind die Handelsmarken, da unter den Begriff Ware grundsätzlich jedes Erzeugnis fällt, das Gegenstand des Handelsverkehrs sein kann. Der markenrechtliche Warenbegriff beschränkt sich, wie der handelsrechtliche, auf bewegliche körperliche Sachen. "Diese müssen, wie es in der Begründung zum WZG 1894 (Bl 94/95, 25/28) hieß, aus einem auf Gewinn abzielenden Unternehmen im Bereich der Gütererzeugung oder des Handels in den wirtschaftlichen Verkehr gebracht werden."[118)] Auditive Zeichen sind nicht schutzfähig. [119)]

Neben diesen allgemeinen Voraussetzungen kennt das deutsche Recht Einschränkungen hinsichtlich der Eintragungsfähigkeit von Waren-

---

117) Zu den Definitionen der einzelnen Voraussetzungen vgl. Baumbach-Hefermehl, § 1 WZG Rdnr. 3 ff.

118) Vgl. Baumbach-Hefermehl, § 1 WZG Rdnr. 20.

119) Vgl. Baumbach-Hefermehl, § 1 WZG Rdnr. 67.

zeichen. Die absoluten Versagungsgründe, die ein Zeichen von der Eintragung ausschließen, sind - neben den Freizeichen[120] in § 4 Abs. 1 WZG - in dessen Abs. 2 aufgezählt.

Die Versagungsgründe entsprechen in ihren Kernpunkten den Regelungen des Andenpaktes in Art. 58 der Dec. 85.[121] Erschwerende Umstände sind nicht festzustellen. Im deutschen Recht fehlen jedoch Normen, die dem Art. 75 der Dec. 85 entsprechen, wonach der Inhaber einer Marke sich der Einfuhr und dem Vertrieb von Waren und Produkten aus einem anderen Mitgliedsland, die dieselbe Marke tragen, nicht widersetzen kann, bzw. Vorschriften (wie in Art. 24 der früheren Dec. 24), nach welchen für ausländische Warenzeichen ein zusätzliche Gebühr verlangt werden konnte.

§ 4 WZG zählt die absoluten Versagungsgründe nicht erschöpfend auf, ebenso gelten sie, wie Abs. 3 zeigt, nicht ausnahmslos. Aus zweiseitigen Herkunftsabkommen und aus anderen Rechtsvorschriften können sich weitere Versagungsgründe ergeben.[122]

Gem. § 9 Abs. 1 WZG dauert der Schutz des eingetragenen Zeichens 10 Jahre. Jedoch kann gem. § 9 Abs. 2 WZG die Schutzdauer um jeweils 10 Jahre verlängert werden, so daß im deutschen Recht ein permanenter Markenschutz erreicht wird.

---

120) Zur Definition vgl. Baumbach-Hefermehl, § 4 WZG Rdnr. 5: "Freizeichen sind Zeichen, die zunächst die Eignung besaßen, auf die Herkunft einer Ware aus einem bestimmten Betrieb hinzuweisen, diese Eignung jedoch dadurch eingebüßt haben, daß sie von einer größeren Anzahl von Unternehmen, die in keinerlei Beziehung zueinander stehen, für bestimmte Waren oder Warengruppen allgemein gebraucht wurden. Dieser tatsächliche Zustand schließt den Zeichenschutz aus."

121) Vgl. unten S. 140ff.

122) Vgl. dazu Baumbach-Hefermehl, § 4 WZG Rdnr. 2. Z.B. dürfen nach dem Gesetz vom 22. 3. 1902 Zeichen nicht eingetragen werden, die das Genfer Neutralitätszeichen (rotes Kreuz auf weißem Grund) oder die Worte "Rotes Kreuz" verwenden. Ebenso enthalten das Lebensmittelrecht, vor allem das Weinrecht, sowie andere Gesetze Kennzeichnungsvorschriften, welche den Gebrauch bestimmter Bezeichnungen verbieten oder von bestimmten Voraussetzungen abhängig machen; vgl. dazu Baumbach-Hefermehl, aaO.

cc) Eintragungsfähigkeit und Schutzdauer von Warenzeichen im Recht des Andenpaktes

Die Eintragungsfähigkeit von Warenzeichen ist in Artt. 56 und 58 der Dec. 85 geregelt.[123] Nach Art. 56 kann als Fabrik- oder Dienstleistungsmarke ein Zeichen eingetragen werden, soweit es neu, sichtbar und unterscheidungsfähig ist.[124] Die Dec. 85 folgt hier dem traditionellen Standpunkt - der ebenfalls im deutschen Recht gilt -, wonach auditive Zeichen ("Hörzeichen") nicht schützbar sind.[125] Umstritten ist, ob neben den Fabrik- und den Dienstleistungsmarken Handelsmarken durch die Dec. 85 anerkannt werden.[126] Nach Darstellung von Olivares Santibánez[127] sei - wie im deutschen Recht - davon auszugehen, daß Handelsmarken geschützt werden, da alle Mitgliedsländer in ihren nationalen Gesetzen und in der internationalen Praxis Handelsmarken anerkennen und die Beratungen der Kommission über die Annahme der Dec. 85 nicht auf eine geplante Abschaffung der Handelsmarken hindeuteten.

Nach Art. 58 sind folgende Zeichen als Marken nicht eintragungsfähig:[128]

lit.a) soweit sie gegen die guten Sitten oder die öffentliche Ordnung verstoßen oder die Handelskreise oder das Ver-

---

123) Vgl. zum ganzen Fragenkomplex Olivares Santibánez, S. 16ff. Ebenso zur Übersetzung der entsprechenden Normen.

124) Vgl. weiterführend auch Pachón Muñoz, S. 99f.

125) Vgl. Olivares Santibánez, S. 17 m.w.N.

126) Vgl. zu den verschiedenen Meinungen Olivares Santibánez, S. 16 m.w.N.

127) Vgl. Olivares Santibánez, S. 16.

128) Bei Olivares Santibánez unterteilt in nicht unterscheidungsfähige Zeichen (*lit.* b, c, d), verwechselbare Zeichen (*lit.* f, g, j) und nichtgesetzmäßige Zeichen (*lit.* a, e, h, i, k). Vgl. auch Pachón Muñoz, S. 100ff.

braucherpublikum über die Natur, die Herkunft, die Art der Herstellung, die Eigenschaften oder die Eignung für den Gebrauch der einzelnen Erzeugnisse oder Dienstleistungen irreführen können,

lit.b) die gebräuchlichen oder notwendigen Formen, Ausmaße und Farben von Erzeugnissen,

lit.c) beschreibende Angaben und Gattungsbezeichnungen in jeder Sprache sowie die Zeichen, die zur Bezeichnung der Art, Güte, Menge, Bestimmung des Wertes oder der Zeit der Herstellung der Erzeugnisse oder der Dienstleistung gebraucht werden und deren Entsprechungen in anderen Sprachen,

lit.d) Wörter, die in der Umgangsprache oder im Handelsbrauch der Mitgliedsstaaten zu einer gebräuchlichen Bezeichnung der betreffenden Erzeugnisse oder Dienstleistungen geworden sind und deren Entsprechungen in anderen Sprachen,

lit.e) Zeichen, die ohne Erlaubnis Wappen, Fahnen und andere Embleme und Bezeichnungen eines Staates oder einer internationalen intergouvernamentalen Organisation oder eines internationalen Abkommens wiedergeben oder nachahmen,

lit.f) Zeichen, die mit für einen Dritten bereits eingetragenen oder früher angemeldeten oder einer später unter wirksamer Inanspruchnahme einer Priorität angemeldeten Marke für Erzeugnisse oder Dienstleistungen derselben Klasse zu verwechseln sind,

lit.g) Zeichen, die mit anderen notorisch bekannten oder im Inland oder Ausland für gleiche oder ähnliche Erzeugnisse oder Dienstleistungen eingetragenen Marken zu verwechseln sind,

lit.h) Namen, Pseudonyme, Unterschriften oder Bilder lebender Personen und historische Namen. Dies gilt dann nicht, soweit es sich um eine natürliche Person handelt, die die Eintragung ihres eigenen Namens beantragt, sofern sich dieser in einer so eigentümlichen und unterschiedlichen Weise darstellt, die es erlaubt, ihn von dem in gleicher Weise von anderen Personen verwendeten Namen zu unterscheiden, *lit.i)* Namen, Zeichen oder Bezeichnungen, die eine Verbindung zu lebenden oder toten Personen, Institutionen, Glaubensgemeinschaften, Ortschaften oder nationalen Symbolen nahelegen oder diese verächtlich oder lächerlich zu machen geeignet sind,

lit.j) die Übersetzung von in einer anderen Sprache eingetragenen Marken oder von notorisch bekannten ausländischen Marken, wenn der Antrag durch Nichtberechtigte ergeht,

lit.k) die Übersetzung von nicht eintragungsfähigen Wörtern in andere Sprachen.

Nach den Artt. 69 und 70 der Dec. 85 erfolgt die Eintragung eines Warenzeichens lediglich für die Schutzdauer von fünf Jahren. Nach dieser Frist erlischt das Warenzeichen, falls nicht rechtzeitig seine Erneuerung beantragt wurde. Da wiederholte Erneuerungen möglich sind, wird - wie im deutschen Recht - ein dauernder Schutz des Warenzeichens erreicht. [129)]

dd) Nationale Regelungen der Mitgliedsländer[130)]

Die oben genannte Auflistung gilt kraft Ratifizierung der Dec. 85 in Ecuador, Kolumbien und Peru.

---

129) Vgl. Olivares Santibánez, S. 21f. und Correa, Carlos, El derecho de marcas en América Latina, Derecho de la Integración März 1978 (27), S. 35, 42.

130) Vgl. den Überblick bei Wittenzellner, S. 14ff.

Venezuela

In Venezuela[131] findet sich die Regelung des Warenzeichenrechts in dem Gesetz über gewerbliches Eigentum vom 2. Sept. 1955. Art. 27 definiert das Warenzeichen und in Art. 33 sind die Wirksamkeitsvoraussetzungen geregelt. Gem. Art. 30 sind Warenzeichen nach ihrer Eintragung für einen Zeitraum von 15 Jahren geschützt. Sie können ohne Einschränkung für jeweils weitere 15 Jahre verlängert werden, Art. 31.[132]

Kolumbien

Kolumbien[133] hat die Dec. 85 ratifiziert. Schutzfähig sind Produkt-, Dienstleistungs- und Kollektivwarenzeichen einschließlich Werbeslogans, Artt. 56 und 57 der Dec. 85 und Art. 583 No. 1, 2, 3 und Art. 584 Código de Comercio.[134]

---

131) Vgl. OMPI, S. 421f. und Olivares Santibánez, S. 174 ff. Vgl. auch Obligado, S. 157.

132) Vgl. OMPI, S. 422.

133) Vgl. OMPI, S. 137f. und Olivares Santibánez, S. 107ff. Vgl. auch Obligado, S. 65f.

134) Vgl. OMPI, S. 137.

Peru

Peru[135] hat die Dec. 85 ratifiziert. Daneben gelten die Regelungen des Decreto Ley 18350 "Ley General de Industrias"[136] und des Decreto Supremo 001-71-IC/DS "Reglamento de la Ley General de Industrias"[137].

Ecuador

Ecuador[138] hat die Dec. 85 ratifiziert. In Art. 6 des Ley de Marcas de Fabrica vom 18. September 1961 sind die Versagungsgründe explizit aufgezählt. Gem. Art. 30 des Ley de Marcas de Fabrica ist die Eintragung des Warenzeichens für 20 Jahre gültig und kann jeweils für 15 Jahre verlängert werden.

Bolivien

In Bolivien[139] sind Produkt-, Dienstleistungs- und Kollektivmarken geschützt (Artt. 1 und 6 Ley de Marcas vom 8. Januar 1918[140]; Art. 5 des Decr. Supremo No. 7255 vom 21. Juli 1965). Die Eintragungsdauer

---

135) Vgl. OMPI, S. 357f. und Olivares Santibánez, S. 157ff. Vgl. auch Obligado, S. 120.

136) Erlassen am 27. Juli 1970, abgeändert durch Decreto Ley 19262 vom 6. Januar 1972. Dieses wiederum abgeändert durch Decreto Ley 23407 vom 28. Mai 1982; vgl. Wittenzellner, S. 17.

137) Erlassen am 25. Jan. 1971. Modifiziert am 28. Nov. 1975. Vgl. Obligado, S. 120.

138) Vgl. OMPI, S. 215f. und Olivares Santibánez, S. 78ff.

139) Vgl. OMPI, S. 84f. und Olivares Santibánez, S. 45ff. Vgl. auch Obligado, S. 36f.

140) Vgl. Schwaiger, Peter, Die Länder des Andenpakts in: Handbuch des Ausstattungsrechts, Der Schutz der nichteingetragenen Marke und Ausstattung im In- und Ausland, Festgabe für Friedrich-Karl Beier zum 60. Geburtstag, Weinheim 1986, S. 81, 86.

beträgt 10 Jahre (Art. 9 Ley de Marcas) und kann ohne Einschränkung für weitere 10 Jahre verlängert werden. Die Dec. 85 wird in Boliven nicht mehr angewandt.[141]

b) *Patentlizenzverträge*

aa) Allgemeine Überlegungen zur Einschränkung des Patentschutzes im deutschen und im südamerikanischen Recht

Im Gegensatz zu den bereits ausführlich dargestellten Überlegungen[142] der Andenländer hinsichtlich der Einschränkung des Patentschutzes ist das deutsche Patentrecht nicht an solche Überlegungen gebunden, es ist wertneutral[143] und ein Instrument der freien Marktwirtschaft.[144] Man versucht, angesichts der Masse der zu bewältigenden Anmeldungen möglichst objektive, einheitliche Bewertungsmaßstäbe anzulegen.

bb) Eintragungsfähigkeit und Schutzdauer von Patenten im deutschen Recht

Im deutschen Recht bestimmt sich die Patentfähigkeit von Erfindungen nach § 1 PatG. Patente werden für Erfindungen erteilt, die neu (§ 3 PatG) sind, auf einer erfinderischen Tätigkeit (§ 4 PatG) beruhen und gewerblich (§ 5 Abs. 1 PatG) anwendbar sind.

---

141) Vgl. oben S. 130 Fußn. 88.

142) Vgl. schon oben S. 114ff.

143) Vgl. zum ganzen Fragenkomplex Weigand, S. 101.

144) Vgl. Beier, Karl-Friedrich, Staatliche Innovationsförderung und Patentsystem, GRUR Int. 1982, S. 77, 78.

§ 5 Abs. 2 PatG regelt Erfindungen, die nicht patentfähig sind. Nach § 2 PatG[145)] sind zudem von der Patentfähigkeit ausgenommen Erfindungen, deren Veröffentlichung und Verwertung gegen die öffentliche Ordnung oder die guten Sitten verstoßen würde, Pflanzensorten oder Tierarten, sowie im wesentlichen biologische Verfahren zur Züchtung von Pflanzen oder Tieren.[146)]

Arzneimittel sind im deutschen Recht wie jeder chemische Stoff patentfähig.[147)] Ein Patent kann erteilt werden für einen neuen Stoff als solchen, für einen an sich bekannten Stoff, soweit er erstmalig als Arzneimittel angewendet wird, für dessen Herstellungsverfahren mit dem Erzeugnisschutz gem. § 9 Nr. 2 PatG und für die Anwendung eines neuen Stoffes zum Zwecke der Bekämpfung einer Krankheit. Diagnostizierverfahren und Heilverfahren gelten gem. § 5 Abs. 2 Satz 1 PatG nicht als gewerblich anwendbare Erfindungen, soweit es sich nicht um Stoffe handelt, die in einem der genannten Verfahren angewandt werden (§ 5 Abs. 2 Satz 2).

Im deutschen Recht sind Nahrungs- und Genußmittel patentfähig. Sie waren durch den früheren § 1 Abs. 2 Nr. 2 PatG vom Patentschutz ausgenommen, diese Regelung wurde jedoch durch Art. 1 Nr. 1 PatÄndG 1967 aufgehoben. Dem Schutz des Patentgesetzes unterliegen nunmehr sowohl die Nahrungs- und Genußmittel selbst, das Herstellungsverfahren, die Verwendung als auch die Formgebung.[148)]

---

145) § 2 PatG entspricht Art. 53 EPÜ.

146) Weiterführend zu den genannten Regeln des PatG vgl. Schulte, Rainer, PatG, 3. Auflage, Köln 1981, Kommentar zu §§ 1 und 2 PatG.

147) Vgl. zum ganzen Fragenkomplex Schulte, § 1 PatG Rdnr. 106ff. m.w.N. Vgl. weiterführend Deutsch, Erwin, Arzneimittel im gewerblichen Rechtsschutz, GRUR Int. 1983, S. 489ff.

148) Vgl. Schulte, § 1 PatG Rdnr. 122 m.w.N.

Die Schutzdauer des Patentes ist gem. § 16 PatG auf 20 Jahre beschränkt. Diese Frist reicht in der Regel aus, ein Produkt auf den Markt zu bringen und wirtschaftlich rentabel zu verwerten.

cc) Eintragungsfähigkeit und Schutzdauer von Patenten im Recht des Andenpaktes als entwicklungspolitische Mittel

Die Einschränkung der Patentfähigkeit war geregelt in Art. 26 der Dec. 24[149] und ist weiterhin geregelt in Artt. 1 bis 5 der Dec. 85.[150] Gem. Art. 1 der Dec. 85 wird ein Erfindungspatent für Neuschöpfungen erteilt, die gewerblich verwertbar (vgl. genauer Art. 3) sind und andere Neuschöpfungen verbessern. Gem. Art. 2 ist eine Erfindung nicht als neu anzusehen, soweit sie dem Stand der Technik entspricht. Art. 4 bestimmt, welche Akte nicht als Erfindungen zu betrachten sind. Dies sind Regeln und Entdeckungen mit wissenschaftlichem Charakter; die Entdeckung von Materien, die in der Natur existieren; Wirtschafts-, Finanz-, Buchführungs- und ähnliche Pläne; Spielregeln und andere Systeme mit der Maßgabe, daß sie rein abstrakten Charakters sind; therapeutische oder chirurgische Methoden für die Behandlung von Menschen oder Tieren und Methoden zur Diagnose und rein ästhetische Schöpfungen. In Art. 5 schließlich sind die Erfindungen aufgezählt, die nicht patentiert werden können.

Gem. Art. 5 *lit.* a) werden Patente nicht erteilt für Erfindungen, die der öffentlichen Ordnung oder den guten Sitten widersprechen, gem. *lit.* b) sind Pflanzen- und Tierarten, im wesentlichen biologische Verfahren zur Züchtung von Pflanzen und Tieren von der Patentfähigkeit ausge-

---

149) In Art. 26 der Dec. 24 wurde der Kommission des Andenpaktes die Befugnis verliehen, bestimmte Verfahren und Erzeugnisse, deren Patentierung aus entwicklungspolitischen Gründen als unerwünscht erscheint, vom Patentschutz auszunehmen und über bereits erteilte Patente entsprechend zu entscheiden. Diese Regelung wurde in die neue Dec. 220 nicht mehr aufgenommen.

150) Vgl. Weigand, S. 78, 79, 83, 84.

nommen. Alle bis hier genannten Regelungen entsprechen weitgehend dem deutschen Recht und enthalten keine darüberhinausgehenden Beschränkungen.

Wie in den meisten Entwicklungsländern betrifft die wesentliche - zum deutschen Recht unterschiedliche - Einschränkung der Patentfähigkeit pharmazeutische Produkte und Medikamente, denn gerade diese Erzeugnisse werden von den Andenländern aus entwicklungspolitischen Gesichtspunkten heraus für besonders wichtig erachtet. Art. 5 *lit.* c) der Dec. 85 bestimmt - als absolutes Verbot -, daß Patente nicht erteilt werden für: Pharmazeutische Produkte, Medikamente, aktive therapeutische Substanzen, Getränke und Lebensmittel für den menschlichen, tierischen und pflanzlichen Gebrauch.[151)]

Weiterhin wird durch die Generalklausel des Art. 5 *lit.* e) die Erteilung von Patenten ausgeschlossen für Erfindungen, die die Entwicklung eines Mitgliedsstaates berühren, sowie Verfahren, Erzeugnisse oder Gruppen von Erzeugnissen, deren Patentfähigkeit die Regierungen ausschließen.[152)] Die Einschränkung der Patentfähigkeit kann damit noch weiter ausgedehnt werden als in der Dec. 85 bestimmt.

Das in Art. 5 *lit.* e) der Dec. 85 angesprochene Patentierungsverbot wegen fehlender sozialer Nützlichkeit[153)] für die Entwicklung des jeweiligen Landes hat Auswirkungen auf die Rechtssicherheit für den Antrag-

---

151) Vgl. weiterführend Pachón Muñoz, S. 24ff. S.. ist diese Regelung eine der konfusesten Vorschriften der ganzen Dec. 85, da "farmacéuticos, medicamentos und sustancias terapéuticas" leicht zu verwechseln seien. Auch sollte dadurch die Patentierbarkeit von Herstellungsverfahren nicht ausgeschlossen sein. Dies stimmt mit dem Wortlaut der Vorschrift überein. Trotz dieser Bedenken wird nach Pachón Muñoz der Vorrang der Vorschrift vor dem kolumbianischen Recht anerkannt.

152) Vgl. ebenfalls, auch zur Übersetzung der Normen, Weigand, S. 78f.

153) Vgl. Weigand, S. 98 ff. Vgl. weiterführend White, Eduardo, La cuestión de la propiedad industrial en América Latina y su papel en el desarrollo e integración económica, Un examen de las actuales tendencias legislativas, con especial referencia al tratamiento de las patentes, Derecho de la Integración November 1975 (20), S. 11, 17.

steller. Die "soziale Nützlichkeit" stellt einen unbestimmten, nicht in Art. 5 selbst erklärten Rechtsbegriff dar, der nicht anhand eindeutiger Rechtsprechung und Verwaltungspraxis interpretierbar ist und damit den Regierungen der einzelnen Andenländer einen großen Entscheidungsspielraum zubilligt. Für ein Unternehmen, das in einem der Mitgliedsstaaten einen Patentlizenzvertrag abschließen will oder ein Patent eintragen lassen will, ist in der Regel nicht abzuschätzen, ob die Voraussetzungen des Art. 5 *lit.* e) der Dec. 85 erfüllt sind.[154)]

Die Andenländer versuchen durch diese Regelungen Technologie, die sie entwicklungspolitisch für wichtig erachten, von vorneherein patentfrei zu halten. Die Technologie soll ohne das Hindernis eines privaten Patentmonopols importiert werden können und daher im jeweiligen Mitgliedsland jedem Interessenten ohne weiteres zur Verfügung stehen.[155)]

Die Schutzdauer des Patentes ist gem. Art. 29 der Dec. 85 auf 10 Jahre beschränkt. Die Erteilung erfolgt zunächst für 5 Jahre und wird verlängert, soweit der Inhaber gegenüber der nationalen Behörde nachweist, daß das Patent angemessen ausgeübt wird. Auch diese kurze Schutzfrist trägt dazu bei, die Einführung eines neuen Produktes oder die Aufnahme einer Lizenzproduktion in der Regel wenig rentabel zu gestalten.[156)]

---

154) Vgl. Weigand, S. 100.

155) Vgl. Weigand, S. 83.

156) Vgl. weiterführend Weigand, S. 151.

dd) Nationale Regelungen der Mitgliedsländer

Venezuela

Da Venezuela die Dec. 85 nicht ratifiziert hat, ist hier die Rechtsquelle des Patentrechts im nationalen Patentrecht zu finden.[157] Es existierte zwar die Absicht, die Dec. 85 zu ratifizieren, dies ist jedoch bis heute nicht geschehen.

Im venezolanischen Recht wird die Neuheit und die wirtschaftliche Verwertbarkeit von Patenten verlangt (Artt. 15 und 14 des Ley de Propiedad Industrial). Hinsichtlich des erfinderischen Niveaus bestimmt Art. 15 *lit.* 4) und 8) Ley de Propiedad Industrial, daß neue Gebrauchsmöglichkeiten von Artikeln, Objekten, Substanzen oder schon bekannten Elementen nicht patentierbar sind; ebenso nicht der einfache Austausch oder Varianten der Formen, Dimensionen oder verwendeter Materialien und die Nebeneinanderstellung von schon patentierten Elementen, die öffentliches Eigentum sind, sofern sie nicht so vereint werden, daß sie nicht unabhängig voneinander funktionieren können.[158]

Nicht patentfähig sind gem. Art. 15 Getränke, Nahrungsmittel, pharmazeutische, medizinische und chemische Erzeugnisse, finanz-, wirtschafts -, staats- und kontrollbezogene Systeme, Kombinationen und Pläne, sowie die einfache Anwendung oder Ausnutzung von natürlichen Substanzen oder Kräften. Die wesentliche Einschränkung im Vergleich zum deutschen Recht betrifft - wie schon in der Dec. 85 - pharmazeutische Produkte. Jedoch fehlt eine Einschränkung unter dem Gesichtspunkt der sozialen Nützlichkeit.

---

157) Ley de Propiedad Industrial vom 2. Sept. 1955. Vgl. auch OMPI, S. 417f. und Obligado, S. 157.

158) Vgl. OMPI, S. 418.

Erfindungs- und Verbesserungspatente sind 5 oder 10 Jahre geschützt.[159] Bei ausländischen Patenten rechnet sich dieser Zeitraum seit der Erteilung des Patents im Ausland, Artt. 9 und 10 Ley de Propiedad Industrial.[160]

Kolumbien

In Kolumbien ist für die Patentfähigkeit die Dec. 85 anwendbar.[161]

Hinsichtlich der Neuheit und der gewerblichen Verwertbarkeit der Erfindungen gelten Artt. 2 und 3 der Dec. 85. Des erfinderische Niveau definieren Artt. 534 und 536 des Código de Comercio. Diese Regelungen sind bei Patentanträgen zu beachten, jedoch nicht zwingend. Die Dec. 85 enthält hier eine Regelungslücke, die durch das nationale Gesetz ausgefüllt wird.[162]

Für den Ausschluß der Patentfähigkeit gelten Artt. 4 und 5 der Dec. 85. Bemerkenswerterweise nicht ausgeschlossen sind nach kolumbianischem Recht mikrobiologische Verfahren und die Produkte, die dadurch gewonnen werden, ebenso nicht Herstellungsverfahren zur Gewinnung von pharmazeutischen Produkten und Substanzen, Getränken und Nahrungsmitteln, soweit nachgewiesen wird, daß diese in Kolumbien verwendet werden (Art. 538 Código de Comercio).[163] Die Patentierbarkeit der Her-

---

159) Nach Wahl des Antragstellers; vgl. Obligado, S. 157.

160) Vgl. OMPI, S. 419.

161) Vgl. OMPI, S. 134. Vgl. auch Obligado, S. 61.

162) Vgl. OMPI, S. 134.

AA Pachón Muñoz, S. 6: Da die Dec. 85 die Voraussetzungen der Patentfähigkeit regle, seien zusätzliche nationale Erfordernisse zum erfinderischen Niveau nicht zu beachten.

163) Vgl. OMPI, S. 134. Dies ist möglich, da die Dec. 85 gem. Art. 84 Raum läßt für eigene nationale Regelungen, soweit in der Dec. 85 dafür eine Regelungslücke besteht.

stellungsverfahren für pharmazeutische Produkte ist durch die Dec. 85 nicht ausgeschlossen.[164)]

Peru

Die Dec. 85 gilt kraft Ratifizierung auch in Peru.[165)] Bestimmungen zum erfinderischen Niveau neben der Dec. 85 existieren in Peru nicht.

Zusätzliche Kriterien regeln lediglich die Artt. 87, 88, 90 und 248 *lit.* n) des Decreto Supremo 001-71-IC: Danach sind technologische Verfahren der Fabrikation, Produktion und die Verwendung industrieller Techniken, die Ergebnis der Erfahrung seines Inhabers sind, geschützt, soweit sie effektiv neu und geheim sind und soweit sich zeigt, daß Maßnahmen getroffen wurden, den geheimen Charakter zu wahren.[166)]

Ecuador

In Ecuador wurde die Dec. 85 ratifiziert.[167)]

Hinsichtlich der Neuheit und der gewerblichen Anwendung gelten die Artt. 2 und 3 der Dec. 85. Für die Bestimmung des erfinderischen Niveaus bestimmt Art. 2 Ley de Patentes de Exclusiva de Explotación de Inventos zusätzlich, daß Verbesserungspatente dann erteilt werden, wenn

---

164) Vgl. Pachón Muñoz, S. 26. Vgl. schon oben S. 148.

165) Vgl. OMPI, S. 353f. Vgl. auch Obligado, S. 119.

166) Vgl. OMPI, S. 353f.

167) Vgl. OMPI, S. 211f. Vgl. auch Obligado, S. 73.

sie wesentliche Abänderungen enthalten und die existierenden Methoden und Anwendungsweisen verbessern.[168)]

Des weiteren bestimmt Art. 7 Ley de Patentes, daß Importpatente nur für die Herstellung von solchen Artikeln vergeben werden, die nicht schon vorher in Ecuador produziert wurden oder die eine bedeutende Änderung in den Fabrikations- oder Produktionsmethoden darstellen, soweit diese durch ihre Wichtigkeit, technischen Vorteile, öffentlichen Nutzen oder ihre Bedeutung es rechtfertigen.[169)]

Während des ersten Jahres nach Erteilung des Patentes kann lediglich der Patentinhaber oder sein Rechtsnachfolger ein Verbesserungspatent für das Originalpatent beantragen, Art. 35 Ley de Patentes.[170)]

Bolivien

In Bolivien[171)] verlangen Artt. 2 und 3 Ley de Privilegios Industriales[172)] für die Erteilung des Patentes die Neuheit und die wirtschaftliche Verwertbarkeit der Erfindung. Nicht patentierbar ist der einfache Gebrauch oder die Nutzung von Substanzen und Naturkräften, wissenschaftliche Prinzipien oder Entdeckungen und Finanzpläne. Ebenso sind vom Patentschutz chemische, pharmazeutische, therapeutische Produkte und Zusammenstellungen, Nahrungsmittel und Verfahren, die zur Herstellung dieser Produkte dienen, ausgeschlossen, wenn sich nicht ihre Neuheit aus der Erteilung eines ausländischen Patentes ergibt. Soweit ein Antragsteller aus Bolivien stammt oder einem weniger entwickelten Land angehört,

---

168) Vgl. OMPI, S. 212.

169) Vgl. OMPI, S. 212.

170) Vgl. OMPI, S. 212.

171) Vgl. OMPI, S. 81ff. Vgl. auch Obligado, S. 35.

172) Erlassen am 12. Dez. 1916.

wird das Patent nach einer genauen Prüfung der Neuheit erteilt (Art. 3 Ley de Privilegios Industriales; Art. 1 Decr. Supremo No. 9364[173]; Artt. 1 und 5 Decr. Supremo No. 9673[174]).

Die Dec. 85 wird in Bolivien nicht mehr angewandt.[175]

Die Eintragungsdauer beträgt je nach Antragstellung 5, 10 oder maximal 15 Jahre. Soweit nur eine Eintragung für 5 oder 10 Jahre verlangt wurde, kann eine Verlängerung auf 15 Jahre erfolgen (Art. 59 Ley de Privilegios Industriales; Art. 1 Decr. Supremo No. 5470[176]).

3. Notwendiger Inhalt des Lizenzvertrages

a) *Im deutschen Recht*

Im deutschen Recht wird der Inhalt eines Lizenzvertrages nicht ausdrücklich bestimmt. Obligatorische Klauseln, deren Nichteinhaltung die Nichtigkeit des Vertrages nach sich zieht, existieren nicht. Der Inhalt eines Vertrages unterliegt allein der Autonomie der Parteien. Soweit keine Regelungen im Vertrag getroffen wurden, unterliegt dieser der Auslegung. Fehlt eine Vereinbarung über die Dauer der Lizenz, gilt der Lizenzvertrag im Zweifel für die Dauer des Patentes abgeschlossen.[177]

---

173) Erlassen am 12. Aug. 1970. Vgl. OMPI, S. 81f.

174) Erlassen am 19. Apr. 1971. Vgl. OMPI, S. 81f.

175) Vgl. oben S. 130 Fußn. 88.

176) Erlassen im Mai 1960. Vgl. zum ganzen Fragenkomplex Obligado, S. 35 und OMPI, S. 83.

177) Vgl. Benkard/Ullmann, § 15 PatG Rdnr. 36.

b) *Im Recht des Andenpaktes*

aa) Art. 19 der Dec. 220[178)]

Die zwingend vorgeschriebenen (sog. obligatorischen) Klauseln des Vertrages sind als positive Regelung[179)] in Art. 19 der Dec. 220 enthalten.

Die positiven wie die negativen[180)] Regelungen stellen meist die "Kernpunkte" der speziellen Vorschriften der Technologietransfergesetze dar, die die technologieimportierenden Länder erlassen haben, um das Verhältnis zwischen dem ausländischen Technologiegeber und dem inländischen Technologienehmer zu regeln. Diesen Vorschriften stehen wegen ihrer Zielsetzung, vor allem den inländischen Vertragspartner und die einheimische Wirtschaft zu schützen bzw. negative Auswirkungen auf die Zahlungsbilanz des betreffenden Landes zu verhindern,[181)] oft keine vergleichbaren deutsche Normen gegenüber, da Technologietransfer in Industrieländern nicht mit den gleichen Problemen behaftet ist wie in Entwicklungsländern.

Soweit die gesetzlichen Forderungen des Art. 19 der Dec. 220 durch die Vertragsparteien nicht erfüllt werden, ist der Vertrag nichtig.[182)] Dies gilt ebenso für die einzelnen nationalen Bestimmungen.

---

178) Art. 19 der Dec. 220 hat den gleichen Inhalt und Wortlaut wie Art. 19 der früheren Dec. 24. Obwohl die Dec. 24 nicht mehr gilt, sie wurde ja durch die Dec. 220 ersetzt, muß dennoch auf sie Bezug genommen werden, da sich die meisten angegebenen Literaturstellen noch auf sie beziehen. Neuere Literatur, die sich nur auf die Dec. 220 bezieht, ist nur in den wenigsten Fällen vorhanden.

179) Zur Aufteilung in positive und negative Klauseln vgl. Remiche, Bernard, La Trasferencia de Tecnología en América Latina, Revista del Derecho Industrial 1981, S. 87, 113 m.w.N.

180) Vgl. unten S. 170ff.

181) Vgl. oben S. 99ff. und unten S. 166ff.

182) Vgl. Arias Cobo, S. 110.

Art. 19 der Dec. 220 gilt für alle Technologieimportverträge und damit auch für Patent- und Warenzeichenlizenzverträge.[183)]

Demnach müssen folgende Klauseln im Vertrag enthalten sein:[184)]

lit. a) Bezeichnung der Besonderheiten, die die Übertragung der einzuführenden Technologie mit sich bringt,

lit. b) Bestimmung des vertraglichen Wertes[185)] für jedes wesentliche Element der zu übertragenden Technologie,

lit. c) Bestimmung der Geltungsdauer des Vertrages.

bb) Art. 82 der Dec. 85[186)]

Jeder Warenzeichenlizenzvertrag muß Bestimmungen enthalten, welche die Qualität der Produkte oder Dienste sicherstellen, die der Begünstigte der Lizenz leistet.[187)] Diese Regelung würde jedoch häufig Klauseln verlangen, die nach Artt. 20 und 25 der Dec. 220[188)] verboten sind, z.B. Bezugsbindungsklauseln.[189)] Es ist daher eine gewisse Diskrepanz in den erlassenen Vorschriften festzustellen.[190)]

---

183) Vgl. Hernandez Vasquez, S. 195.

184) Übersetzung aus Sell, S. 102.

185) "Valor contractual".

186) Art. 82: "Todo contrato de licencia deberá contener estipulaciones que aseguren la calidad de los productos o servicios prestados por el beneficiario de la licencia".

187) Vgl. auch Correa, Derecho de la Integración März 1978 (27), S. 53.

188) Artt. 20 und 25 der vorher geltenden Dec. 24.

189) Vgl. Pachón Muñoz, S. 55.

190) Vgl. auch Pate, S. 99.

Andererseits können Bestimmungen wie Art. 82 die Übertragung des für die Verwertung des Patentes notwendigen Know-hows sicherstellen.[191] Die Entwicklungsländer besitzen nicht die nötige technische Infrastuktur, um die Beschreibung der patentierten Technologie selbst auswerten zu können.

b) Gründe für die genannten Erfordernisse

Art. 19 *lit.* a) der Dec. 220 verlangt genaue Angaben im Vertrag über die zu importierende Technologie. Das Empfängerland hat dadurch die Möglichkeit zu entscheiden, welche Technologie erforderlich und nützlich ist und welche Verträge nicht genehmigt werden sollen, um die einheimische Technologie zu schützen.[192] Art. 19 *lit.* a) und *lit.* b) sollen verhindern, daß der Technologienehmer einen überhöhten Preis für die zu importierende Technologie bezahlt.[193] Er soll nicht kritiklos ein ganzes "Technologiepaket" einkaufen,[194] sondern nur diejenigen Teile eines Paketes erwerben, die seinem Zweck und der Entwicklung des Landes dienen. Das gilt insbesondere dann, wenn die einzelnen Teile billiger zu beziehen wären oder aber, wenn der eigentlich benötigte Gegenstand nur einen preislich geringen Teil des Vertrages darstellt und die nicht benötigten Zusatzleistungen den Technologienehmer übervorteilen. Daher müssen die einzelnen Gegenstände des Vertrages gesondert dargestellt werden. Den zuständigen nationalen Behörden wird dadurch auch hinsichtlich des Preises eine Kontrollmöglichkeit eröffnet.[195]

---

191) Vgl. Vailanti, Revista del Derecho Industrial 1986 (24), S. 460.

192) Vgl. Arias Cobo, S. 112.

193) Vgl. Arias Cobo, S. 112.

194) Vgl. Arias Cobo, S. 111.

195) Vgl. unten S. 217, 220.

Diese gesetzlichen Bestimmungen können auf den Widerstand des Technologiegebers stoßen, weil die Offenlegung zu vieler Informationen für ihn eine Einbuße an Technologie- und Wettbewerbsvorsprung bedeuten kann und weil manche Informationen zwischen den Vertragspartnern vertraulich zu behandeln sind.[196)]

Die Zeitdauer des Vertrages ist anzugeben, da diese die Eintragungsdauer des Schutzrechtes nicht überschreiten darf.[197)]

Obwohl der Andenpakt die Höchstdauer des Lizenzvertrages nicht regelt und lediglich die nationalen Gesetze Venezuelas und Ecuadors[198)] eine solche bestimmen, haben die meisten nationalen Behörden sie in ihre Richtlinien aufgenommen.[199)] Eine nicht übermäßig lange Vertragsdauer soll dazu dienen, eine größere Kontrolle über den Vertrag auszuüben und niedrigere Kosten für den Technologietransfer zu erzielen.[200)]

Die Andenpaktstaaten - wie die meisten Entwicklungsländer - unterscheiden in Art. 19 der Dec. 220 zwischen zentraler und peripherer Technologie, um Technologiepakete zu entwirren. Die volle Beschreibung des Beitrages der Technologie, der Fristen und der Bedingungen des

---

196) Vgl. Pate, S. 67.

197) Vgl. Arias Cobo, S. 113; Vailanti, Revista del Derecho Industrial 1986, S. 460f. Zu den zeitlichen Begrenzungen der Schutzrechte vgl. oben S. 142ff. und S. 149ff.

Vgl. auch z.B. Art. 70 des venezolanischen Decr. No. 656 vom 20. 6. 1985 (abgelöst durch Decr. No. 1.200), wonach für die Zeit nach Ablauf des gewerblichen Schutzrechtes Lizenzzahlungen nicht mehr zugelassen waren.

198) Vgl. unten S. 160 und S. 165.

199) Vgl. Pate, S. 73 und Correa, S. 94. Vgl. auch Danino, S. 122: Gewöhnlich sind nach der Praxis der peruanischen Behörden nur Verträge bis zu einer Dauer von 5 Jahren erlaubt. Vgl. auch unten S. 217.

200) Vgl. Pate, S. 74. Eine Einschränkung in der Vertragsdauer läßt sich nach seiner Auffassung durch ein weitgehendes "Aufbrechen" des Technologiepaketes und einer Lizenzierung nur zum gegebenen Zeitpunkt umgehen; vgl. aaO, S. 100f.

Transfers sowie des Wertes, der jedem einzelnen Transferfaktor beigemessen wird, müssen daher stets gegeben sein.[201)]

c) *Nationale Regelungen der Mitgliedsländer*

Venezuela

Im venezolanischen Recht bestimmt sich der Vertragsinhalt nach Art. 68 des Decreto No. 1.200.[202)] Der Begriff "Technologie" gilt hier in seiner weitestmöglichen Auslegung.[203)] Er umfaßt alle Technologietransferverträge sowie Warenzeichen- und Patentlizenzverträge.[204)]

Erweiternd zu Art. 19 der Dec. 220 sind in Verträge mit venezolanischen Lizenznehmern folgende Klauseln aufzunehmen:

- Art. 68 *lit.* 1) Identitätsfeststellung der Vertragsparteien und Vermittler des Vertrages und ausdrückliche Angabe ihrer Nationalität und ihres Wohn- bzw. Firmensitzes;

---

201) Vgl. Bentata, Les Nouvelles 1985, S. 2; Vailanti, Revista del Derecho Industrial 1986 (24), S. 453.

202) Decreto No. 1.200 wurde am 16. 7. 1986 erlassen (vgl. Hoet, Franklin und Coriat, Alain, Venezuela eases Licensing Rules, Les Nouvelles 1987, S. 161; vgl. Integración Latinoamericana, März 1987 (121), Legislación, S. 83) und ersetzt das am 12. 6. 1985 erlassene Decreto No. 656; abgedruckt in Revista del Derecho Industrial 1985, S. 377ff. Dessen Vorläufer war Decreto No. 2442 "Decreto reglamentario de la Decisión 24 relativas a transferencia de tecnología y al organismo nacional competente" (vgl. Art. 79 des Decr. No. 656), welches nach einigen dazwischenliegenden Gesetzestexten in dieser Form (vgl. Bentata, Les Nouvelles 1985, S. 1) am 8. 11. 1977 erlassen wurde. Gesetz No. 2442 ersetzte wiederum Decreto No. 63 vom 28. 4. 1974; vgl. Art. 82 des Decreto No. 2442.

203) Vgl. Bentata, Les Nouvelles 1985, S. 1. Vgl. für die frühere Regelung Art. 56 *lit.* e) des Decr. 63 Freitag, GRUR Int. 1976, S. 331 Fußn. 29.

204) Vgl. auch Art. 62 des Decr. No. 656.

- Art. 68 *lit.* 2) Beschreibung und Aufschlüsselung der technologischen Leistung einschließlich der Bezeichnung der im Vertrag enthaltenen Patente und Warenzeichen;

- Art. 68 *lit.* 3) Angabe der Modalitäten und Konditionen des Technologietransfers (vgl. Art. 19 *lit.* a) der Dec. 220), der Garantien, die im konkreten Fall anwendbar sein können und der Behandlung der im Verlauf des Vertrages entwickelten Verbesserungen, die die Parteien zu übertragen planen;

- Art. 68 *lit.* 5) Bestimmung der Zeitdauer des Vertrages, die 15 Jahre nicht überschreiten darf;[205)]

- Art. 68 *lit.* 6) Angabe der Zahlungsmodalitäten, der Währung und des Empfängerlandes;[206)]

- Art. 68 *lit.* 7) Klauseln, die zu einem effektiven Transfer der Technologie führen;

- Art. 69 Angabe des Zeitraumes, für den die offengelegten technischen Informationen zurückgehalten und vertraulich behandelt werden müssen. Dieser Zeitraum darf, ab dem Ende des Vertrages gerechnet, nur so lang sein, wie die Vertragsdauer selbst; die Schutzfrist währt also insgesamt maximal zwei "Vertragsdauern".

---

205) Vgl. auch Cabanellas, IC Studies, S. 135ff.

Nach Art. 65 *lit.* e) Decr. 2442 war die Vertragsdauer auf 5 Jahre beschränkt. In Ausnahmefällen konnte die Genehmigungsbehörde SIEX (Superintendencia de Inversiones Extranjeras) mit Zustimmung des zuständigen Ministers, in dessen Ressort der Technologietransfer fiel, Verträge bis zu einer Laufzeit von 15 Jahren genehmigen (vgl. auch Grützmacher, S. 277 und Broszehl, S. 144). Es erfolgte keine automatische Verlängerung der Gültigkeitsdauer der Fünfjahresverträge, sondern jeder Vertrag mußte neu verhandelt werden. SIEX ging dabei davon aus, daß die Lizenzgebühren für eine statische Technologie weiter gesenkt werden konnten und so in absehbarer Zeit durch den Lizenznehmer assimiliert werden konnten (vgl. Bentata, Les Nouvelles 1985, S. 1). Von Seiten des Technologienehmers hatte allerdings in der Regel ein Interesse an einer Verlängerung der Vertragsdauer bestanden, um eine Amortisierung seiner Investitionen sicherzustellen (vgl. Broszehl, S. 144). Dies dürfte auch den Grund für die Änderung der gesetzlichen Regelung darstellen.

206) Vgl. zu den Umtauschmodalitäten auch Cabanellas, IC Studies, S. 78f.

Eine eigenständige nationale Weiterentwicklung stellt Art. 71 dar:[207)]

> Technologietransferverträge müssen die Verpflichtung des Technologielieferanten enthalten, einheimisches Personal auszubilden und die Entwicklung und die wissenschaftliche und technologische Forschung zu fördern.

Art. 82 der Dec. 85 ist in Venezuela aufgrund fehlender Ratifizierung nicht anwendbar. Eine äquivalente Vorschrift wurde auch nicht in die nationalen Gesetze aufgenommen.

Kolumbien

Der Inhalt von Verträgen im kolumbianischen Recht bestimmt sich nach Art. 4 des Decreto No. 1234/72.[208)] Die Vorschrift gilt für alle Technologieimportverträge einschließlich Patent- und Warenzeichenlizenzverträge.

Als verschärfende Bestimmung zu den Regelungen des Andenpaktes wurde *lit.* d) hinzugefügt: Wie in Venezuela ist für Lizenzverträge mit Kolumbien die Zahlungsform anzugeben.

Als Sonderregelung ist auch Art. 594 Código de Comercio zu werten. Warenzeichenlizenzverträge müssen Klauseln beinhalten, die die Qualität der Produkte des Lizenznehmers gewährleisten. Der Inhaber des Warenzeichens muß eine effektive Kontrolle ausüben und haftet gemeinsam mit dem Hersteller für jeden Schaden, der Dritten durch die Waren zugefügt wird.[209)] Art. 594 Código de Comercio - erlassen am 27. 3.

207) Vgl. Hoet und Coriat, Les Nouvelles 1987, S. 162. Die praktische Interpretation dieser Vorschrift war zunächst Gegenstand der Diskussion (vgl. Bentata, Les Nouvelles 1985, S. 2).

208) Erlassen am 18. 7. 1972.

209) Vgl. Freitag, GRUR Int. 1976, S. 330.

1971 durch Decr. No. 410 - war Vorbild für Art. 82 der 1974 verabschiedeten Dec. 85.[210] Insoweit wurde erstmalig eine Produkthaftung des Warenzeichen-Lizenzgebers in einem Andenstaat gesetzlich statuiert.

Peru

Im peruanischen Recht bestimmt sich der notwendige Inhalt von Lizenzverträgen nach Art. 16 der Resolución No. 005-81-EFC/35.[211]

Art. 16 der o.g. Resolución enthält im Vergleich zu den Regelungen des Andenpaktes folgende erweiternde Bestimmungen:[212]

- Art. 16 *lit.* a) Identitätsfeststellung der Vertragsparteien, einschließlich einer ausdrücklichen Angabe des Ortes ihrer Gründung oder ihrer Nationalität, ihres Domizils und der Namen ihrer gesetzlichen Vertreter;

- Art. 16 *lit.* b) Angabe des spezifischen Objektes des Vertrages und, soweit zutreffend, der Produkte, die aufgrund des Vertrages hergestellt werden sollen;

---

210) Vgl. oben S. 156f.

211) Erlassen am 23. 10. 1981 (abgedruckt in Revista del Derecho Industrial 1982, S. 177ff). Diese Resolución ersetzt die Resolución No. 675-NG-78-EF-35, erlassen am 24. 11. 1978; vgl. Art. 31 der Res. 005-81-EFC/35. Die Res. 675-NG-78-EF-35 enthielt die gleichen Anforderungen wie Art. 19 der Dec. 24 bzw. jetzt 220. Verschärfende Bestimmungen bestanden zunächst nach peruanischem Recht nicht.

212) Des weiteren enthält Art. 17 o.g. Resolución gesetzliche Forderungen, die von den Parteien erfüllt werden müssen, ohne daß sie ausdrücklich in den Vertrag aufzunehmen sind. So ist gem. Art. 17 *lit.* 1) der Transfer der Technologie effektiv auszuführen, vgl. z.B. als obligatorische Klausel Art. 63 *lit.* 7) des venezolanischen Gesetzes No. 656. Ebenso darf die Gegenleistung nicht ein normales Maß übersteigen, es sind alle nötigen Informationen für das Verfahren und die Ausführung des Vertrages zu geben und es sind die Steuern auf die Lizenzgebühren zurückzuhalten und abzuführen, vgl. Art. 17 *lit.* b), d) und f). Vgl. zu Artt. 16 und 17 noch Barreda Zegarra, José, Update Changes in Peruvian Law, Les Nouvelles 1982, S. 238, 240.

- Art. 16 *lit.* c) Feststellung der Modalitäten der vom Vertrag umfaßten Leistungen (Art. 2 ders. Res.);[213]

  Art. 16 *lit.* d) und e) fordern - wie Art. 19 der Dec. 24 -, daß der Vertrag den Wert der einzelnen Leistungen und die Vertragsdauer bestimmen soll;

- Art. 16 *lit.* f) zwingende Anwendung des peruanischen Rechts und die Zuständigkeit peruanischer Gerichte.[214]

  Die letztgenannte obligatorische Klausel hat ihre Grundlage in der in Südamerika herrschenden Calvo-Doktrin.[215] In dieser Form existiert eine solche gesetzliche Forderung nur noch in Ecuador.[216]

Ecuador

Der notwendige Inhalt eines Lizenzvertrages mit ecuadorianischen Unternehmen ist in Art. 69 des Decreto No. 3095 geregelt.[217] Diese Vorschrift gilt sowohl für Warenzeichen- als auch für Patentlizenzverträge.[218]

---

213) Z.B. Warenzeichen oder Patente zu benutzen oder zu verwerten, Art. 2 *lit.* c) und d).

214) Diese Regelung hatte ihre Grundlage in Art. 51 der Dec. 24, wonach Klauseln nicht zugelassen waren, die eine Streitigkeit aus einem Technologietransfervertrag einer ausländischen Gerichtsbarkeit unterstellten. Vgl. des weiteren unten S. 228f.

215) Vgl. unten S. 31f.

216) Vgl. unten S. 165.

217) Erlassen am 28. 7. 1987. Vorher war der notwendige Vertragsinhalt in Art. 2 des Acuerdo No. 175 geregelt; erlassen am 22. 3. 1985 (R.O. April 1985). Durch diese Regelung wurde wiederum die hinsichtlich des Inhalts von Technologietransferverträgen existierende Resolución No. 383 vom 25. 7. 1979 außer Kraft gesetzt; vgl. Art. 15 des Ac. No. 175.

218) Vgl. Art. 68 des Decr. No. 3095.

Für die Gültigkeit des Vertrages sind folgende Klauseln erforderlich:

- Art. 69 *lit.* a) Identitätsfeststellung der Vertragsparteien einschließlich ihres Firmensitzes und ihrer Nationalität;

  Wegen Art. 21 der Dec. 220 (früher Art. 21 der Dec. 24)[219] sind die körperschaftlichen Beziehungen zwischen dem Lizenznehmer und dem Lizenzgeber anzugeben.[220] Ebenso muß in den Vertrag aufgenommen werden, ob Dritte am Vertrag beteiligt sind, ohne daß sie selbst Vertragspartei sind, z.B. als Titular des Rechtes.[221]

- Art. 69 *lit.* b) Bestimmung des Objektes selbst oder des Objekts des Vertrages oder Bezeichnung der Modalitäten und Konditionen, die die Übertragung der einzuführenden Technologie mit sich bringen.

  Zusätzlich ist aufzuführen, ob das Recht exklusiv oder nicht exklusiv vergeben wird und ob Unterlizenzen zugelassen werden. Diese Forderung stellt ein Novum innerhalb der nationalen Regelungen der Mitgliedsländer des Andenpaktes dar.

- Art. 69 *lit.* c) Beschreibung der technologischen Leistung und Feststellung der Patente oder Warenzeichen, die das Vertragsobjekt darstellen;[222]

- Art. 69 *lit.* d) gesonderte Angabe des Preises und der Kalkulationsgrundlage für jedes Vertragselement, anwendbar auf die verschiedenen Zahlungsformen;

---

219) Vgl. des weiteren unten S. 222ff.

220) Vgl. Arias Cobo, S. 110. Die Fundstelle bezieht sich auf Art. 2 der Res. 383. Dies gilt aber wohl gleichermaßen für Art. 2 des Ac. No. 175 bzw. Art. 69 des Decr. No. 3095.

221) Vgl. Arias Cobo, S. 110.

222) Lit. c) stellt eine Erweiterung gegenüber Art. 2 des Ac. No. 175 dar. Die Angabe des Patentes oder Warenzeichens war vorher von Art. 2 *lit.* b) mit umfaßt.

- Art. 69 *lit* e) Zahlungsbedingungen und die Währung;[223)]

- Art. 69 *lit.* f) Angabe der Laufzeit des Vertrages, die 5 Jahre nicht überschreiten darf,[224)] gerechnet ab dem Zeitpunkt der Genehmigung durch das zuständige Ministerium; Verlängerungen sind nach dem Gesetzestext nicht vorgesehen, sind jedoch nach erneuter Genehmigung durch die zuständige nationale Behörde möglich.[225)]

- Art. 69 *lit.* g) Verpflichtung der vertragschließenden ausländischen Firma alle staatlichen und kommunalen Steuern zu bezahlen, die in Ecuador zu entrichten sind, soweit sie mit dem Abschluß des Vertrages und seiner Durchführung zusammenhängen.[226)] Auch diese Bestimmung stellt innerhalb der nationalen Regelungen der Mitgliedsländer ein Novum und eine Ausnahme dar.

- Art. 69 *lit.* h) Unterwerfung der Parteien unter die ecuadorianische Gerichtsbarkeit[227)] im Falle eines Rechtsstreites, der aus dem Vertrag erwächst;

Als letzte Klausel sind gem. Art. 69 *lit.* i) die Beendigungsgründe in den Vertrag einzufügen.[228)]

Art. 82 der Dec. 85 gilt in Ecuador kraft Ratifizierung.

---

223) Die Angabe der Zahlungsform war im früheren Ac. No. 175 in Art. 2 *lit.* c) enthalten. Vgl. Arias Cobo, S. 111. Vgl. zur Zahlung der Lizenzgebühren Zellmeier-Neunteufel, Marianne, Lizenzverträge mit ecuadorianischen Unternehmen, Publikation der Deutsch-Ecuadorianischen Industrie- und Handelskammer Quito/Ecuador 1986, S. 16. Die Beträge für die Lizenzgebühren in Devisen können in Ecuador bei der Zentralbank erworben werden. Der Wechselkurs ist nicht der freie fluktuierende Tageskurs, sondern der freie Interventionskurs der Zentralbank ("mercado libre de intervención").

224) Vgl. auch Cabanellas, IC Studies, S. 135ff.

225) Vgl. schon Art. 1 des Decr. No. 1875 und Arias Cobo, S. 113.

226) Vgl. dazu weiterführend Arias Cobo, S. 114f.

227) Zu Gerichtsstands- und Schiedsgerichtsvereinbarungen vgl. des weiteren unten S. 226ff.

228) Art. 69 *lit.* i) stellt gegenüber Art. 2 des Ac. 175 eine Neuerung dar.

4. Verbotene Klauseln in Lizenzverträgen

a) *Im Recht des Andenpaktes*

aa) Einordnung des "Verbotskataloges"

Der Verbotskatalog der Artt. 20 und 24 der Dec. 220 wurde von weiten Kreisen als kartellrechtlich[229] qualifiziert. Eine solche Qualifizierung erscheint auf den ersten Blick angebracht, da an Stelle kartellrechtlicher Regeln im Bereich der Lizenzverträge die Vorschriften der Technologietransfergesetze stehen können[230] und beide eine offensichtliche Ähnlichkeit aufweisen. Dennoch könnte diese Einordnung Zweifeln unterworfen sein. Der Ausgangspunkt und die Argumentation für die Restriktionen des Andenpaktes und der übrigen südamerikanischen Länder bezüglich des Technologietransfers ist ein anderer als für das deutsche Kartellrecht. Die südamerikanischen Länder gingen bei Erlaß ihrer Technologietransfergesetze vorwiegend von nationalen wirtschaftspolitischen Gesichtspunkten[231] aus: Stärkung des einheimischen Technologiekäufers, Verbesserung der Informationsmöglichkeiten des einheimischen Technologienehmers über verfügbare Technologien, Verbesserung der Qualität und der Assimilierung der eingekauften Technologie, Schutz einheimischer Technologie, Verbesserung der Zahlungsbilanz, Kontrolle von Devisenoperationen, Verhinderung von Steuerumgehungen, Einschränkung des gewerblichen Rechtsschutzes, Kontrolle der importierten Technologie und Regulierung ausländischer Investitionen.[232] Vereinzelt

---

229) Vgl. Weigand, S. 82. Ebenso Kantor, Restrictions in Latin America, Les Nouvelles 1977, S. 227, 228 im Vergleich mit dem amerikanischen Recht. Vgl. auch Bentata, Les Nouvelles 1985, S. 2: "a sort of mini-antitrust legislation". Die im gesamten Kapitel angegebene Literatur bezieht sich ausnahmslos auf die entspr. Artikel der früheren Dec. 24, der Wortlaut ist mit den Vorschriften der Dec. 220 aber identisch.

230) Vgl. Alvarez Soberanis, S. 480.

231) Vgl. German, Rafael, Latin American Antitrust, Lawyer of The Americas, The University of Miami, Journal of International Law, Spring 1982, Vol. 14, No. 1, S. 1, 13 (zit. German).

232) Vgl. zum ganzen Fragenkomplex ausführlich und m.w.N. Cabanellas, IC Studies, S. 30ff. Vgl. dazu auch bereits oben Zielsetzung der Dec. 24, S. 114ff., Art. 7 der

freilich wird auch eine Verhinderung des Mißbrauchs der Machtstellung durch den Technologiegeber als Grund angegeben.[233)]

Dagegen dient das Kartellrecht der Bundesrepublik Deutschland und der europäischen Länder (wie allgemein der Industrieländer) dem Schutz des Wettbewerbs (Art. 3 *lit.* f EWGV)[234)] in offenen Märkten. Eine solche Auffassung war den Verfassern der Dec. 24 fremd.[235)] Dafür spricht die Tatsache, daß in den Ländern, die spezielle Technologietransfergesetze erlassen haben, neben solchen ein eigenes Kartellrecht für die Regelung der internen Beziehungen zwischen den Unternehmen existieren kann.[236)] Jedoch weisen einige Klauseln der Artt. 20 und 24 der Dec. 220 tatsächlich kartellrechtliche Strukturen auf (z.B. tie-in- und Grant-back-Klauseln, Preisbeschränkungen). Diese Parallelität ist nach Cabanellas[237)] kein bloßer Zufall: Sowohl die Normen des Kartellrechts als auch die der Technologietransfergesetze beabsichtigten eine Einschränkung der dominanten Position des Patentinhabers. Es stelle sich somit die Frage, ob es sich bei den Technologietransfergesetzen um etwas anderes als Kartellrecht handle, ob hier eventuell sogar eine eigene Entwicklung im Gegensatz zu den hergebrachten Kartellgesetzen stattfand oder ob die Entwicklungsländer zwar ihre entwicklungspolitischen Probleme einbrachten, aber dennoch klassische kartellrechtliche Ziele aufgriffen.[238)] Dieses Problem hat große praktische Bedeutung: Soweit man die Technologietransfergesetze nicht als Kartellrecht qualifiziert, können kartellrechtliche Be-

---

Dec. 84 und Art. 23 der Dec. 220. Vgl. auch Alvarez Soberanis, S. 181ff.

233) Vgl. Alvarez Soberanis, S. 495 und German, S. 15.

234) Vgl. Emmerich, Volker, Kartellrecht, 5. Auflage, München 1988, S. 2 (zit. Emmerich).

235) Vgl. zum ganzen Problemkreis Cabanellas, IC Studies, S. 47ff. Vgl. auch German, S. 13.

236) Vgl. Alvarez Soberanis, S. 494.

237) Vgl. Cabanellas, IC Studies, S. 49.

238) Vgl. Fikentscher, Wolfgang, Entwicklungshilfe oder Expansionskontrolle? Rechtspolitische Überlegungen zu Antitrust und Technologietransfer, GRUR Int. 1983, S. 497, 489.

griffe darauf nicht oder nur mit Einschränkungen angewandt werden, z.B. für das Verhältnis des gewerblichen Rechtsschutzes zu den kartellrechtlichen Regelungen bzw. zu denen der Technologietransfergesetze.[239)]

Die Gesamtbetrachtung, der Gesetzeszweck und die gesetzgeberische Absicht ergeben eine abweichende Einordnung der Technologietransfergesetze im Verhältnis zum Kartellrecht: Dafür sprechen die vom Kartellrecht unterschiedlichen Maßnahmen der Technologietransfergesetze, z.B. der bevorzugte Einsatz einheimischer Technologie.[240)] Für eine wenigstens teilweise kartellrechtliche Einordnung spricht jedoch die bereits erwähnte Ähnlichkeit der einzelnen Vorschriften in Typ, Inhalt, Reichweite und Zweck.[241)] Während Cabanellas[242)] von einer weitgehend unterschiedlichen Betrachtung ausgeht, folgt Fikentscher[243)] einem eher vermittelnden Standpunkt: Der Unterschied zum Kartellrecht ergäbe sich daraus, daß die Technologietransfergesetze von einer starken "Außenorientiertheit" geprägt seien, d.h. von entwicklungspolitischen Bedenken gegen ausländische private Wirtschaftsmacht, während nach dem klassischen Kartellrecht inländische Wirtschaftsmacht aus Gründen "wirtschaftlicher Gerechtigkeit, wettbewerbsmäßiger Zweckmäßigkeit und nicht zuletzt aus allgemein demokratiepolitischen Gründen kontrolliert und umverteilt" werden solle. Dagegen sei der sachliche Grund, nämlich "wirtschaftliche Gerechtigkeit, wettbewerbs- und sozialpolitische Ausgewogenheit und Zweckmäßigkeit nach Maßgabe der jeweiligen staatlichen Zielsetzungen", ebenso wie der Wunsch, politische Einflüsse privater Unternehmer zu verhindern, in beiden Fällen der gleiche. Die Kartellrechte seien nicht nur in ihrem nationalen Kontext zu betrachten, sondern erstreckten sich im Rahmen des Internationalen Privatrechts auf interna-

---

239) Vgl. Fikentscher, GRUR Int. 1983, S. 498. Vgl. des weiteren unten S. 183ff.

240) Vgl. Fikentscher, GRUR Int. 1983, S. 498.

241) Vgl. Fikentscher, GRUR Int. 1983, S. 498.

242) Vgl. Cabanellas, IC Studies, S. 47ff.

243) Vgl. Fikentscher, GRUR Int. 1983, S. 498f.

tionale Sachverhalte. Die internationale Wirtschaftsentwicklung bewirke dabei nicht nur eine Internationalisierung der klassischen Antitrustrechte, sondern auch die Schaffung eines regionalen und transnationalen Rechts der Wirtschaftskontrolle. Das Recht der Wettbewerbsbeschränkungen der westlichen Industrieländer sei daher im Begriff, sich mit den Technologietransfergesetzen der Entwicklungsländer zu einem einheitlichen Rechtsgebiet zu verbinden, für das noch keine allgemein eingeführte Bezeichnung bestehe.[244)]

Dennoch besteht m.E. - ungeachtet des oben dargestellten Meinungsstreits - eine Basis des Vergleichs der Kartellgesetze mit den Technologietransfergesetzen insofern, als beide - über die Nichtzulassung bestimmter eng umgrenzter Vertragsklauseln - stark in die Vertragsfreiheit der Parteien eingreifen.

---

244) Vgl. Fikentscher, GRUR Int. 1983, S. 503.

bb) Untersagte Klauseln in Patentlizenz- und Technologietransferverträgen (Übersicht)[245)]

Im einzelnen enthält der Verbotskatalog des Art. 20 der Dec. 220 folgende Klauseln, die nicht in den Vertrag aufgenommen werden dürfen:

lit. a) von bestimmter Seite Kapitalgüter, Zwischen produkte, Rohstoffe oder Know-how zu beziehen bzw. ständig Fachpersonal vom Technologiegeber zu beziehen.[246)] Ausnahmen sind möglich bei Kapitalgütern, Zwischenprodukten und Rohstoffen, wenn der Preis dem Niveau des internationalen Marktes angemessen ist;

---

245) Die Klauseln können nach Alvarez Soberanis, S. 502ff. in folgende Gruppen unterteilt werden:

1) Klauseln, die die Kompetenz des Lizenznehmers einschränken: Limitierung und Kontrolle der Produktion, der Verteilung der Güter oder des Handels; Bezugsbindungsklauseln; Preisbindungsklauseln; Exportbeschränkungen; Volumenbeschränkungen der Produktion; Exklusivkaufsrechte des Technologiegebers.

2) Klauseln, die die wirtschaftliche Entwicklung des technologieimportierenden Landes einschränken: Verbot konkurrierender Technologie; Rückgewährklauseln; Verbot des weiteren Gebrauchs der durch den Vertrag gewonnenen technischen Kenntnisse nach Vertragsablauf; Beschränkungen der Adaptierung der importierten Technologie an die Erfordernisse des Marktes oder der Verbesserung und Ergänzung; Verbot, dem übertragenen Technologieobjekt verwandte Produkte herzustellen; Nichtangriffsklauseln.

3) Klauseln, die den "dynamischen Effekt" des Transfers einschränken: Zu lange Vertragsdauer; Entmutigung im Gebrauch nationaler Technologie; Entmutigung der Forschung und nationalen Entwicklung oder Regulierung von Investitionen, Forschung oder nationaler technischer Entwicklung; Forderung der Mitwirkung an der Geschäftsführung des Lizenznehmers; Übertragung von Kapitalanteilen zur Bezahlung des Technologietransfers; zeitlich unbegrenzte Lizenzgebührzahlungen; Bezahlung nicht benutzter Technologie; Zahlungen für nicht mehr geschützte Patente.

246) Oft werden statt dessen zwingende Qualitätskontrollen durch die Lizenzgeber vereinbart. So wird nach Weigand, S. 70, meistens dann verfahren, wenn die Lizenzgeber sicher sind, daß zu der vereinbarten hohen Qualität unbedingt Zwischenprodukte importiert werden müssen, die die Entwicklungsländer selbst nicht herstellen können.

lit. b) Bestimmung der Verkaufspreise und Wiederverkaufspreise des auf der Basis der weitergegebenen Technologie entstandenen Produkts durch den Technologiegeber;

lit. c) Bestimmung des Volumens und der Produktionsstruktur;

lit. d) Verbot des Gebrauchs einer konkurrierenden Technologie;

lit. e) Ganze oder teilweise Kaufoption (bzgl. der hergestellten Produkte) zugunsten des Technologiegebers;

lit. f) Verpflichtung des Technologieeinkäufers, Erfindungen und Verbesserungen der eingekauften Technologie, die sich aus deren Gebrauch ergeben, an den Technologiegeber zu übertragen;

lit. g) Klauseln, welche eine Verpflichtung beinhalten, für nicht genutzte Patente Lizenzgebühren zu bezahlen;

lit. h) Andere Klauseln mit ähnlichem Effekt.[247)]

Außer in von der nationalen Behörde bestimmten Ausnahmefällen sind Klauseln, welche ein Exportverbot für die aufgrund der gelieferten Technologie erzeugten Produkte beinhalten, nicht zulässig.

Auf keinen Fall sind Klauseln dieser Art zugelassen für den subregionalen Austausch (also für den Handel innerhalb der Andenregion) oder für den Export gleichartiger Produkte in Drittländer.

247) Dies bedeutet einen weiten Ermessensspielraum für die genehmigende Stelle. Vgl. dazu des weiteren unten S. 216.

cc) Untersagte Klauseln in Warenzeichenlizenzverträgen (Übersicht)[248)]

Gem. Art. 24 der Dec. 220 sind folgende Klauseln in Warenzeichenlizenzverträgen untersagt:

lit. a) Verbote oder Beschränkungen des Verkaufs oder Exports der unter dem Schutz des lizenzierten Warenzeichens hergestellten oder diesen ähnlichen Produkte in bestimmte Länder;

lit. b) Verpflichtungen, Rohstoffe, Zwischenerzeugnisse und Ausrüstungen zu verwenden, die der Inhaber des Warenzeichens oder seine Tochtergesellschaften liefern. In Ausnahmefällen kann das Land des Lizenznehmers diese beschränkende Verpflichtung akzeptieren, wenn der Preis der betreffenden Waren den internationalen Marktpreis nicht übersteigt;

lit. c) Festsetzung des Verkaufs- oder Wiederverkaufspreises der unter dem Schutz des betreffenden Warenzeichens hergestellten Erzeugnisse;

lit. d) Verpflichtungen, Lizenzgebühren für nicht be nutzte Warenzeichen zu bezahlen;

lit. e) Verpflichtungen, ständig Personal einzustellen, das vom Inhaber des Warenzeichens bestimmt wird;

lit. f) Klauseln mit ähnlichem Effekt.

---

248) Übersetzung aus Olivares Santibánez, S. 205. Zur Unterteilung in Gruppen vgl. Alvarez Soberanis, S. 502ff.

b) *Nationale Regelungen der Mitgliedsländer*

Venezuela

Decr. 1200 enthält keine Artt. 20 und 24 der Dec. 220 erweiternde Bestimmungen.

Eine weitere Einschränkung der restriktiven Vertragsklauseln ergibt sich aus Decr. No. 746.[249)] Obwohl nach Auffassung von Bentata[250)] dieses Gesetz heute technisch überholt ist, bezieht sich die neuere Literatur darauf[251)] und es wird weiterhin angewandt.

Folgende Klauseln dürfen gem. Art. 1 dieses Decr. No. 746 - den Klauselkatalog des Andenpaktes erweiternd - nicht in einen Technologietransfervertrag aufgenommen werden:

- Art. 1 *lit.* a) Klauseln, die die Herstellung von Produkten mit der durch Transfer erworbenen Technologie bzw. deren Verkauf nach Beendigung des Vertrages untersagen;

- Art. 1 *lit.* b) Klauseln, die die Nutzung des aufgrund Technologietransfers erlangten technischen Wissens nach Ablauf des Vertrages nicht mehr zulassen;

  Das technische Wissen, das während der Vertragszeit im Zusammenhang mit dem Vertrag erworben wurde, geht aufgrund dieser Bestimmung nach Vertragsbeendigung in das Eigentum des Technologienehmers über. Venezuela ist das einzige Land des Andenpaktes, das dieses Problem explizit in seine Gesetze aufgenommen hat, obwohl auch Art. 20 *lit.* b) und f) der Dec. 220 von einem "Verkäufer" und einem "Käufer" der Technologie sprechen,[252)] was ebenfalls einen endgültigen Erwerb anzeigt.

---

249) Erlassen am 12. 2. 1975.

250) Vgl. Bentata, Les Nouvelles 1985, S. 1.

251) Vgl. Hoet und Coriat, Les Nouvelles 1987, S. 162.

252) Vgl. Kantor, Les Nouvelles 1977, S. 228.

- Art. 1 *lit.* c) Klauseln, die dem Lizenznehmer untersagen, nach Beendigung des Vertrages gleiche oder ähnliche Warenzeichen zu benutzen. Dieses Verbot stellt eine Neuentwicklung Venezuelas dar und ist innerhalb der Andenstaaten die einzige Vorschrift dieser Art. Nach Auffassung von Kantor[253)] verstößt Art. 1 *lit.* c) gegen Art. 33 *lit.* 12 des Gesetzes über gewerbliches Eigentum vom 2. Sept. 1955. Dort ist es untersagt, Warenzeichen einzutragen, die mit bereits eingetragenen Warenzeichen verwechselt werden können. Obwohl Art. 1 *lit.* c) des Decr. No. 746 nicht feststelle, daß das "selbe" Warenzeichen verwendet werden könne, könnten die Worte "gleich" oder "ähnlich" doch so interpretiert werden, daß sie ein Warenzeichen meinten, das so stark dem bereits registrierten Warenzeichen ähnle, daß man es als verwirrend gleich sehen könnte. Inoffiziellen Diskussionen zufolge solle jedoch Decr. No. 746 der Vorrang einzuräumen sein.

- Art. 1 *lit.* d) Klauseln, die die Verpflichtung auferlegen, ein bestimmtes System der Qualitätskontrolle in den Vertrag aufzunehmen und dieses zur Unterwerfung des Technologienehmers dient;

- Art. 1 *lit.* f) Klauseln, die Lizenzgebühren für nicht geleistete technische Assistenz festsetzen; [254)]

- Art. 1 *lit.* g) Klauseln, die die Zahlung von Lizenzgebühren vorsehen, wenn die Technologie mittels Kauf erworben wurde;

- Art. 1 *lit.* h) Klauseln, die dem Technologienehmer die Steuern aufbürden, die der Technologiegeber zu bezahlen hat.

Gem. Art. 1 aE ist der Grad der Einschränkung der Vereinbarungen durch die oben genannten Klauseln der Einschätzung und Bewertung der nationalen Genehmigungsbehörde unterworfen und kann damit relativiert werden.

---

253) Vgl. Kantor, Les Nouvelles 1977, S. 228.

254) Dies stellt insofern eine Erweiterung der Art. 20 *lit.* g) und Art. 24 *lit.* d) der Dec. 220 dar, als dort nur untersagt ist, Tantiemen für nicht benutzte Patente bzw. Warenzeichen zu vereinbaren.

Kolumbien

Im kolumbianischen[255] Recht sind die verbotenen Klauseln in Art. 2 des Decr. No. 1234[256] geregelt:

Art. 2 *lit.* a)[257] bis h) wiederholen lediglich die Bestimmungen des Art. 20 der Dec. 220, während Art. 2 *lit.* i) und j) nationale Besonderheiten beinhalten. Danach können keine Klauseln in den Vertrag aufgenommen werden, die jährliche Mindesttantiemen für die übergebene Technologie beinhalten und dem Technologienehmer die Aufgabe übertragen, die Steuern des Technologiegebers zu bezahlen.[258]

Art. 557 Código de Comercio untersagt in Patentlizenzverträgen[259] Klauseln, die dem Lizenznehmer Beschränkungen hinsichtlich seines Wirtschafts- und Industrieplanes auferlegen, soweit sie nicht den durch das Patent verliehenen Rechten entspringen. Als Beschränkungen werden solche nicht angesehen, die aus dem patentierten Objekt selbst oder der Dauer der Lizenz resultieren.[260]

---

255) Vgl. dazu zusammenfassend auch Grützmacher, S. 172f.

256) Erlassen 1972.

257) Ausnahmen hinsichtlich der Bezugsverpflichtungen sind möglich; vgl. schon Art. 20 *lit.* a) der Dec. 220, jedoch müssen dann die Preise für z.B. Rohstoffe und Zwischenprodukte dem internationalen Niveau entsprechen. Die Kontrolle dieser Preise nimmt in Kolumbien das Instituto Columbiano de Comercio Exterior vor; vgl. Art. 6 des Decr. No. 1234.

258) Vgl. dazu schon oben die Regelung Venezuelas.

259) Vgl. Art. 555 Código de Comercio.

260) Weitere Bestimmungen für die vertragliche Lizenz sind in Art. 556 Código de Comercio getroffen. Sie gelten dann, soweit die Parteien nichts anderes vereinbart haben.

Beispiele für die genannte Regelung konnten trotz Nachforschungen nicht aufgefunden werden.

Peru

Im peruanischen Recht sind die restriktiven Vertragsklauseln in Art. 19 der Res. No. 005-81-EFC/35 geregelt. Sie wiederholen weitgehend Art. 20 der Dec. 220. Lediglich *lit.* e) bestimmt zusätzlich, daß Verkäufe des Lizenznehmers nicht beschränkt werden dürfen.

Zusätzlich zu den in Art. 19 der Res. No. 005-81-EFC/35 genannten Beschränkungen des Vertragsinhalts bestimmt Art. 20 der Resolución, daß die zuständige nationale Behörde CONITE, soweit keine Rechtfertigung dafür besteht, folgenden Klauseln den gleichen Effekt wie den in Art. 19 der Resolución aufgeführten zumißt:

- Art. 20 *lit.* a) Verpflichtung zur Zahlung einer Mindestsumme, soweit die Gebühr oder der Prozentsatz der erzielten Tantiemen nicht eine bestimmte Höhe erreicht;[261)]

- Art. 20 *lit.* b) Beschränkung des Zutritts qualifizierten Personals des Lizenznehmers zum Produktionsprozeß oder zur Qualitätskontrolle der unter Lizenz hergestellten Produkte;

- Art. 20 *lit.* c) Verpflichtungen, die weit über die Schutzrechte oder den Lizenzvertrag hinausgehen, außer im Falle vertraulicher Mitteilungen;

- Art. 20 *lit.* d) Haftbarmachung des Lizenznehmers für die Auswirkungen der lizenzierten Technologie, Patente oder Warenzeichen.

Ecuador

Ecuador hat in Decr. No. 3095 keine Artt. 20 und 24 der Dec. 220 erweiternden Normen erlassen.[262)]

---

261) Vgl. zur Vereinbarung von Mindesttantiemen bereits die Regelungen des kolumbianischen Rechts.

262) Vorher Art. 3 des Ac. No. 175: Dieser enthielt die gleichen Bestimmungen wie Art. 20 der früheren Dec. 24 bzw. jetzt 220 und bezog sich ebenfalls nur auf Patent-

c) *Einzelheiten der gesetzlichen Regelungen des Andenpaktes im Vergleich zum deutschen und zum EG-Kartellrecht*

aa) Allgemeines und Anwendungsbereich

(1) Nach deutschem Recht ist § 20 GWB anwendbar, wenn der Vertrag Auswirkungen[263)] auf den inländischen Markt hat, ohne Unterscheidung danach, ob es sich um einen in- oder ausländischen Technologiegeber handelt.[264)]

Die Technologietransfergesetze werden dagegen, bedingt durch ihre Struktur und Zielsetzung, vor allem auf Vertragsbeziehungen zwischen einem ausländischen Technologiegeber und einem inländischen Technologienehmer angewandt.[265)] Sie gelten jedoch auch, wenn nur inländische Technologiegeber beteiligt sind, der Transfer aber ausländische Technologie betrifft, weil bei einem indirekten Transfer eine Umgehung der betreffenden Gesetze befürchtet

---

lizenzverträge. Lediglich die Ausnahmevorschrift des Art. 20 *lit.* a) aE war in Art. 5 des Ac. 175 und die die Exportbeschränkungsklausel des Art. 20 aE in Art. 6 des Ac. 175 geregelt.

Art. 4 des Ac. 175 enthielt die gleichen Vorschriften wie Art. 25 der früheren Dec. 24 bzw. jetzt Art. 24 der Dec. 220. Wie dieser bezog er sich nur auf Warenzeichenlizenzverträge. Die Ausnahmevorschrift des Art. 24 *lit.* b) aE war in Art. 5 des Ac. 175 geregelt.

263) Vgl. z.B. auch das mexikanische Recht, dort muß der Technologievertrag ebenfalls Auswirkungen innerhalb Mexikos zeigen (Art. 2 TÜG); vgl. hierzu Correa, S. 63 und Frisch Philipp und Moser, RIW 1982, S. 622.

264) Vgl. z.B. Stumpf, Rdnr. 452.

265) Vgl. Alvarez Soberanis, S. 496; Correa, S. 63 und German, S. 1. Vgl. auch Wortlaut des Art. 18 der Dec. 220 "importación de tecnología".

Eine Ausnahme hiervon macht nur das mexikanische Technologieübertragungsgesetz von 1981: Es ist zwar sowohl auf inländische wie auf internationale Technologietransaktionen anwendbar, jedoch insgesamt dennoch auf Technologieimport abgestimmt; vgl. Cabanellas, International Review of Industrial Property and Copyright Law 1985, S. 20 Fußn. 2.

wird.[266] Weiterhin wird bei unentgeltlichen Transaktionen die Beachtung der Technologietransfergesetze verlangt,[267] um zu vermeiden, daß das Gesetz von den Parteien durch eine vorherige Zahlung der Lizenzgebühren umgangen wird.[268] Der Preis der übertragenen Technologie stellt nur einen Aspekt unter vielen dar, die bei der Überprüfung durch die nationalen Behörden zu beachten sind.[269]

(2) Artt. 20 und 24 der Dec. 220 (verbotene restriktive Klauseln in Patentlizenz-, Technologietransfer- und Warenzeichenlizenzverträgen) beziehen sich auf Verträge. Unilaterale Akte werden nicht erfaßt.[270]

§ 20 GWB - als Sonderregelung zu den §§ 15 bis 18 GWB - gilt für Lizenzverträge, die Austauschverträge darstellen, auch wenn sie gesellschaftsähnliche Elemente enthalten[271] und für jeden Vertrag, der auf die Übertragung eines Patentes oder die Einräumung einer Nutzungserlaubnis an der geschützten Erfindung gerichtet ist. Dieses Kriterium kann gleichermaßen auf Lohnfertigungsverträge und Vergleiche zutreffen.[272]

---

266) Vgl. Correa, S. 64 und Cabanellas, IC Studies, S. 18.

267) Vgl. Correa, S. 62.

268) Vgl. Cabanellas, IC Studies, S. 16.

269) Vgl. Correa, S. 62.

270) Vgl. Cabanellas, IC Studies, S. 16.

271) Vgl. Emmerich, S. 167.

272) Vgl. zum ganzen Absatz Kraßer, S. 713. Umstritten ist die Frage, ob auch ein Mietvertrag über patentierte Sachen von § 20 GWB mit umfaßt wird. Kraßer, aaO, bejaht das, sofern die Sache nicht vorher vom Patentinhaber oder mit seiner Zustimmung in den Verkehr gebracht wurde, da in diesem Falle der Vertrag eine Gebrauchslizenz einschließe.

Nach den andinischen Technologietransfergesetzen hingegen ist es unerheblich, ob der einzelne "Technologietransferakt" Teil einer weitergehenden Vertragsbeziehung darstellt. Er unterliegt in jedem Fall der Genehmigung durch die zuständige nationale Behörde und damit der Evaluierung nach dem betreffenden Technologietransfergesetz.[273)]

Im deutschen Recht ist bei gemischten Verträgen, wenn die Lizenzierung des Schutzrechts nur einen Teil einer umfassenden Abrede der Vertragsparteien bildet, die Anwendung von § 20 GWB nicht endgültig geklärt. Die Praxis des Bundeskartellamtes ist nicht einheitlich. § 20 GWB wird angewandt, wenn die lizenzvertraglichen Elemente vorherrschen oder einen bestimmenden Einfluß auf die Gestaltung des Vertrages ausüben.[274)] Soweit das lizenzvertragliche Element nicht als vorherrschend erachtet wird, trennt das Bundeskartellamt den Vertrag auf und beurteilt nur die Beschränkungen nach § 20 GWB, die ursächlich auf Patente zurückzuführen sind.[275)]

Die Technologietransfergesetze aber treffen keine direkte Regelung über Patentpools oder ein kollusives Zusammenwirken von Technologiegeber und Technologienehmer.[276)] Sie zielen vielmehr darauf, von der wirtschaftlich stärkeren Partei auferlegte einseitige Bedingungen zu regeln. Dennoch kann das Technologietransfergesetz auf Patentpools und Überkreuzlizenzen anwendbar sein. Dies ist der Fall, wenn in den Lizenzverträgen "Grant-back"-Klauseln[277)]

---

273) Vgl. Cabanellas, IC Studies, S. 17.

274) Vgl. Stumpf, Rdnr. 513 m.w.N. AA Emmerich, S. 171: Nach seiner Auffassung soll § 20 GWB grundsätzlich auf alle gemischten Verträge anwendbar sein, da es den Parteien nicht erlaubt sein könne, die Anwendung des § 20 allein durch die äußerliche Zuordnung zu anderen Vertragsbestandteilen auszuschalten.

275) Vgl. Stumpf, Rdnr. 513.

276) Vgl. zum ganzen Fragenkomplex Cabanellas, IC Studies, S. 142f.

277) Vgl. Art. 20 *lit.* f) der Dec. 220.

vereinbart werden oder soweit sich dadurch negative Auswirkungen auf die Entwicklung des Technologienehmerlandes zeigen können.[278)]

Im deutschen Recht ist nicht § 20 GWB, sondern sind die §§ 1ff. GWB anwendbar, wenn der Lizenzvertrag gleichzeitig ein Kartell darstellt. § 20 GWB tritt in diesem Fall zurück, da die Vorschriften über Kartelle (§§ 1 - 14 GWB) Vorrang vor den §§ 20 und 21 GWB haben (§ 20 Abs. 4 GWB).[279)] Ein Kartell liegt vor, soweit "die an der beschränkenden Vereinbarung Beteiligten einen gemeinsamen Zweck verfolgen".[280)] Das Kartellamt hat ein Kartell vor allem bei umfassenden Lizenzvertragssystemen angenommen, z.B. bei gegenseitigen ausschließlichen Lizenzen,[281)] einschließlich umfassenden Überkreuzlizenzen, "bei korrespondierenden Beschränkungen von Lizenznehmern und Lizenzgebern, bei Lizenzkartellen unter maßgeblicher Beteiligung der Lizenznehmer, z.B. bei einem Mitwirkungsrecht der Lizenznehmer bei der Erteilung weiterer Lizenzen, schließlich bei allen Absprachen über Preise, Konditionen, Mengen, Gebiete und Lizenzpolitik zwischen den Lizenznehmern und dem Lizenzgeber."[282)]

Auf Patentpools ist § 20 GWB gleichfalls nicht anwendbar. Solche Zusammenschlüsse haben Gesellschaftscharakter. Eine Gesellschaft liegt vor, wenn sich konkurrierende Unternehmen zusammenschließen, in das neu gegründete Unternehmen alle ihre Patente einbringen und an die einzelnen Mitglieder Lizenzen in

---

278) Vgl. Art. 7 der Dec. 84.

279) Vgl. Emmerich, S. 186.

280) Vgl. Kraßer, S. 710. Dies ist in der Regel bei Lizenzverträgen nicht der Fall.

281) Gegen die bei Einseitigkeit keine kartellrechtlichen Bedenken bestehen; vgl. Stumpf, Rdnr. 514 und 569 m.w.N. Die Erteilung von einfachen gegenseitigen Lizenzen ist ebenfalls zulässig; vgl. Stumpf, Rdnr. 567 m.w.N.

282) Vgl. Emmerich, S. 167f.

Verbindung mit Mengenbeschränkungen und Preisbindungen vergeben.[283] Ihre Überprüfung bestimmt sich nach § 1 Abs. 1 GWB.

Die §§ 20 und 21 GWB beziehen sich, wie die Vorschriften der Technologietransfergesetze, schon ihrem Wortlaut nach nur auf Beschränkungen des Lizenznehmers. Dem entspricht auch die Zielsetzung der Technologietransfergesetze.[284] Nicht vom Anwendungsbereich des GWB umfaßt sind daher Beschränkungen des Lizenzgebers.[285] Für derartige Beschränkungen gelten im deutschen Recht die allgemeinen Vorschriften des Kartellrechts.

(3) Die kartellrechtliche Beurteilung von Lizenzverträgen nach dem EG-Recht richtet sich nach den Artt. 85 und 86 des EWG-Vertrages.[286] Durch die Verordnung Nr. 17 Art. 1 des Rates wurde klargestellt, daß das EG-Kartellrecht - anders als die Dec. 220 des Andenpaktes - unmittelbar anwendbare Rechtsnormen enthält.[287]

Andererseits ist das Abkommen von Cartagena zur Gründung des Andenpaktes ist in seiner Ausprägung mit dem EWG-Vertrag durchaus vergleichbar.[288] Es handelt sich in beiden Fällen um einen unter wirtschaftlichen Gesichtspunkten geschaffenen Zusammenschluß von Staaten, wobei der Andenpakt zunächst eine weiter-

---

283) Vgl. zum ganzen Absatz Emmerich, S. 168 und Stumpf, Rdnr. 570.

284) Vgl. oben S. 166ff.

285) Vgl. dazu für das deutsche Recht Stumpf, Rdnr. 509 und Emmerich, S. 169. Vgl. des weiteren unten S. 206f.

286) Vertrag zur Gründung der Europäischen Wirtschaftsgemeinschaft vom 25. März 1957. Zum internationalen Anwendungsbereich des EG-Kartellrechts vgl. Basedow, NJW 1989, S. 633ff.

287) Vgl. Stumpf, Rdnr. 583 m.w.N.

288) Vgl. auch Kantor, Les Nouvelles 1977, S. 227: "In 1969, in Cartagena, Colombia, an ambitious project was launched, molded along the lines of what was intended to be similar to the European Common Market."

gehende rechtliche Vereinheitlichung anstrebt als die Staaten der EG.

Zur Anwendung des EG-Kartellrechts genügt es nach Art. 85 Abs. 1 EWGV nicht allein, daß der Wettbewerb beschränkt wird, es müssen vielmehr die Vereinbarungen auch geeignet sein, den Handel zwischen den Mitgliedsstaaten zu beeinträchtigen (sog. Zwischenstaatlichkeitsklausel).[289)] Dieses Kriterium beinhaltet sowohl eine Abgrenzung des Eingriffsbereiches des Rechtes der Gemeinschaft von den kartellrechtlichen Regelungen der Mitgliedsstaaten, wie auch "eine der für die Auslegung der EG-Wettbewerbsregeln maßgeblichen Hauptzielsetzungen, nämlich vor allem zur Ausdehnung und Erhaltung des Gemeinsamen Marktes, insbesondere gegen Versuche der Marktaufteilung, beizutragen."[290)]

Anders als nach Art. 85 Abs. 1 EWGV ist für die Anwendung der Technologietransfergesetze des Andenpaktes nicht Voraussetzung, daß der Handel zwischen den Mitgliedsstaaten beeinträchtigt wird. Vielmehr ist hier primär eine Regelung der Rechtsbeziehung zwischen dem einzelnen Lizenzgeber aus einem Land außerhalb des Andenpaktes und dem in einem Andenpaktland ansässigen Lizenznehmer beabsichtigt; die Technologietransfergesetze versuchen Benachteiligungen ihrer Lizenznehmer zu verhindern. Wirtschaftspolitische Aspekte spielen aber im Hinblick auf die technische und wirtschaftliche Entwicklung des jeweiligen Mitgliedslandes eine wichtige Rolle.

(4) Auf Lizenzvereinbarungen eines deutschen Vertragspartners, die sich nur im Inland oder im Ausland außerhalb der EG auswirken, ohne den zwischenstaatlichen Handel im Gemeinsamen Markt zu

---

289) Vgl. Emmerich, S. 480; Stumpf, Rdnr. 585 und Kraßer, S. 716f.

290) Vgl. Neumann, Carl Wolfgang, Lizenzverträge im EWG-Kartellrecht, Zur neuen Gruppenfreistellung von Patentlizenzverträgen nach Art. 85 Abs. 3 EWG-Vertrag, RIW 1985, S. 88, 90.

beeinträchtigen, ist nur das GWB bzw. das betreffende nationale Recht anzuwenden.[291)]

Ein Sachverhalt ist nach deutschem und nach EG-Recht zu beurteilen, soweit Inlandswirkungen und eine Beeinträchtigung des Gemeinsamen Marktes zusammentreffen. Das dabei erzielte Ergebnis kann unterschiedlich sein. Eine nach GWB zulässige Vereinbarung kann nach dem EWG-Vertrag nichtig sein.[292)]

In den Ländern des Andenpaktes sind ebenfalls in jedem Fall neben den gemeinsamen Vorschriften die Normen jedes einzelnen Mitgliedsstaates zu beachten.

bb) Inhalt des Schutzrechts

Nach deutschem Recht sind gem. § 20 Abs. 1 GWB Patentlizenzverträge unwirksam, wenn sie dem Lizenznehmer Beschränkungen im Geschäftsverkehr auferlegen, die über den Inhalt des Schutzrechts hinausgehen.[293)] Es sei daher in erster Linie festzustellen, ob die Beschränkung des Lizenznehmers auf dem Vertrag beruhe oder ob der Lizenzgeber das Verhalten des Lizenznehmers auch ohne Vertrag, nur aufgrund seines Schutzrechtes verbieten könne.[294)] Maßgebend seien die §§ 9 - 11, 14 PatG.[295)] Diese von der h.M. angenommene Vorgabe des Inhalts des Schutzrechtes ist umstritten. Nach der neueren Praxis des Bundeskartellamtes wird zwar zunächst der Umfang des Schutzrechtes anhand der ein-

---

291) Vgl. Kraßer, S. 717.

292) Vgl. Kraßer, S. 717.

293) Vgl. Kraßer, S. 712.

294) Sog. infringement-Test. In Deutschland eingeführt durch die Dekartellierungsgesetze der Alliierten. Vgl. Emmerich, S. 166 und S. 172ff. m.w.N.

295) Zur Kritik der h.M. wegen Vernachlässigung wettbewerbsrechtlicher Gesichtspunkte und zur neueren Praxis des Bundeskartellamtes vgl. Emmerich, S. 173.

schlägigen Gesetze ermittelt, zusätzlich aber kartellrechtliche Gesichtspunkte in Betracht gezogen.[296)]

Beschränkungen hinsichtlich Art, Umfang, Menge, Gebiet oder Zeit gehen gem. § 20 Abs. 1 HS. 2 GWB nicht über den Inhalt des Schutzrechtes hinaus und sind damit grundsätzlich zulässig.[297)] Beschränkungen in Art und Umfang beziehen sich in der Regel auf die verschiedenen Benutzungsarten des Patents, z.B. auf Herstellungs-, Gebrauchs- und Vertriebslizenzen (§ 9 PatG)[298)] bzw. auf die Vergabe einer einfachen oder ausschließlichen Lizenz, die Übertragbarkeit, Vererblichkeit und die Zulässigkeit von Unterlizenzen.[299)]

Im EG-Recht enthält Art. 85 EWGV keine dem § 20 Abs. 1 GWB vergleichbare Einschränkung hinsichtlich des "Inhalts des Schutzrechtes".[300)] Die Bekanntmachung der Kommission vom 24. Dezember 1962[301)] hatte zunächst - vom Gedanken des Inhalts des Schutzrechtes[302)] ausgehend - eine Reihe von Vereinbarungen bezeichnet, die nicht von dem Verbot des Art. 85 Abs. 1 EWGV umfaßt waren. Ebenfalls darin enthalten waren Verpflichtungen, die zwar über den Inhalt des Schutzrechtes hinausgingen, jedoch als "unschädlich" gewertet wurden. Regelungen, die § 20 Abs. 2 GWB vergleichbar waren, waren nicht enthalten.[303)]

---

296) Vgl. zum ganzen Fragenkomplex Emmerich, S. 173 m.w.N.

297) Vgl. des weiteren unten bei Beschränkung des Volumens der Produktion und der Produktionsstruktur S. 193ff.

298) Vgl. zum ganzen Fragenkomplex Emmerich, S. 174.

299) Vgl. Stumpf, Rdnr. 514.

300) Vgl. Kraßer, S. 717.

301) Sog. Weihnachtsbekanntmachung; GRUR Int. 1963, S. 26. Außer Kraft gesetzt durch die Gruppenfreistellungsverordnung vom 23. 7. 1984. Vgl. des weiteren unten S. 188.

302) Vgl. Emmerich, S. 518.

303) Vgl. zum ganzen Fragenkomplex Kraßer, S. 717f. m.w.N.

Die spätere Entscheidungspraxis der Kommission war wesentlich restriktiver.[304] Sie ging nicht mehr vom Inhalt des Schutzrechtes aus, sondern an dessen Stelle trat die vom EuGH geprägte Unterscheidung, daß nur der Bestand des Schutzrechtes vom Recht der EG nicht berührt werde, die Ausübung desselben aber unter den EWGV fallen könne.[305] Die Problematik der gewerblichen Schutzrechte umfaßt danach auch noch die Frage der Einschränkung des sog. Territorialitätsprinzips, das für gewerbliche Schutzrechte kennzeichnend ist. Da ein einheitliches europäisches Patentsystem zwar geplant ist, jedoch bis jetzt nicht zur Durchführung gelangte,[306] hat der EuGH unmittelbar aus dem EWGV selbst Schranken für das Territorialitätsprinzip abgeleitet. Die Praxis des Gerichtshofs basiert auf der sog. Erschöpfungslehre.[307] Der Ausgangsgedanke hierfür ist, daß sich die Wirkung der gewerblichen Schutzrechte stets auf das Hoheitsgebiet des anerkennenden Staates beschränkt. Das Ausland ist schutzrechtsfrei, der Inhaber des Schutzrechtes kann dort jedoch parallele Schutzrechte erwerben. Nach der Rechtsprechung des EuGH[308] erkennt zwar der EWG-Vertrag grundsätzlich den Bestand der nationalen Schutzrechte an, das Inverkehrbringen eines geschützten Gegenstandes erschöpft aber das Schutzrecht für den gesamten EG-Bereich, soweit es sich um parallele oder ursprungsgleiche Schutzrechte handelt oder diese durch Vereinbarung erworben wurden. Parallelimporte in andere Mitgliedsstaaten können damit aufgrund paralleler Schutzrechte nicht verhindert werden. Diese Auffassung gilt sowohl für Patente wie auch für Warenzeichen. Zugelassen ist nach EG-Recht in der Regel die räumliche Beschränkung des Lizenznehmers auf Teile des Gebietes eines

---

304) Vgl. Stumpf, Rdnr. 586.

305) Vgl. Kraßer, S. 718 m.w.N.

306) Vgl. Emmerich, S. 519 m.w.N.

307) Vgl. z.B. EuGH v. 15. 6. 1976, JuS 1977, S. 256; EuGH v. 27. 2. 1981, JuS 1982, S. 376. Vgl. zum ganzen Fragenkomplex auch Emmerich, S. 520 m.w.N.

308) Vgl. z.B. EuGH vom 15.6.1976, JuS 1977, S. 256.

Mitgliedslandes und seine Beschränkung auf einzelne Anwendungsbereiche.[309)]

Nach dem Technologietransferrecht der Andenstaaten wird der Inhalt des Schutzrechtes - sowohl bei Patent- wie auch bei Warenzeichenlizenzverträgen - nicht als vorgegeben aufgefaßt. Das Technologietransferrecht dient dazu, die gewerblichen Schutzrechte einzuschränken[310)] und sie den gegenwärtigen wirtschaftlichen Erfordernissen des Landes anzugleichen.[311)] Der Schutz des Technologienehmers wird über die gewerblichen Schutzrechte des Technologiegebers gesetzt.[312)] Gesetzliche Restriktionen sind in den Andenstaaten ohne Betrachtung des Schutzrechtsinhalts wirksam.[313)]

Für Anwendungsbeschränkungen, wie die Beschränkung auf einzelne Benutzungsarten (z.B. Herstellungs-, Gebrauchs- und Vertriebslizenzen) besteht in Entwicklungsländern ebenso die Tendenz solche zu untersagen. Man begründet dies "mit dem Schutz der wirtschaftlichen Entfaltungsmöglichkeiten des Technologieempfängers."[314)]

---

309) Vgl. Emmerich, S. 523 m.w.N.

310) Vgl. Vailanti, Revista del Derecho Industrial 1986 (24), S. 459.

311) Vgl. Cabanellas, IC Studies, S. 41f.

312) Vgl. Cabanellas, IC Studies, S. 129.

313) Ansätze zu einer Einbeziehung des Schutzrechtsinhalts zeigt nur Art. 557 des kolumbianischen Código de Comercio, wonach zwar Klauseln untersagt sind, die dem Lizenznehmer Beschränkungen hinsichtlich seines Wirtschafts- oder Industrieplanes auferlegen, jedoch nur soweit sie nicht den durch das Patent verliehenen Rechten entspringen. Vgl. des weiteren oben S. 175.

314) Vgl. Ebenroth, Rdnr. 457 m.w.N.

cc) Bezugsbindungsklauseln

Im deutschen Recht sind Beschränkungen des Lizenznehmers gem. § 20 Abs. 2 Nr. 1 GWB zulässig,[315] soweit und solange sie durch ein Interesse des Lizenzgebers an einer technisch einwandfreien Ausnutzung des Gegenstandes des Schutzrechtes gerechtfertigt sind. Die Vorschrift betrifft vor allem Bindungen des Lizenznehmers hinsichtlich des Bezuges von Rohstoffen und Zwischenprodukten und umfaßt auch Auflagen zur Sicherung und Kontrolle der Produktionsqualität.[316]

Das technische Interesse an Bezugsbindungsklauseln wird verneint, wenn die betreffenden Rohstoffe und Zwischenprodukte in der erforderlichen Qualität von anderer Stelle zu beziehen sind.[317] Ebenso ist ein solches Interesse nicht gegeben, wenn der Lizenzgeber die Qualität der Produkte durch Betriebsanweisungen oder Kontrollen sicherstellen kann.[318]

Rein wirtschaftliche Interessen des Lizenzgebers, z.B. an der Verhinderung von Konkurrenzproduktionen oder an besonders hohen Gewinnen, fallen nicht in den Schutzbereich des § 20 Abs. 2 Nr. 1 GWB.[319]

Insgesamt ist die Praxis des Bundeskartellamtes ausgesprochen restriktiv. Die Voraussetzungen für Bezugsbindungsklauseln werden selten bejaht. Bezugsbindungen sind jedoch bereits nach § 20 Abs. 1 GWB zulässig, soweit sie durch den Inhalt des Schutzrechtes gerechtfertigt sind. Das ist

---

315) Gem. § 20 Abs. 2 GWB sind - in Durchbrechung des Grundsatzes von Abs. 1 - weitere Beschränkungen zugelassen, obwohl sie meist über den Inhalt des Schutzrechts hinausgehen; vgl. Emmerich, S. 176. Nach Emmerich, 4. Auflage, S. 134 geschah das auf Druck der Wirtschaft.

316) Vgl. Kraßer, S. 714.

317) Vgl. Kraßer, S. 714 und Emmerich, S. 177.

318) Vgl. Emmerich, S. 177.

319) Vgl. Emmerich, S. 177.

der Fall, wenn sich das Schutzrecht auf die Rohstoffe und Vorprodukte bezieht.[320)]

Nach Auffassung der EG-Kommission sollen Bezugspflichten des Lizenznehmers - ähnlich wie nach dem GWB - nur für den Fall zulässig sein, daß sie zur ordnungsgemäßen Benutzung der Erfindung unerläßlich sind. Ansonsten soll die Verpflichtung des Lizenznehmers, eine bestimmte Mindestmenge an Vorprodukten, Zukaufsteilen oder sonstigen Hilfsstoffen vom Lizenzgeber zu beziehen, grundsätzlich unzulässig sein.[321)] Dem entspricht Art. 2[322)] der Gruppenfreistellungsverordnung für Patentlizenzverträge, Art. 85 Abs. 3 EWGV[323)]: Danach sind tech-

---

320) Vgl. Emmerich, S. 177.

321) Vgl. Stumpf, Rdnr. 623 m.w.N.

322) In Art. 2 der Verordnung ist eine Reihe von Verpflichtungen aufgeführt, die der Freistellung gem. Art. 1 nicht entgegenstehen. Diese Regelung dient der Klarstellung und läßt die betreffenden Verpflichtungen auch dann zu, soweit sie unter Art. 85 Abs. 1 EWGV fallen würden.

323) Der "Entwurf einer Verordnung (EWG) der Kommission über die Anwendung von Art. 85 Abs. 3 des Vertrags auf Gruppen von Patentlizenzverträgen" von 1979 stellte den bedeutsamsten Wandel in der Haltung der Kommission gegenüber Patentlizenzverträgen dar. Die daran anschließende Diskussion hat mit der jetzigen Gruppenfreistellungsverordnung ihren Abschluß gefunden. Vgl. dazu Neumann, RIW 1985, S. 89; Koch, Norbert in: Grabitz, Eberhard, Kommentar zum EWG-Vertrag, München 1986, Art. 85 EWGV Rdnr. 319ff.; Miselbach, R.G., Block Exemption Strategies, Les Nouvelles 1985, S. 53ff. Zur Kritik an den Entwürfen vgl. Stumpf, Rdnr. 588 m.w.N. Vgl. auch Reinhart, Gert, Patentlizenzverträge - ein Hindernis auf dem Weg zur europäischen Integration? DB 1981, S. 1863ff.

Die "Verordnung (EWG) Nr. 2349/84 der Kommission" wurde erlassen am 23. 7. 1984. Sie ist in Kraft getreten am 1. 1. 1985.

Die Bedeutung der Verordnung liegt darin, häufig in Verträgen vorkommende Verpflichtungen auf ihre kartellrechtliche Wirksamkeit abzusichern, da nach Art. 85 Abs. 1 EWGV untersagte und nicht nach Art. 85 Abs. 3 freigestellte Verbote nach Art. 85 Abs. 2 nichtig sind und daher gem. § 139 BGB die Nichtigkeit des gesamten Vertrages nach sich ziehen können; vgl. Neumann, RIW 1985, S. 88, 89 und Kraßer, S. 720.

Die Verordnung umfaßt neben "reinen" Patentlizenzverträgen auch sog. "gemischte Vereinbarungen", die neben der Lizenzierung eines Patentes Know-how bzw. Warenzeichenlizenzen enthalten, soweit diese Nebenabreden zur Patentlizenzerteilung darstellen; vgl. zum ganzen Absatz Neumann, RIW 1985, S. 91f.

nisch notwendige Bezugsbindungen, Qualitäts- und Kontrollauflagen zugelassen. Nach Art. 3 der Gruppenfreistellungsverordnung schließen bestimmte Bezugsbindungen den Vertrag von der Gruppenfreistellung aus, es sei denn, daß solche Vereinbarungen aus technischen Gründen unerläßlich sind.

Die Bindung des Lizenznehmers hinsichtlich des einzustellenden Personals wird im deutschen Recht - anders als im Recht der Andenpaktstaaten - nicht ausdrücklich behandelt. Das ist nach Auffassung von Cabanellas[324)] darauf zurückzuführen, daß sich solche Klauseln in der Regel nur in Verträgen mit Entwicklungsländern finden, nicht jedoch in Lizenzvereinbarungen innerhalb der Industriestaaten. Ihre Gültigkeit richtet sich wie die Bezugsverpflichtungen für Produkte nach § 20 Abs. 2 Nr. 1 GWB, d.h. sie sind gültig, soweit sie durch ein technisches Interesse des Lizenzgebers gerechtfertigt sind.

Im andinischen Recht enthält Art. 20 *lit.* a) der Dec. 220 ein Verbot von Bezugsbindungsklauseln.[325)] Dieses bezieht sich auf verschiedene Güter und auf die Bestimmung von Personal durch den Lizenzgeber. Das Verbot ist relativer Natur, da Ausnahmen möglich sind.[326)] Die Genehmigungsbehörde kann sie gewähren, wenn der Preis dem internationalen Niveau angemessen ist.

Sie findet auch Anwendung auf Lizenzverträge über Schutzrechte, in denen Rechte oder Verpflichtungen des Lizenzgebers oder Lizenznehmers von mit ihnen verbundenen Unternehmen übernommen werden (Art. 11 Nr. 3 der Verordnung); vgl. Neumann, RIW 1985, S. 92 mit weiteren Beispielen.

324) Vgl. Cabanellas, IC Studies, S. 121f.

325) Pate, S. 92 zeigt die Möglichkeit auf, Bezugsbindungsklauseln zu umgehen, indem über die in Frage kommenden Produkte oder das zu beziehende Personal gesonderte Verträge abgeschlossen werden.

326) Vgl. zu relativen und absoluten Bezugsbindungsklauseln Cabanellas, IC Studies, S. 105.

Nach Bentata[327], der eine Lockerung fordert, können tie-in-Klauseln einen wichtigen Faktor zur Qualitätskontrolle bei empfindlichen Produkten darstellen. Die Genehmigungsbehörde kann dieser Forderung bis zu einem gewissen Maße nachkommen, da sie eine Ausnahmeerlaubnis erteilen kann. Dadurch wird auch das legitime Interesse des Lizenzgebers an einer Qualitätserhaltung seiner Produkte geschützt.[328] Obwohl das Recht der Andenstaaten keine dem deutschen Recht vergleichbare Unterscheidung zwischen einem rein technischen Interesse des Lizenzgebers an Bezugsbindungsklauseln und einem wirtschaftlichen Interesse kennt, könnte durch diese Ausnahmeregelung ein ähnlicher Effekt wie im deutschen Recht erreicht werden.

Obwohl die Ausprägung der Bezugsbindungsklauseln in der Dec. 24 (bzw. 220) der des deutschen Kartellrechts ähnelt, ist ihre Zielsetzung eine andere:[329] Das Kartellrecht dient in der Hauptsache dem Schutz des freien Wettbewerbs. Nach Emmerich[330] bestehen die Gefahren für die Wettbewerbsordnung bei dem geltenden Patentsystem vor allem "in der Förderung der Konzentration, in der Errichtung künstlicher Marktzutrittsschranken sowie in der antikompetitiven Organisation der Märkte durch wettbewerbsbeschränkende Lizenzvertragssysteme". Diese Gesichtspunkte werden in den Andenstaaten zwar ebenfalls in Betracht gezogen,[331] die Zielsetzungen ihrer Technologietransfergesetze umfassen jedoch noch andere Gesichtspunkte. Die Technologietransfergesetze[332] beabsichtigen nicht nur den Schutz des Lizenznehmers, sondern auch gerade die Verhinderung zusätzlicher Importe, die Unterstützung einheimischer Technologiegeber und die Verhinderung von

---

327) Vgl. Bentata, Les Nouvelles 1985, S. 2.

328) Vgl. Cabanellas, IC Studies, S. 108.

329) Vgl. zum ganzen Fragenkomplex Cabanellas, IC Studies, S. 106.

330) Vgl. Emmerich, S. 165.

331) Vgl. oben S. 167ff.

332) Vgl. z.B. die Aussage der Artt. 7ff. der Dec. 84.

Wettbewerb im Bereich des betreffenden Produktes.[333] Eine Kontrolle des Devisenmarktes erscheint ebenfalls notwendig, vor allem, soweit die verbundenen Importe preislich über dem normalen Marktpreis für die entsprechenden Produkte liegen.[334]

dd) Preisbindungen

Das deutsche Recht erlaubt nach § 20 Abs. 2 Nr. 2 GWB einseitige Preisbindungen des Lizenznehmers durch den Lizenzgeber, untersagt aber jede vorherige Absprache über die Einführung der Preisbindung oder über die Höhe der Preise nach § 1 Abs. 1 GWB.[335] Ebenso ist die Erstreckung der Preisbindung auf den Lizenzgeber gem. § 15 GWB verboten.

Strittig ist die Zulässigkeit einer Preisbindung, wenn nur ein Teil des Vertragsgegenstandes einem Schutzrecht unterliegt. Nach Auffassung des Bundeskartellamtes ist diese nur zulässig, soweit der dem Schutzrecht unterliegende Hauptbestandteil dem Vertrag seinen Charakter verleiht.[336] Die Preisbindung darf nicht auf gemeinfreie Gegenstände erstreckt werden.[337]

---

333) Vgl. Cabanellas, IC Studies, S. 105.

334) Vgl. Cabanellas, IC Studies, S. 106.

335) Vgl. zum ganzen Fragenkomplex Emmerich, S. 178.

336) Vgl. Stumpf, Rdnr. 531 m.w.N. zum Streitstand.

337) Vgl. Emmerich, S. 178. Jedoch darf nach Auffassung des Bundeskartellamtes eine Einbeziehung ungeschützter Teile in die Berechnungsgrundlage dann stattfinden, wenn es sich um eine Zahlungsmodalität handelt, die der Erleichterung der Abrechnung dient; vgl. Stumpf, Rdnr. 534a m.w.N.

In keinem Fall darf der Lizenznehmer verpflichtet werden, seine Abnehmer preislich zu binden. Diese Abrede unterliegt nach § 15 GWB der Beurteilung des Bundeskartellamtes.[338)]

Nach Auffassung der EG-Kommission widersprechen Preisbindungen Art. 85 Abs. 1 EWGV. Dies ist auch in Art. 3 der Gruppenfreistellungsverordnung für Patentlizenzverträge niedergelegt. Danach schließen Preisbindungsklauseln den Vertrag von der Gruppenfreistellung aus. Hier ist im Gegensatz zum deutschen Recht eine spürbare Verschärfung hinsichtlich der Zulässigkeit wettbewerbsbeschränkender Klauseln zu beobachten.[339)] Denn § 20 Abs. 2 Nr. 2 GWB dient den Interessen des Lizenzgebers, wenn ihm Lizenzgebühren nach dem Umsatz des Lizenznehmers zustehen bzw. schützt ihn vor Unterbietung durch den Lizenznehmer, wenn er die lizenzierten Gegenstände selbst anbietet.[340)]

Andinische Technologietransfergesetze gehen dagegen von einem vorrangigen Schutz des Technologienehmers aus.[341)] Vorgeschriebene Prozentsätze für Lizenzgebühren (in der Regel für Warenzeichenlizenzverträge 1% des Nettoverkaufspreises, etwa 2-5% für andere Technologie[342)]) ermöglichen es dem Lizenzgeber nur dann seinen Gewinn zu erhöhen, wenn der Gesamtverkaufsbetrag erhöht werden kann. Das kann auf zwei Arten geschehen: Durch Anheben des Verkaufspreises eines Einzelproduktes oder durch gesteigerten Umsatz. Der Technologiegeber kann darauf über die Preisgestaltung Einfluß nehmen, entweder durch Festsetzen eines besonders niedrigen Verkaufspreises oder eines besonders hohen.[343)] Beides kann für den Technologienehmer nachteilige Fol-

---

338) Vgl. Stumpf, Rdnr. 532 m.w.N. und Kraßer, S. 714.

339) Vgl. Stumpf, Rdnr. 614 m.w.N.

340) Vgl. Kraßer, S. 714.

341) Vgl. zum ganzen Fragenkomplex Cabanellas, IC Studies, S. 114ff.

342) Vgl. Pate, S. 74. Vgl. des weiteren ausführlich unten S. 217 und 220.

343) Vgl. auch Pate, S. 92. Ebenso aaO, S. 93 zu den Möglichkeiten, das Preissetzungsverbot zu umgehen, z.B. durch Festsetzung von Minimalverkaufszahlen.

gen haben. Bei zu hohem Verkaufspreis hat er Schwierigkeiten sich gegenüber seinen Konkurrenten zu behaupten, bei zu niedrigem Verkaufspreis reicht seine Gewinnspanne nicht aus. Diese Überlegungen führten zu einem generellen Verbot der Preisbindungsklauseln. Sie sind nach Art. 20 *lit.* b) der Dec. 220 nicht zugelassen.

ee) Beschränkung des Volumens der Produktion und der Produktionsstruktur

Im deutschen Recht sind Beschränkungen in der Menge durch sog. Quotenlizenzen zugelassen, da sie nicht über den Inhalt des Schutzrechtes gem. § 20 Abs. 1 GWB hinausgehen. Sie dürfen sich jedoch nicht auf gemeinfrei gewordene Gegenstände erstrecken. Auch darf nach Auffassung des Bundeskartellamtes die Mindestmenge nicht so festgelegt werden, daß die Kapazitäten des Lizenznehmers im wesentlichen erschöpft werden und sich eine Beschränkung der Menge auf diese Weise als Wettbewerbsverbot auswirkt.[344)]

Der Lizenzgeber kann Art und Umfang der Nutzung des Patentes und das Gebiet[345)] der Herstellung und des Vertriebs bestimmen. Ebenso steht gem. Art. 2 der Gruppenfreistellungsverordnung für Patentlizenzverträge die Verpflichtung, Beschränkungen der Lizenz auf einzelne technische Anwendungsbereiche vorzunehmen, einer Freistellung nach Art. 1 nicht entgegen.

Beschränkungen der Produktion, z.B. auf bestimmte Maßeinheiten, verschiedene Verfahrensprinzipien, praktische Anwendungszwecke, Herstellung in einer bestimmten Verpackung oder Verwendung bestimmter

---

344) Vgl. TB 1969, S. 96. Vgl. auch Stumpf, Rdnr. 515 m.w.N.

345) Zu Exportverboten vgl. unten S. 203ff.

Hilfsmittel, d.h. Maschinen oder Personal[346] gehen nicht über den Inhalt des Schutzrechts hinaus. Auch eine Ausübungspflicht ist damit abgedeckt.[347]

Beschränkungen in der Zeit sind ebenfalls zulässig. Die Vertragsparteien können jedoch lediglich eine kürzere Zeit als die Laufzeit des Schutzrechts (§ 16 PatG) vereinbaren. Beschränkungen des Lizenznehmers über die Laufzeit des Schutzrechts hinaus sind unzulässig.[348] Dies gilt grundsätzlich auch für die Verpflichtung Lizenzgebühren zu erbringen,[349] es sei denn, es handelt sich um eine bloße Zahlungsmodalität.[350] Pauschgebühren oder die Vereinbarung einer einmaligen Gebühr werden dagegen ohne Rücksicht auf die Laufzeit des Schutzrechtes anerkannt.[351]

Zulässig sind ebenso die sog. Längstlaufklauseln. Darunter versteht man die Vereinbarung einer Lizenzzeit von unbestimmter Dauer, wonach der Vertrag erst endet, "wenn das letztbestehende - auch während der Vertragsdauer hinzutretende - Lizenzschutzrecht erloschen" ist.[352]

---

346) Vgl. Stumpf, Rdnr. 515 m.w.N. Dort wird die Zulässigkeit einer Beschränkung der Produktion damit begründet, daß sie keine Beschränkung des Wettbewerbs beinhalte, denn ohne Lizenzerteilung dürfte der Lizenznehmer den Schutzgegenstand überhaupt nicht herstellen. Seine Wettbewerbsfähigkeit werde nicht beschränkt, sondern erweitert.

347) Vgl. Stumpf, Rdnr. 515.

348) Vgl. Emmerich, S. 175f. und Stumpf, Rdnr. 556.

Eine solche Vereinbarung ist schon nach § 20 Abs. 1 nicht zulässig, weil sie über den Inhalt des Schutzrechtes hinausgeht. Ausdrücklich wurde die Unzulässigkeit nocheinmal in Abs. 2 aE bestimmt; vgl. Stumpf, Rdnr. 556.

Vor dem Erlaß der alliierten Kartellgesetze konnte die Dauer des Lizenzvertrages über das Bestehen des Patents hinaus ausgedehnt werden; vgl. Stumpf, Rdnr. 556.

349) Vgl. TB 1962, S. 71.

350) Vgl. Stumpf, Rdnr. 562 m.w.N. und Emmerich, S. 175.

351) Vgl. Emmerich, S. 175 m.w.N.

352) Vgl. Stumpf, Rdnr. 557 m.w.N.

Nach EG-Recht ist die Ausdehnung der Lizenznehmerbeschränkungen über die Laufzeit des Schutzrechtes hinaus strikt verboten, so z.B. die Zahlung von Lizenzgebühren[353] und die Erstreckung von Schutzrechten auf nicht geschützte Gegenstände. Jedoch sind auch nach Art. 2 der Gruppenfreistellungsverordnung für Patentlizenzverträge Klauseln zugelassen, die ein Verbot beinhalten, die Erfindung nach Lizenzablauf zu benutzen, solange sie noch patentiert ist. Dagegen sind Beschränkungen hinsichtlich der Menge der herzustellenden oder zu vertreibenden Lizenzerzeugnisse oder der Zahl der Benutzungshandlungen nach der Gruppenfreistellungsverordnung nicht allgemein freigestellt, sondern schließen gem. Art. 3 den gesamten Vertrag von der Gruppenfreistellung aus.

Nach andinischem Recht untersagt Art. 20 *lit.* c) der Dec. 220 es dem Lizenzgeber, über das Volumen und die Produktionsstruktur zu bestimmen. Danach sind Beschränkungen in der Menge der Produktion verboten. Da der Anwendungsbereich dieser Regelung sehr groß sein kann, können viele verschiedene restriktive Geschäftspraktiken darunter fallen, sie kann aber auch mit anderen gesetzlichen Beschränkungen in Konflikt geraten.[354] Art. 20 *lit.* c) wird z.B. herangezogen, wenn der Lizenznehmer nach dem Ablauf des Vertrages die Technologie weiter verwenden will.[355] Man unterscheidet dabei zwischen der Lizenzvergabe an einer patentierten Erfindung und der Überlassung von Know-how.[356] Soweit der Patentschutz noch nach Ablauf des Vertrages besteht, kann der Lizenzgeber selbst die ihm aufgrund des Schutzrechtes zustehenden Rechte ausüben und den Lizenznehmer davon ausschließen. Das gilt nicht, wenn der Patentschutz abgelaufen ist bzw. nicht patentiertes

---

353) Vgl. Körner, Eberhard, Die Abhängigkeit von Lizenzverträgen vom Patentschutz oder von geheimem Know-how, Wirtschaft und Wettbewerb 1979, S. 785, 791 und Emmerich, S. 522 m.w.N.

354) Vgl. zum ganzen Fragenkomplex Cabanellas, IC Studies, S. 127f.

355) Eine entsprechende Regelung existiert nach dem Recht des Andenpaktes nicht. Vgl. oben S. 170ff. den Inhalt der Artt. 20 und 24 der Dec. 220.

356) Vgl. Cabanellas, IC Studies, S. 28f.

Know-how überlassen wurde.[357] Beschränkungen des Lizenznehmers sind dann nicht mehr zugelassen.[358]

Beschränkungen von Art und Umfang der Produktion und Gebietsrestriktionen läßt Art. 20 *lit.* c) ebenfalls nicht zu. Der Technologiegeber muß daher einen Technologienehmer auswählen, der das gesamte Empfängerland mit der importierten Technologie versorgt.[359] Da aus dieser Praxis Nachteile für die Verbreitung der importierten Technologie erwachsen können, wird cinc Lockerung gefordert: Geographische Beschränkungen sollten zugelassen werden,[360] soweit gezeigt werden könne, daß dort vorher existierende Marktabsprachen in Kraft waren.

Soweit die Beschränkung der Produktionsstruktur zur Aufrechterhaltung der Qualität eines Produktes dient, gelten im wesentlichen die zu Art. 20 *lit.* a) entwickelten Grundsätze. Qualitätssicherungsklauseln können damit - auch unter Anwendung von Technologietransfergesetzen - in gewissem Ausmaße wirksam sein.

Art. 20 *lit.* c) Dec. 220 kann sich mit dem Verbot, konkurrierende Technologie zu benutzen, überschneiden, Art. 20 *lit.* d).[361]

Der wesentliche Unterschied zwischen andinischen Technologietransfergesetzen und deutschem Kartellrecht liegt hier in der Anerkennung des Inhaltes des Schutzrechtes durch das deutsche Kartellrecht.[362] Da das Technologietransferrecht diesen nicht berücksichtigt, kommen beide zu unterschiedlichen Ergebnissen.

---

357) Vgl. hierzu und zu der Möglichkeit evtl. andere Vereinbarungen mit dem Technologienehmer zu treffen, Pate, S. 99.

358) Vgl. auch Art. 1 *lit.* a) und b) des venezolanischen Decr. No. 746.

359) Vgl. Cabanellas, IC Studies, S. 130.

360) Vgl. Bentata, Les Nouvelles 1985, S. 2.

361) Vgl. unten.

362) Vgl. oben S. 183ff.

ff) Verbot der Benutzung konkurrierender Technologie

Im deutschen Recht ist die Aufnahme einer Vertragsklausel nicht zulässig, die dem Lizenznehmer verbietet, Konkurrenzprodukte herzustellen oder zu vertreiben. Dies resultiert aus der Auffassung, daß Lizenznehmerbeschränkungen dann unzulässig sind, soweit sie über den Inhalt des Schutzrechts hinausgehen und nicht durch § 20 Abs. 2 GWB ausdrücklich erlaubt sind.[363)] Dazu zählt auch eine entsprechende Beschränkung des Lizenznehmers, soweit sich diese auf schutzrechtsfreie Gegenstände (zumindest vom jeweiligen Vertrag aus gesehen) erstreckt.[364)]

Eine unzulässige Beschränkung des Wettbewerbs kann auch in dem Verbot der Vergabe oder des Erwerbs von Lizenzen an oder von Konkurrenten des Lizenzgebers liegen[365)] oder im Verbot der Beteiligung an einem Konkurrenzunternehmen sowie in dem Verbot der Verwendung von Maschinen, mit denen ähnliche Produkte wie die geschützten Gegenstände hergestellt werden können.[366)]

Auch gem. Art. 20 *lit.* d) der Dec. 220 des andinischen Rechts ist es untersagt, Klauseln in den Vertrag aufzunehmen, die ein Verbot der Nutzung konkurrierender Technologie beinhalten. Eine solche Vertragsklausel sei geeignet, die Verhandlungsposition des Lizenznehmers zu schwä-

---

363) Vgl. Emmerich, 4. Auflage, S. 142.

364) Konkurrenzverbote waren vor Erlaß des GWB durchaus üblich; vgl. Stumpf, Rdnr. 519.

365) So BGH (BGHZ 46, S. 365, 379f.) und Bundeskartellamt (TB 1962, 71). Vgl. auch Stumpf, Rdnr. 516 m.w.N.

366) So das Bundeskartellamt; vgl. Stumpf, Rdnr. 516.

chen, ebenso wie sie seine technische und wirtschaftliche Entwicklung gefährden könne.[367)]

gg) Kaufoption zugunsten des Lizenzgebers

Im deutschen Recht sind Kaufoptionsklauseln wirksam. Der Patentinhaber kann die Lizenz auf jede Nutzungsart beschränken. Bei Vergabe einer reinen Herstellungslizenz kann damit eine ausschließliche Abnahmepflicht für den Lizenzgeber das Recht des Lizenznehmers zum Vertrieb der Waren ausschließen.[368)] Sollte die Klausel zur Festlegung des Verkaufspreises vereinbart werden, ist sie ebenfalls gem. § 20 Abs. 2 Nr. 2 GWB wirksam.

Dagegen ist es nach Art. 20 *lit.* e) der Dec. 220 des andinischen Rechts untersagt, zugunsten des Lizenzgebers eine ganze oder teilweise Kaufoption für die unter der übertragenen Technologie hergestellten Produkte zu vereinbaren.[369)] Diese Regelung dient unter anderem dazu, Umgehungen des Preisfestsetzungsverbotes zu vermeiden.[370)]

Schwierigkeiten ergeben sich hier dann, wenn der Lizenznehmer unter Benutzung der Technologie des Lizenzgebers bestimmte Produkte gerade für diesen herstellen will. Eine solche Vereinbarung wäre unwirksam. Hier soll jedoch auch nach den Technologietransfergesetzen eine Ausnahme möglich sein.[371)]

---

367) Vgl. Cabanellas, IC Studies, S. 126.

368) Vgl. Stumpf, Rdnr. 26.

369) Vgl. auch Pate, S. 93.

370) Vgl. Cabanellas, IC Studies, S. 142.

371) Vgl. Cabanellas, IC Studies, S. 141.

hh) Rückgewährklauseln

Im deutschen Recht sind gem. § 20 Abs. 2 Nr. 3 GWB Verpflichtungen des Lizenznehmers zum Erfahrungsaustausch oder zur Gewährung von Lizenzen auf Verbesserungs- oder Anwendungserfindungen dann erlaubt, sofern diesen gleichartige Verpflichtungen des Lizenzgebers entsprechen.

Ähnlich der Zielsetzung der Technologietransfergesetze soll auch im GWB das Erfordernis der Gegenseitigkeit dazu dienen, eine Monopolisierung des neuen technischen Wissens im Umkreis der ursprünglichen Erfindung beim Lizenzgeber zu verhindern.[372)] Da diese Gefahr vor allem bei umfassenden Lizenzvertragssystemen nicht gebannt ist und zu Marktzutrittsschranken für "Newcomer" führt, soll nach Emmerich[373)] § 20 Abs. 2 Nr. 3 GWB eng ausgelegt werden.

Erlaubt ist nach § 20 Abs. 2 Nr. 3 GWB lediglich die Verpflichtung zur Lizenzierung von Verbesserungs- und Anwendungserfindungen, nicht jedoch eine Übertragungspflicht.[374)]

Nach überwiegender, auch vom Bundeskartellamt vertretener Auffassung, liegt eine Verbesserungs- und Anwendungserfindung nur vor, soweit sie vom Vertragsschutzrecht abhängig ist.[375)] Für Verbesserungserfindungen sei der unmittelbare Zusammenhang mit dem Erfindungsgedanken des Hauptpatentes kennzeichnend, während Anwendungserfindungen solche Erfindungen seien, durch die bereits bekannte Stoffe oder Verfahren einem neuen Zweck oder einer neuen Funktion zugeordnet werden.[376)] Demgegenüber dürfe keine Verpflichtung zur

372) Vgl. Kraßer, S. 714 und Emmerich, S. 179.

373) Vgl. Emmerich, S. 179 m.w.N.

374) Vgl. Emmerich, S. 179 und Kraßer, S. 714.

375) Vgl. Emmerich, S. 179 und Kraßer, S. 715.

376) Vgl. Emmerich, S. 179. Das gilt vor allem für neue Anwendungsmöglichkeiten chemischer Produkte.

Rückgewähr sog. "Parallelerfindungen" bestehen. Das sind Erfindungen, die unter Anwendung einer anderen technischen Lehre eine Lösung des gleichen technischen Problems wie das Schutzrecht beinhalten, von dem Schutzrecht jedoch unabhängig sind.[377)] Dieses Kriterium gelte auch für den Erfahrungsaustausch, der sich streng auf die lizenzierten Schutzrechte beziehen müsse.[378)]

Rückgewährklauseln setzen nach deutschem Recht des weiteren voraus, daß sich gleichartige wirtschaftliche Verpflichtungen des Lizenzgebers und Lizenznehmers gegenüberstehen. Einseitige Verpflichtungen des Lizenznehmers sind untersagt. Dies beinhaltet auch eine Verpflichtung des Lizenzgebers zur Zahlung angemessener Gebühren für die Rücklizenzen, soweit der Lizenznehmer selbst Gebühren für die Lizenz zu erbringen hatte. Kostenlose Rücklizenzen werden nicht von der Erlaubnis des § 20 Abs. 2 Nr. 3 GWB erfaßt.[379)]

Die EG-Kommission steht Rückgewährklauseln kritisch gegenüber. Sie sind, wie nach dem GWB, nur zugelassen, wenn es sich nicht um ausschließliche Verpflichtungen zur Rücklizenzierung handelt und den Verpflichtungen des Lizenznehmers gleichartige Verpflichtungen des Lizenzgebers gegenüberstehen.[380)] Dem entspricht Art. 2 der Gruppenfreistellungsverordnung: Nur die nicht ausschließliche gegenseitige Verpflichtung zum Erfahrungsaustausch und zur Lizenzierung von Verbesserungs- und Anwendungserfindungen steht einer Freistellung nach Art. 1 nicht entgegen. Dagegen schließt gem. Art. 3 eine Klausel, die eine Verpflichtung des Lizenznehmers zur Übertragung von Rechten an Verbesserungs- und Anwendungserfindungen enthält, den Vertrag von der Gruppenfreistellung aus.

---

377) Vgl. Kraßer, S. 715 und Emmerich, S. 179.

378) Vgl. Emmerich, S. 179.

379) Vgl. Emmerich, S. 179f. m.w.N.

380) Vgl. Emmerich, S. 366f. m.w.N., 4. Auflage. In der 5. Auflage S. 522f. ist diese Frage nur noch kurz angedeutet.

Nach Art. 20 *lit.* f) der Dec. 220 des Andenpaktes sind Rückgewährklauseln ohne Ausnahme untersagt.[381] Es ist jedoch zugelassen, daß der Lizenznehmer den Lizenzgeber über Neuerungen informiert und ihm darüber eine Lizenz unter noch auszuhandelnen Bedingungen erteilt.[382]

Rückgewährklauseln widersprechen nach Cabanellas[383] generell dem öffentlichen wirtschaftlichen Interesse, da sie geeignet seien, den Wettbewerb zu behindern und den Lizenznehmer davon abzuhalten das gleiche technologische Niveau wie der Lizenzgeber zu erreichen wie auch einen angemessenen Preis für seine Neuerungen zu erzielen.[384] Dieser sei dann weniger geneigt, durch eigene Anstrengungen die durch Lizenz erworbene Technologie zu verbessern. Der Schutz der technologischen Entwicklung des Lizenznehmers stelle den Hauptzweck dieser Regelung in den Technologietransfergesetzen dar. Ebenso könne dadurch das vom Lizenznehmer erworbene technische Wissen nicht Dritten zugänglich gemacht werden.[385] Es bestünde damit die Gefahr, daß sich die technologische "Lücke" zwischen Lizenzgeber und Lizenznehmer immer weiter vergrößere. Solche "negativen Effekte" seien auch dann zu befürchten, wenn keine Exklusivrücklizenzen vereinbart würden, daher sind einfache Rücklizenzen nach dem Recht des Andenpaktes gleichfalls untersagt.[386]

---

381) Zu einer Forderung nach Lockerung der Vorschriften über Grant-back-Klauseln vgl. auch hier Bentata, Les Nouvelles 1985, S. 2.

382) Vgl. Pate, S. 94.

383) Vgl. zum ganzen Fragenkomplex Cabanellas, IC Studies, S. 111.

384) Vgl. Pate, S. 94.

385) Vgl. Cabanellas, IC Studies, S. 111.

386) Vgl. Cabanellas, IC Studies, S. 111. Jedoch würden in einigen Fällen dennoch Rückgewährklauseln durch die zuständigen nationalen Behörden zugelassen, soweit in dem Vertrag eine angemessene Bezahlung für den einheimischen Lizenznehmer vorgesehen ist; vgl. aaO, S. 112.

ii) Nichtangriffsklauseln

§ 20 Abs. 2 Nr. 4 GWB - als Ausnahme zu Abs. 1 - läßt Klauseln zu, durch die sich der Lizenznehmer verpflichtet, das Schutzrecht des Lizenzgebers nicht anzugreifen.

Nichtangriffsklauseln sind nach h.M.[387)] jedoch dann nichtig, wenn die Parteien bei Vertragsschluß die Nichtigkeit kannten. Strittig ist die Gültigkcit von Nichtangriffsklauseln, soweit das Patent lediglich vernichtbar ist: Während die h.M.[388)] von einer Gültigkeit der Abrede ausgeht, fordert Emmerich,[389)] die Klausel als unwirksam anzusehen, wenn die Parteien bei Vertragsschluß erhebliche Zweifel an der Wirksamkeit des Schutzrechtes hatten. Nur so könne den schwerwiegenden Gefahren begegnet werden, die mit den Nichtangriffsklauseln für die Wettbewerbsordnung verbunden seien. Der Lizenznehmer sei häufig der einzige, der die Bedeutung eines Patentes wirklich beurteilen könne. Angriffe von seiner Seite hätten damit eine größere Erfolgschance als von dritter Seite. Anderer Ansicht ist Kraßer:[390)] Er wendet sich gegen ein solches allgemeines Interesse zur Beseitigung ungerechtfertigter Patente. Der Lizenznehmer sei nicht der Allgemeinheit zum Angriff eines unwirksamen Patentes verpflichtet - hierzu sei ohnehin jedermann befugt-, vielmehr diene die Nichtangriffsverpflichtung dazu, den Vertrag von Störungen freizuhalten; das Interesse des Lizenznehmers, sich durch die Beseitigung des Patentes von seinen Vertragspflichten zu befreien, sei rein individueller Natur.

---

387) Aufgrund von § 138 BGB, so BGHZ 10, S. 22, 26f. Vgl. auch Emmerich, S. 180 und Kraßer, S. 715.

388) Vgl. Kraßer, S. 715 und Emmerich, S. 180 m.w.N.

389) Vgl. Emmerich, S. 180.

390) Vgl. Kraßer, S. 715.

Die EG-Kommission drückte gegenüber Nichtangriffsklauseln ihre Bedenken aus.[391] In diesem Punkt ist gegenüber dem deutschen Recht eine Verschärfung hinsichtlich wettbewerbsbeschränkender Klauseln festzustellen. Nach Art. 2 der Gruppenfreistellungsverordnung stehen Vertragsklauseln einer Freistellung gem. Art. 1 nicht entgegen, die Verpflichtungen des Lizenznehmers hinsichtlich der Verfolgung von Verletzungen des Patents betreffen, sofern sie den Lizenznehmer nicht hindern, dessen Gültigkeit anzugreifen. Nach Art. 3 der Gruppenfreistellungsverordnung sind Nichtangriffsverpflichtungen nicht allgemein freigestellt und schließen den gesamten Vertrag von der Gruppenfreistellung aus. Ein für den Fall des Angriffs vorgesehenes Kündigungsrecht des Lizenzgebers ist dagegen freigestellt.

Nach Art. 20 der Dec. 220 des Andenpaktes sind Nichtangriffsklauseln nicht ausdrücklich untersagt. Jedoch können die Genehmigungsbehörden Nichtangriffsklauseln dann verbieten, wenn sie für den Lizenznehmer oder die einheimische Wirtschaft unangemessen drückend sind.[392] Sie können eine unannehmbare Einschränkung darstellen, weil eine Lizenzvereinbarung auf einem gültigen Patent basieren muß, um ordnungsgemäß eingetragen und wirksam zu bleiben.[393]

jj) Exportbeschränkungen

Im deutschen Recht läßt § 20 Abs. 2 Nr. 5 GWB "Verpflichtungen (...) des Lizenznehmers" zu, wenn sie sich auf die Regelung des Wettbewerbs auf Märkten außerhalb des Geltungsbereiches des GWB beziehen. Der Hauptanwendungsfall sind Exportverbote. Diese Vorschrift ist nur dann anzuwenden, wenn nach den Regeln des Internationalen Kartellrechts

391) Vgl. Stumpf, Rdnr. 586 m.w.N. Vgl. auch z.B. EuGH RIW 1988, S. 900.

392) Vgl. Cabanellas, IC Studies, S. 134.

393) Vgl. Cabanellas, IC Studies, S. 134.

deutsches Recht zur Beurteilung des Lizenzvertrages herangezogen wird.[394]

Die Auslegung dieser Bestimmung ist strittig. Nach Auffassung von Emmerich[395] bezieht sich § 20 Abs. 2 Nr. 5 GWB lediglich auf Verträge über inländische Schutzrechte mit Auslandswirkungen.

Nach Kraßer[396] muß die Vorschrift - soweit sie selbständige Bedeutung haben solle - auch dann gelten, wenn sich die Beschränkung im Inland auswirke. Anderenfalls sei wegen § 98 Abs. 2 Satz 1 das GWB nicht anwendbar.

§ 20 Abs. 2 Nr. 5 GWB solle dazu dienen, den Inhabern deutscher Schutzrechte die Möglichkeit zu verschaffen, ihren Lizenznehmern Exportverbote für das schutzrechtsfreie Ausland aufzuerlegen.[397] Nach Auffassung des Bundeskartellamtes müßten sich daher die auslandsbezogenen Beschränkungen des Lizenznehmers streng auf den geschützten Gegenstand beziehen, ebenso wie von ihnen keine spürbaren Inlandswirkungen ausgehen dürften.[398] Unzulässig seien deshalb z.B. Exportverbote für nicht geschützte Gegenstände sowie Wettbewerbsverbote in Auslandslizenzverträgen.[399] Ebenso seien davon Wettbewerbsverbote erfaßt, soweit sie das Inland beträfen, wenn etwa der Lizenznehmer Rohstoffe und Produkte der Konkurrenz auch aus dem Inland nicht beziehen dürfe; dies gälte auch für Bezugsverpflichtungen eines ausländischen Lizenznehmers, soweit der Lizenznehmer aus dem Inland ebenfalls keine Rohstoffe oder Zwischenprodukte beziehen dürfe.

---

394) Vgl. Stumpf, Rdnr. 571. Vgl. oben S. 24f.

395) Vgl. Emmerich, S. 181.

396) Vgl. Kraßer, S. 715.

397) Vgl. Emmerich, S. 181.

398) Vgl. Emmerich, S. 181.

399) Vgl. TB 1971, S. 99.

Nach allgemeiner Ansicht sind Klauseln unzulässig, durch die sich der Lizenznehmer verpflichtet, seinen Abnehmern Exportverbote aufzuerlegen.[400)] Begründet wird dies mit einer unzulässigen Ausdehnung des Patentmonopols.

Das EG-Recht untersagt Exportverbote unter den Bedingungen des Art. 85 Abs. 1 EWGV.[401)]

Gem. Art. 20 aE der Dec. 220 des andinischen Rechts sind Exportbeschränkungen untersagt, soweit sie die Subregion oder den Export gleichartiger Produkte in Drittländer betreffen. In anderen Fällen sind Ausnahmen möglich. Das Exportverbot gilt auch dann, wenn sich der Vertrag auf ein Schutzrecht gründet, das nur im Inland eingetragen ist.

Die Hauptargumente der Technologietransfergesetze gegen Exportbeschränkungsklauseln sind währungspolitischer Art: Ein Land, das Exportbeschränkungsklauseln verbietet, erhofft sich zusätzliche Einnahmen an Devisen.[402)] Ein allzu striktes Verbot von Exportbeschränkungsklauseln kann jedoch auch dazu führen, daß ein Lizenzgeber Abstand von einer Lizenzvergabe nehmen wird, wenn er in dem Lizenznehmer einen künftigen Konkurrenten auf einem von ihm bereits belieferten Markt befürchtet. Als Lösung für dieses Problem wurde vorgeschlagen, Exportbeschränkungen in einem solchen Fall zuzulassen bzw. auch in Fällen, in denen der Lizenzgeber für ein anderes Land Lizenzen vergeben hat.[403)]

---

400) Vgl. Stumpf, Rdnr. 529.

401) Vgl. Stumpf, Rdnr. 586 m.w.N.

402) Vgl. Cabanellas, IC Studies, S. 117. Dort wird jedoch auch auf mögliche währungspolitsche Nachteile des Lizenznehmers hingewiesen, der sich auf einem fremden Markt behaupten muß.

403) Vgl. Bentata, Les Nouvelles 1985, S. 2 und Cabanellas, IC Studies, S. 119; dort werden auch die Bedenken gegen diesen Lösungsvorschlag aufgezeigt, der dazu führen würde, daß Exporte in zu großem Maße eingeschränkt werden könnten.

Für Technologietransfergesetze und Kartellgesetze gilt jedenfalls gemeinsam, daß sich Exportbeschränkungen negativ auf den Handel und den Wettbewerb auswirken können.[404)]

kk) Beschränkungen des Lizenzgebers

Anders als die Technologietransfergesetze - die nur von einem Schutz des Technologienehmers ausgehen[405)] und anders als § 20 GWB - beschäftigt sich die EG-Kommission mit Beschränkungen des Lizenzgebers. Davon ist vor allem die Zulässigkeit ausschließlicher Lizenzen betroffen. Zunächst bestanden dagegen keine Bedenken.[406)] Später hat die Kommission ihre Praxis grundlegend verändert und angenommen, daß ausschließliche Lizenzen wegen der Bindung des Lizenzgebers hinsichtlich der Vergabe weiterer Lizenzen gegen Art. 85 Abs. 1 EWGV verstoßen können, soweit sie zu einer spürbaren Beeinträchtigung des Lizenz- und Produktionswettbewerbs führten.[407)] Nach der Grundsatzentscheidung des EuGH in der Sache "Maissaatgut"[408)] wurde die Haltung der Kommission jedoch relativiert. Das Urteil unterscheidet zwischen einer sog. offenen ausschließlichen Lizenz und einer ausschließlichen Lizenz mit absolutem Gebietsschutz. Bei der offenen ausschließlichen Lizenz bezieht sich die Ausschließlichkeit nur auf das Vertrags-

---

404) Vgl. Cabanellas, IC Studies, S. 117.

405) Zur Zulässigkeit von Exklusivlizenzen nach den Technologietransfergesetzen vgl. z.B. Alvarez Soberanis, S. 481.

406) Vgl. Emmerich, S. 367, 4. Auflage. In der 5. Auflage S. 524 Fußn. 151 wird darauf verwiesen.

407) Vgl. Emmerich, S. 367 m.w.N., 4. Auflage.

408) EuGH v. 8. 6. 1982; GRUR Int. 1982, S. 530, 535. Vgl. dazu weiterführend die Besprechungen von Hoffmann, Dieter, Die "offene ausschließliche Lizenz" - Tragweite und Konsequenzen, RIW 1984, S. 93ff. und Lutz, Helmuth, Lizenzverträge und sachlich notwendige Wettbewerbsbeschränkungen nach EG-Kartellrecht, RIW 1983, S. 485ff.

verhältnis des Lizenzgebers und Lizenznehmers, wobei sich der Inhaber des Schutzrechtes lediglich verpflichtet, keine weiteren Lizenzen für dasselbe Gebiet zu erteilen und mit dem Lizenznehmer dort nicht zu konkurrieren. Dies wird im Grundsatz auch durch Art. 1 der darauf ergangenen Gruppenfreistellungsverordnung bestätigt. Danach sind z.B. Verpflichtungen des Lizenzgebers zulässig, für das dem Lizenznehmer vorbehaltene Gebiet keine weiteren Lizenzen zu erteilen und die Erfindung in diesem Gebiet nicht selbst zu benutzen. Dem entspricht die Regelung, daß dem Lizenznehmer verboten werden kann, die Erfindung in den dem Lizenzgeber vorbehaltenen Gebieten nicht selbst zu nutzen.

ll) Besonderheiten bei Warenzeichenlizenzverträgen

(1) Spezielle Probleme des deutschen Rechts

Im deutschen Recht ist bis jetzt nicht abschließend geklärt, welche Vorschriften des GWB auf Warenzeichenlizenzverträge anwendbar sind, obwohl sie dem Lizenznehmer weitgehende Beschränkungen auferlegen können. Es finden sich Gebietsaufteilungen, Ausschließlichkeits-, Bezugs- und Preisbindungen sowie Wettbewerbsverbote.[409] Die umstrittene kartellrechtliche Beurteilung der Warenzeichenlizenzverträge hängt nach Auffassung von Emmerich[410] nicht zuletzt damit zusammen, daß schon die Zulässigkeit der Übertragung und Lizenzierung von Warenzeichen in vieler Hinsicht umstritten sei. Sinn des Warenzeichens sei nicht seine Verwertung, sondern der Eigengebrauch,[411] da der Inhaber nicht an

---

409) Vgl. Emmerich, S. 186f.

410) Vgl. Emmerich, Volker in Immenga/Mestmäcker, Kommentar zum Gesetz gegen Wettbewerbsbeschränkungen, München 1981, § 20 Rdnr. 359.

411) Vgl. Fikentscher, Wolfgang, Die Warenzeichenlizenz im Recht der Wettbewerbsbeschränkungen unter vergleichender Berücksichtigung entsprechender Fragen des Urheberrechtsvertrages, in: Die Warenzeichenlizenz, Rechtsvergleichende Untersuchungen über die gemeinschaftliche Benutzung von Warenzeichen, Festschrift Ulmer zum 60. Geburtstag, 2. Auflage, München, Köln, Berlin, Bonn 1966, S. 405, 417 (zit. Fikentscher).

seinem Warenzeichen, sondern an der verkauften Ware verdienen solle. Die Warenzeichenlizenz ist - anders als die Patentlizenz in § 15 Abs. 2 PatG - nicht gesetzlich geregelt. Die großzügige Auslegung des § 8 Abs. 1 Satz 2 WZG und die weitgehende Zulassung von Warenzeichenlizenzverträgen hätten jedoch - nach Emmerich[412] - dazu geführt, daß entgegen der Absicht des Gesetzgebers, doch Verträge dieser Art abgeschlossen werden.

(a) *Anwendung des § 20 GWB*[413]

Nach dem Wortlaut des § 20 GWB sind die dort enthaltenen Bestimmungen nicht auf Warenzeichenlizenzverträge anwendbar. Nach der Praxis des Bundeskartellamtes soll § 20 GWB nicht - auch nicht analog - angewendet werden.[414] Dies bedeutet vor allem die generelle Unzulässigkeit von Preisbindungsklauseln in Warenzeichenlizenzverträgen.[415] Dagegen setzt sich die Literatur z.T. - in unterschiedlichem Umfang - für eine analoge Anwendung des § 20 GWB ein.[416] Dem "Inhalt des Warenzeichens" sollte - wie bei Patentlizenzverträgen - der Vorrang vor dem GWB eingeräumt werden.[417]

---

412) Vgl. Emmerich in Immenga/Mestmäcker, § 20 GWB Rdnr. 363 m.w.N.

413) Dagegen ist Art. 85 EWGV auch auf die Nutzung von Warenzeichen anwendbar; vgl. Emmerich, S. 521 und S. 526 m.w.N.

414) Vgl. WuW/E BKartA "Freiwillige Ketten" Nr. 575f. und TB 75, S. 94. Vgl. auch Emmerich in Immenga/Mestmäcker, § 20 GWB Rdnr. 370 m.w.N.

415) Vgl. TB 75, S. 94. Vgl. auch Emmerich in Immenga/Mestmäcker, § 20 GWB Rdnr. 370.

416) Vgl. Emmerich, S. 187 m.w.N. Vgl. auch Fikentscher, S. 431ff.

417) Vgl. Emmerich in Immenga/Mestmäcker, § 20 GWB Rdnr. 373 m.w.N.

(b) *Anwendung der allgemeinen Vorschriften des GWB*

Auch hinsichtlich der Anwendung der allgemeinen Vorschriften des GWB besteht Streit: Zum einen hat die Rechtsprechung häufig territoriale Beschränkungen ebenso wie Ausschließlichkeits- und Bezugsbindungen zugelassen, zum anderen wurden die Vorschriften der §§ 1 - 8 oder 15 und 18 auf Lizenzverträge über andere Schutzrechte angewandt.[418)] Die neuere Rechtsprechung tendiert dazu, auf Lizenznehmerbeschränkungen die allgemeinen Vorschriften des GWB anzuwenden. Insbesondere Preis- und Bezugsbindungsklauseln in Franchising-Verträgen werden heute nach den §§ 15 und 18 GWB beurteilt.[419)]

Das Bundeskartellamt war - trotz der Ablehnung einer Analogie zu § 20 GWB - ursprünglich davon ausgegangen, daß die Vorschriften des WZG durch das GWB nicht eingeschränkt werden. Man tendiert heute jedoch dazu, § 1 GWB z.B. dann anzuwenden, wenn ein Verband seine Mitglieder verpflichtet, nur Waren zu beziehen, die ein Hersteller mit Erlaubnis des Verbandes mit dem Verbandszeichen versehen hat.[420)]

Emmerich[421)] ist der Auffassung, daß das GWB uneingeschränkt auf Warenzeichenlizenzverträge anwendbar sei. Wettbewerbsbeschränkungen wie Wettbewerbsverbote, Ausschließlichkeits- und Vertriebsbindungen, Kunden- und Gebietsbindungen und Koppelungen seien nicht erlaubt, soweit die Parteien einen gemeinsa-

---

418) Vgl. Emmerich, S. 187 m.w.N.

419) Vgl. OLG Köln "Wimpy-Hamburger" WuW/E OLG Nr. 1715, 1716ff. Vgl. Emmerich in Immenga/Mestmäcker, § 20 GWB Rdnr. 368 m.w.N.

420) Vgl. zum ganzen Absatz Emmerich in Immenga/Mestmäcker, § 20 GWB Rdnr. 371f. m.w.N. Ebenso Fikentscher, S. 431ff.

421) Vgl. Emmerich in Immenga/Mestmäcker, § 20 GWB Rdnr. 374f. m.w.N.

men Zweck verfolgten (§ 1 Abs. 1 GWB). Fehle dagegen ein gemeinsamer Zweck, so seien nur Preis- und Konditionenbindungen verboten, alle anderen Beschränkungen könne das Bundeskartellamt nur im Einzelfall unter den besonderen Voraussetzungen des § 18 GWB untersagen.

Anders als nach der umstrittenen deutschen Auffassung[422)] untersagt die andinische Dec. 220 in Warenzeichenlizenzverträgen grundsätzlich die Verwendung von Bezugsbindungsklauseln, Art. 24 *lit.* b) der Dec. 220. Territoriale Beschränkungen als Export- oder Verkaufsverbote sind gem. Art. 24 *lit.* a) der Dec. 220 verboten - anders als im deutschen Recht, das örtlich begrenzte Lizenzen zuläßt.[423)] Im südamerikanischen und im deutschen Recht sind Preisbindungsklauseln untersagt.

(2) Technologietransfergesetze des Andenpaktes

Die Technologietransfergesetze gehen bei der Unterbindung restriktiver Geschäftspraktiken in Warenzeichenlizenzverträgen von ähnlichen Gesichtspunkten aus wie bei Patentlizenzverträgen.[424)] Während Art. 24 der Dec. 220 jedoch weitgehend die gleichen Regelungen wie Art. 20 ders. Dec. enthält, sind in anderen Technologietransfergesetzen die Vorschriften für Warenzeichenlizenzverträge oft strenger als für Patentlizenzverträge.[425)]

---

422) Die Literatur läßt z.B. Bezugsbindungsklauseln aus dem Inhalt des Warenzeichens zu, soweit es zur Sicherstellung der gleichmäßigen Qualität der Produkte erforderlich ist. Andererseits (s.oben) tendiert die neuere Rechtsprechung dazu, auf Franchising-Verträge die §§ 15 und 18 GWB anzuwenden; vgl. Emmerich in Immenga/Mestmäcker, § 20 GWB Rdnr. 373 und 368 m.w.N.

423) Vgl. WuW/E BGH "Platzschutz" Nr. 1293, 1296ff. Vgl. auch Emmerich, S. 186f. und Emmerich in Immenga/Mestmäcker, § 20 GWB Rdnr. 366 m.w.N.

424) Zu den einzelnen Klauseln vgl. oben S. 170ff.

425) Vgl. z.B. für das mexikanische Recht Cabanellas, IC Studies, S. 79.

Vielfältige Argumente werden gegen Warenzeichenlizenzverträge vorgebracht:[426)]

- Der Konsument könne über die Natur und die Qualität des Produktes irregeführt werden.
- Es solle eine dominierende Position in bestimmten Marktbereichen geschaffen werden.
- Die Ausgaben des Lizenznehmers kämen für die verwendete Marke auf die Dauer gesehen eher dem Lizenzgeber zugute als ihm selbst, da der Lizenzgeber das Warenzeichenrecht verlängern und die Marke selbst wieder an sich ziehen könne.
- Technologisches Wissen und damit die Möglichkeit für den Lizenznehmer, ähnliche Produkte nach Ablauf des Lizenzvertrages selbst herzustellen - wie dies bei Patentlizenzverträgen der Fall sei -, resultierten nicht aus Warenzeichenlizenzverträgen.
- Ausländische Warenzeichen seien geeignet, das Konsumentenverhalten der Inländer zu ändern.[427)]
- Lizenzverträge über ausländische Warenzeichen können die Devisenbilanz negativ beeinflussen.

mm) Rechtsfolge der Nichteinhaltung

Im deutschen Recht sind Lizenzverträge, die dem Lizenznehmer Beschränkungen auferlegen, die über den Inhalt eines Schutzrechtes hinausgehen, insoweit unwirksam.[428)] Das rechtliche Schicksal des restlichen Vertrages bestimmt sich nach § 139 BGB.[429)] Die Unwirksamkeit

426) Vgl. des weiteren oben z.B. S. 136ff.

427) Vgl. Cabanellas, IC Studies, S. 80f.

428) Zur Erlaubnis durch die Kartellbehörde gem. § 20 Abs. 3 GWB vgl. unten S. 213.

429) Vgl. BGH v. 18. 3. 1955, GRUR 1955, S. 468. Vgl. auch Emmerich, S. 185.

einer einzelnen Vertragsbestimmung hat jedoch in der Regel nicht die Nichtigkeit des gesamten Vertrages zur Folge.[430)] Der Lizenzvertrag soll vielmehr - nach Auffassung der Praxis - im Interesse des Lizenznehmers so weit wie möglich aufrechterhalten werden. Eine Nichtigkeit des Gesamtvertrages sei nur dann anzunehmen, wenn durch den Wegfall des betroffenen Teils ein wirtschaftlich ganz anderer Vertrag entstehen würde.[431)]

Im Recht der Andenpaktstaaten gilt Folgendes: Vereinbaren die Parteien trotz des ausdrücklichen gesetzlichen Verbotes eine der Dec. 220 widersprechende Klausel, wird der Vertrag nach Art. 20 der Dec. 220 durch die zuständige nationale Behörde nicht genehmigt und registriert.[432)] Damit kann der Vertrag als solcher nicht - auch nicht teilweise - durchgeführt werden, da er erst nach der Registrierung wirksam wird.[433)]

430) H.M.; vgl. Stumpf, Rdnr. 580 m.w.N.

431) Vgl. BGH v. 18. 3. 1955, GRUR 1955, S. 468. Vgl. auch Stumpf, Rdnr. 580 m.w.N.

432) Vgl. Alvarez Soberanis, S. 497. Dort wird unterschieden zwischen 3 rechtlichen Systemen in der Behandlung von restriktiven Vertragsklauseln: "Sistema rigido", welches wie z.B. die Dec. 24 bzw. Dec. 220 bei Einbeziehung einer verbotenen Klausel den Vertrag als solches nicht zur Durchführung gelangen läßt. "Sistema intermedio", welches wie z.B. das mexikanische Recht unterscheidet zwischen absolut verbotenen Klauseln und relativen Hinderungsgründen, d.h. solchen die aufgrund besonderen Interesses an der zu importierenden Technologie akzeptiert werden können. Vgl. des weiteren unten S. 242ff. "Sistema flexible", welches trotz Vorliegen von restriktiven Klauseln eine Genehmigung zuläßt, wie z.B. das argentinische Recht.

433) Vgl. Cabanellas, IC Studies, S. 16. Nach neuerer Auffassung z.B. in Venezuela nach Erlaß des Decr. 1200, Art. 79, ist der Vertrag nur teilweise unwirksam. Vgl. unten S. 218f.

5. Genehmigung und Registrierung durch die zuständigen nationalen Behörden

a) *Im deutschen Recht*

Das deutsche Recht sieht keine allgemeine Genehmigungspflicht für Technologietransferakte vor.

Gem. § 20 Abs. 3 GWB ist eine Genehmigung der Kartellbehörde in Fällen einzuholen, in denen Beschränkungen vereinbart werden, die über den Inhalt des Schutzrechtes gem. Abs. 1 hinausgehen und keine Ausnahme nach Abs. 2 eingreift. Voraussetzung für die Erlaubnis ist, daß die wirtschaftliche Bewegungsfreiheit des Lizenznehmers oder anderer Unternehmen nicht unbillig eingeschränkt und durch das Ausmaß der Beschränkung der Wettbewerb auf dem Markt nicht wesentlich beeinträchtigt wird (Abs. 2 Satz 1 aE). Da das Bundeskartellamt mit einer Erlaubniserteilung gem. § 20 Abs. 3 GWB sehr zurückhaltend ist, spielt die genannte Vorschrift praktisch keine Rolle mehr.[434)]

Der Einfluß der staatlichen Behörden auf Technologieverträge ist in den westlichen Industrieländern geringer als in den Entwicklungsländern, da es deren vorrangiges Ziel ist, die Wirtschaft, Entwicklung und Zahlungsbilanz des eigenen Landes zu schützen.

b) *Im Recht des Andenpaktes*

Gem. Art. 18 der Dec. 220 muß jeder Vertrag über Technologietransfer, Patente und Warenzeichen auf Antrag der Vertragsparteien von der zuständigen nationalen Stelle geprüft und genehmigt werden.[435)] Art. 18 der

---

434) Vgl. Kraßer, S. 716 m.w.N.

435) Vgl. Correa, S. 35.

Dec. 220 fordert des weiteren die Registrierung des Vertrages. Für den Antrag sind bestimmte Formalien einzuhalten.[436)]

Die Überprüfung erfolgt in drei Schritten[437)]:

Bei der **juristischen Prüfung**[438)] stellt die Behörde die Vereinbarkeit des Vertrages mit dem Recht des Andenpaktes und den nationalen Regelungen der Mitgliedsländer fest. Es werden nicht allein die "restrictive business clauses" in Betracht gezogen, sondern auch der notwendige Inhalt des Vertrages, Gewährleistungen, das anwendbare Recht und der vereinbarte Gerichtsstand. Der Vertrag wird von den Behörden nur auf seine Vereinbarkeit mit den Technologietransfergesetzen überprüft, nicht auf seine Gültigkeit nach allgemeinem Vertragsrecht, außer die Nichtigkeit ist offensichtlich oder hat Auswirkungen auf die Klauseln, die dem Technologietransfergesetz unterliegen.[439)]

Bei der **wirtschaftlichen Überprüfung**[440)] bewertet die Behörde folgende Aspekte: Den wahrscheinlichen Nutzen des Vertrages für die wirtschaftliche und soziale Entwicklung des Landes; ein möglicher Ersatz der im Vertrag übertragenen Technologie durch einheimische Technologie bzw. die Herstellung des Produktes durch ähnliche Verfahren, die allgemein verfügbar sind und nicht mit Lizenzgebühren behaftet sind; Auswirkungen des Vertrages auf die Zahlungsbilanz; Ausdehnung des zukünftigen Marktes; Auswirkungen auf den Arbeitsmarkt; auf das einheimische Technolo-

---

436) Vgl. im Einzelnen Correa, S. 73ff. und z.B. Zellmeier-Neunteufel, S. 11f. für Ecuador.

437) Dieser Dreiteilung der verschiedenen Prüfungsstufen wurde z.T. durch eine entsprechende interne Organisationsstruktur der zuständigen nationalen Behörden Rechnung getragen; vgl. Correa, S. 92.

438) Vgl. weiterführend Correa, S. 92ff.

439) Vgl. Cabanellas, IC Studies, S. 19.

440) Vgl. Correa, S. 106ff.

gieniveau und die Umwelt.[441] Anhand der wahrscheinlichen Einkünfte, des Preises der Güter und anderer spezifischer Wertstellungen soll der effektive Wert (Beitrag)[442] der importierten Technologie evaluiert werden.[443]

Der dritte Schritt ist die **technologische Überprüfung** des Vertrages. Auch unter diesem Gesichtspunkt kann eine lokale Verfügbarkeit ähnlicher Technologie und die Aufschlüsselung des Technologiepaketes einbezogen werden. Die Behörde sollte daher über die neuesten, auf dem Weltmarkt verfügbaren, Technologien einen weitgehenden Überblick haben.[444] Werden technische und beratende Dienstleistungen in Anspruch genommen, weist die Behörde darauf hin, daß diese soweit als möglich von einheimischen Firmen zu beziehen sind.[445] Die Auswirkungen der Technologie auf die Wirtschaft und die Gesellschaft des Landes werden auch unter dem technologischen Aspekt in Betracht gezogen.[446] Dieser weitgehenden Überprüfung sind bei der Vergabe von "high technology" praktische Grenzen aus Mangel an qualifiziertem Personal und Informationsmaterial gesetzt.[447] Die Überprüfung erschöpft sich daher

---

441) Vgl. hierzu die Zielsetzungen des Art. 7 der Dec. 84. Vgl. auch Weigand, S. 82 und Cabanellas, IC Studies, S. 20 und 24.

442) "contribución".

443) Vgl. zu Zurückweisungen der Genehmigung aus diesem Grund Secretaría Técnica del Comité, Superintendencia de Industria y Comercio, Ministerio de Desarrollo Económico de Colombia, Recuento de las labores del Comité de Regalías de Colombia 1967 - 1977, Derecho de la Integración 1978 (27), S. 136, 142 (zit. Secretaría Técnica).

444) Vgl. Guerrero, Mauricio, El régimen común de la inversión extranjera en el Grupo Andino, Derecho de la Integración 1971 (8), S. 8, 31. Vgl. auch Art. 22 der Dec. 220.

445) Vgl. Correa, S. 131f.

446) Vgl. Correa, S. 133.

447) Vgl. Cabanellas, IC Studies, S. 20 und 25.

in der Regel in einer kursorischen Durchsicht der Vertragsklauseln.[448]

Die Behörde hat bei der Bewertung des Vertrages einen großen Ermessensspielraum,[449] der sich auch auf die Auslegung der Vertrages bezieht und Kriterien einbeziehen kann, die sich nicht direkt aus dem Gesetz ergeben.[450] Sie kann Verträge zurückweisen, die sie als übermäßig belastend für die nationale Wirtschaft oder den Lizenznehmer ansicht[451] oder deren Vertragsdauer zu lange ist.[452]

Die Behörde kann den Lizenzgeber zu Vertragsänderungen zugunsten des Lizenznehmers auffordern, z.B. wenn die vereinbarten Lizenzgebühren unangemessen erscheinen.[453] Sie kann die Vertragsbedingungen jedoch nicht ohne Zutun der Parteien ändern.[454] In der Regel wird die Behörde, soweit sie Gründe sieht den Vertrag nicht in der eingebrachten Form hinzunehmen, vor einer definitiven Ablehnung versuchen, eine neue Vereinbarung herbeizuführen, woran sie sich dann beratend beteiligt.[455]

---

448) Vgl. Pate, S. 65.

449) Vgl. Correa, S. 72.

450) Vgl. Correa, S. 72.

451) Vgl. Cabanellas, IC Studies, S. 16. Vgl. auch Delgado, Les Nouvelles 1975, S. 139: Danach wurden in Mexiko z.B. 80% der Verträge durch die Behörde zurückgewiesen, die Mehrzahl davon wegen nicht akzeptabler Preise.

452) Vgl. oben S. 158.

453) Vgl. Cabanellas, IC Studies, S. 18 und Pate, S. 65. Vgl. auch Secretaría Técnica, Derecho de la Integración 1978 (27), S. 142.

454) Vgl. Cabanellas, IC Studies, S. 18.

455) Vgl. Correa, S. 141f.

Um das Genehmigungsverfahren zu erleichtern, wurden von einigen Behörden Richtlinien herausgegeben. Sie können intern sein[456] und nur für die Behörde Bindungswirkung für die Zukunft entfalten. Sind sie aber bekannt oder hat ein Verwaltungsgericht eindeutig dazu Stellung genommen, kann der Lizenzgeber Rechte daraus ableiten.[457] Die Richtlinien beziehen sich häufig auf die Dauer des Vertrages,[458] da weder die Dec. 220 noch die meisten nationalen Gesetze - mit Ausnahme Venezuelas und Ecuadors - eine definitive Bestimmung darüber getroffen haben. Lizenzgebühren sind ebenfalls oft Gegenstand der Richtlinien.[459]

Die zuständigen Behörden werden in Ausführung der Dec. 220 durch die nationalen Gesetze festgelegt.[460]

---

456) Dies ist nach Correa, S. 72 für die meisten Richtlinien der Fall.

457) Vgl. zum ganzen Fragenkomplex Cabanellas, IC Studies, S. 19.

458) Vgl. oben S. 158. Vgl. auch Pate, S. 73 und Danino, S. 122.

459) Über die zulässigen Sätze bestehen unterschiedliche Angaben:

Pate, S. 74 und Danino, S. 121: 1%-2% für Warenzeichenlizenzverträge und 2-4% für andere Technologieverträge. Cabanellas, IC Studies, S. 23: 1% für Warenzeichenlizenzverträge in Mexiko. Arias Cobo, S. 99: 1% nach MICEI für Warenzeichenlizenzverträge in Ecuador. Convenio INTAL-Programa BID-CEPAL de investigaciones en temas de ciencia y tecnología en América Latina, Vol. I, 1976, S. 41: Für Venezuela max. 5%. Deutsch Kolumbianische Industrie- und Handelskammer, Praktische Hinweise zum kolumbianischen Lizenzrecht, Bogotá/Kolumbien 1987, S. 3: Für Kolumbien max. 5%, in der Regel werden 3% genehmigt. Vgl. auch Schulenburg, Peter, Investitions- und Exportförderung in Mexiko, AWD/RIW 1971, S. 65, 66: Damals für Mexiko noch 3% des Netto-Verkaufspreises bei Warenzeichenlizenzverträgen.

460) Zuständig sind in den einzelnen Ländern folgende Behörden:

Venezuela: Superintendencia de Inversiones Extranjeras (SIEX) gem. Art. 3 des Decr. No. 656. Aufgaben- und Befugniszuweisung in Art. 11. Für gelegentliche (technologische) Dienstleistungen besteht keine Genehmigungspflicht, Art. 66; vgl. auch Bentata, Les Nouvelles 1985, S. 1.

Kolumbien: Comité de Regalías, Art. 1 Res. No. 1/77. Registrierung bei Zahlungsverpflichtungen ins Ausland beim Oficina de Cambios.

Peru: CONITE, Art. 1 der Res. 005-81-EFC/35.

Ecuador: MICIP (Ministerio de Industrias, Comercio, Integración y Pesca, ab Januar

Die Dauer des Genehmigungsverfahrens kann unterschiedlich sein. Eine gesetzlich bestimmte Frist existiert lediglich in Venezuela.[461)] In der Regel variieren die Genehmigungs- und Überprüfungsfristen zwischen einem und drei Monaten.[462)] Diese Zeiträume können jedoch auch wesentlich länger sein.[463)]

Die Dec. 220 setzt die Rechtsfolge einer fehlenden Genehmigung und Registrierung eines Technologietransfervertrages nicht fest. Die nationalen Gesetze lösen dieses Problem in unterschiedlicher Weise.[464)] Zunächst nahm man an, die Registrierung sei in jedem Fall für die Gültigkeit des Vertrages und damit zu einer Bindungswirkung für die Parteien vonnöten, anderenfalls sei er insgesamt nichtig. Dem folgten z.B. Art. 72 des venezolanischen Decr. 2442/77 und Art. 6 der peruanischen Res. 675-NG-78-EF-35.[465)] Nach der "moderneren" Auffassung bezieht sich die Nichtigkeit nicht auf den gesamten Vertrag, sondern betrifft nur einzelne Punkte. So bestimmt Art. 79 des venezolanischen Decr. 1200, ebenso wie sein Vorgänger Art. 71 des Decr. 656, daß nicht registrierte Verträge keinen Anspruch auf Zahlung der Lizenzgebühren bedingen[466)] bzw. im übrigen die Registrierung zu einer Anrechnung der Zahlungen auf das versteuerbare Einkommen des Technologienehmers

1986) Art. 1 Ac. No. 175 . Registrierung durch Banco Central und Dirección de Patentes y Marcas.

461) Vgl. Art. 7 des Decr. 746/75: 60 Tage.

462) Vgl. Correa, S. 151. Vgl. auch Zellmeier-Neunteufel, S. 12: Ca. 4 Wochen für Ecuador.

463) Zu den Rechtsmitteln gegen die nachfolgenden Entscheidungen der Behörden vgl. Correa, S. 152f.

464) Vgl. Correa, S. 157.

465) Beide Gesetze sind heute überholt, vgl. S. 159 und S. 162

466) So bestimmt z.B. Art. 71 des venezolanischen Decr. No. 656, daß nicht registrierte Verträge keinen Anspruch auf Lizenzgebührenzahlung gewähren. Nach dem alten Gesetz Art. 72 Decr. No. 2442/77 war ein solcher Vertrag noch nichtig.

notwendig sei.[467] Die nur teilweise Nichtigkeit des Vertrages entspricht den neueren Tendenzen des Andenpaktes, den Technologietransfer für den ausländischen Partner zu erleichtern und attraktiver zu gestalten.[468]

Weitere Regelungen - speziell für Patent- und Warenzeichenlizenzverträge - enthält die Dec. 85:

> Art. 30 *lit.* b) bestimmt, daß jede Übertragung, Lizenzierung oder andere Form der Benutzung eines Patentes durch die zuständige nationale Behörde zu registrieren ist. Art. 32 fordert explizit die Genehmigung und Registrierung der Patentlizenzverträge durch die zuständigen nationalen Behörden. Art. 33 besagt, daß Patentlizenzverträge nicht genehmigt werden, soweit sie den Anforderungen des Art. 20 der Dec. 220 nicht entsprechen. Gem. Art. 40 stellt die Genehmigung eine Wirksamkeitsvoraussetzung für den Vertrag dar.
>
> Für Warenzeichenlizenzverträge ist die Registrierungspflicht in Art. 80 der Dec. 85 bestimmt. Die Überprüfung durch die zuständige nationale Stelle anhand der Erfordernisse des Art. 24 der Dec. 220 (bzw. Art. 25 der früheren Dec. 24) ergibt sich aus Art. 81.

---

467) Vgl. Cabanellas, International Review of Industrial Property and Copyright Law 1985, S. 21; Brown, Richard Nicholas und Leiseca, Sergio A., Les Nouvelles 1987, S. 30.

468) Vgl. Hoet, Franklin und Coriat, Alain, Venezuela eases Licensing Rules, Les Nouvelles 1987, S. 161, 162

6. Zahlung von Lizenzgebühren und Beziehung Mutter-Tochtergesellschaft[469]

In Deutschland ist die Höhe der Lizenzgebühren grundsätzlich Sache der Vertragsparteien. Wieviel der Lizenznehmer schuldet, hängt u.a. davon ab, welche Berechnungsmodi die Parteien vereinbarten.[470]

Dagegen wird in den Andenpaktstaaten die maximale Höhe der Lizenzgebühren in der Regel durch die Richtlinien der zuständigen nationalen Behörde festgelegt.[471] Danach können für Warenzeichenlizenzverträge normalerweise nicht mehr als 1%-2% und für Patentlizenzverträge nicht mehr als 2-5% des Nettoverkaufspreises vereinbart werden,[472] der Prozentsatz kann jedoch für Exportprodukte angehoben werden.[473] Die zuständige Behörde evaluiert die Lizenzgebühren nach dem Wert, den die übertragene Technologie für die Entwicklung des Landes bedeutet[474] und versucht bei einer Verlängerung des Vertrages möglichst eine Verringerung der Lizenzgebühren zu erreichen. Besonders günstige Lizenzen können allerdings nicht nur Vorteile - Schonung der Zahlungsbilanz - sondern auch Nachteile mit sich bringen: Die eingekaufte Technologie ist zwar billig, aber zweitrangig.[475]

---

469) Zu den Transfermöglichkeiten für Lizenzgebühren vgl. z.B. Grützmacher, S. 50.

470) Vgl. Kraßer und Schmid, GRUR Int. 1982, S. 332. Fehlen Abmachungen darüber, wofür der Lizenznehmer zu zahlen hat, so ist eine Gegenleistung im Zweifel nur für solche Benutzungshandlungen geschuldet, "die ohne das Benutzungsrecht des Lizenznehmers eine Schutzrechtsverletzung darstellen würden." "Enthält der Lizenzvertrag keine Berechnungsgrundlagen, so bestimmt sich die Gegenleistung nach Maßgabe der §§ 316, 315 BGB"; vgl. Kraßer und Schmid, aa0.

471) Vgl. oben S. 217.

472) Vgl. Danino, S. 121 und Cabanellas, IC Studies, S. 23, 53 und 68.

473) Vgl. Danino, S. 121.

474) Vgl. oben S. 214ff.

475) So geschehen im Falle Brasiliens auf dem Gebiet der Mikrocomputer; vgl. Bentata, Les Nouvelles 1986, S. 158.

Eine neue Entwicklung zeichnet sich in Venezuela ab:[476)] Art. 66 des Decr. 1200 nimmt Tantiemen bis zu Höhe von 5% inklusive (kalkuliert auf der Basis des Netto<u>verkaufs</u>wertes der Technologie) bzw. bis zur Höhe von 3% inklusive (kalkuliert auf der Basis des Netto<u>gewinns</u> der Produkte, die Gegenstand des Vertrages sind) von der vorherigen Genehmigung aus. Einen ähnlichen Weg geht Argentinien:[477)] Bis zu 5% bei Inlandsverkäufen und bis zu 8% bei Exporten sind nicht registrierungspflichtig. Diese Entwicklung trägt entscheidend zur Rechtssicherheit ausländischer Technologieimporteure bei.

Gem. Art. 21 der früheren Dec. 24, ebenso wie nach Art. 21 der jetzigen Dec. 220 sind Lizenzgebühren für sog. "contribuciones tecnológicas intangibles"[478)] zulässig, letztere können aber nicht als Kapitaleinlage[479)] angerechnet werden. Angewachsene[480)] Lizenzgebühren können dagegen nach der neuen Dec. 220 kapitalisiert werden, soweit vorher die entsprechenden Steuern geleistet wurden.

Für die Bezahlung von Lizenzgebühren in ausländischer Währung ist in einigen Ländern ein besonderer Wechselkurs vorgesehen. Er unterscheidet sich in der Regel von dem frei fluktuierenden Wechselkurs des Ta-

---

476) Vgl. <u>Hoet</u> und <u>Coriat</u>, Les Nouvelles 1987, S. 162f.

477) Vgl. <u>Bentata</u>, Victor, Insight Into Andean Pact Licensing, Les Nouvelles 1986, S. 157.

478) "contribuciones tecnológicas intangible" wurde <u>in der früheren Dec. 24</u> nicht erläutert. Die Auffassungen der einzelnen Andenländern und der genehmigenden Verwaltungsstellen waren unterschiedlich. Für Peru vgl. <u>Danino</u> und <u>Gallo</u>, Les Nouvelles 1987, S. 71: Nach Meinung von ITINTEC (Institute for Industrial Technological Investigation and Technical Terms) wurden von "contribuciones tecnológicas intangible" Technologie, Patente und Warenzeichen umfaßt, während CONITE Warenzeichen ausschloß, da sie keinen Technologietransfer im eigentlichen Sinne darstellten. Übersetzt bedeutet der Begriff in etwa: Nicht "anfaßbare" technologische Beiträge, also immaterielle technologische Beiträge. Vgl. dazu auch oben S. 40f.

In die <u>neue Dec. 220</u> wurde in Art. 21 aE eine Definition des Begriffes aufgenommen. Danach ist jetzt klar zum Ausdruck gekommen, daß Warenzeichen davon umfaßt sind.

479) Vgl. auch <u>Arias Cobo</u>, S. 100. Das bedeutet, sie können nicht als Kapitaleinlage zum Unternehmen des Lizenznehmers gewertet werden.

480) "regalías devengadas". Der Begriff kann auch angefallene Lizenzgebühren bedeuten.

ges.[481] Die Überweisung der Tantiemen kann allerdings auch an der fehlenden Verfügbarkeit von Devisen scheitern.[482]

In Ländern, in denen Technologietransfergesetze gelten, ist die Tendenz zu beobachten, die Lizenzgebühren systematisch zu verringern.[483] Dem liegt die Absicht zugrunde, durch gesetzliche Maßnahmen finanziell die einheimische Wirtschaft und den Lizenznehmer zu schützen. Eine ähnliche Zielsetzung ist dem deutschen Recht fremd. Die Vermeidung von Preiskartellen hat hier ihre Grundlage allein in wettbewerbsrechtlichen Gesichtspunkten.[484]

Bei der Vergabe von Lizenzen durch eine Muttergesellschaft an eine Tochtergesellschaft bzw. bei der Vergabe von Lizenzen einer Tochtergesellschaft an eine andere[485] sind Sonderregelungen zu beachten.

Art. 21 der früheren Dec. 24, der sowohl für Warenzeichen- als auch für Patentlizenzverträge anwendbar war, untersagte in einem solchen Fall die

---

481) Zu den Problemen Tantiemen ins Ausland zu überweisen vgl. Danino, Roberto und Gallo, Julio, Les Nouvelles 1987, S. 72. Vgl. auch Zellmeier-Neunteufel, S. 16 für Ecuador: Die Beträge für die Lizenzgebühren können bei der Zentralbank erworben werden. Der Wechselkurs dafür ist der freie Interventionskurs der Zentralbank ("mercado libre de intervención"). Zum Vergleich: Stand 7. Februar 1986: Freier Markt 138 Sucres/US $; freier Interventionskurs 110 Sucres/US $.

Für Mexiko vgl. Frisch Philipp, Walter, Teilweise Devisenbewirtschaftung und Bankenverstaatlichung in Mexiko, RIW 1983, S. 98, 99f.

482) Vgl. Bentata, Les Nouvelles 1986, S. 157. Z.B. wurden im August 1986 durch das peruanische Decr. Supr. Nr. 260-86-EF die Überweisungen ins Ausland, sowohl in inländischer als auch in ausländischer Währung ausgesetzt; vgl. Danino und Gallo, Les Nouvelles 1987, S. 72.

483) Vgl. Cabanellas, IC Studies, S. 53.

484) Vgl. oben S. 166ff.

485) Vgl. Correa, S. 66ff.

Zahlung von Lizenzgebühren,[486] um einen versteckten Gewinntransfer zu vermeiden. Der Gewinntransfer hatte durch Dividenden zu erfolgen. Das Verbot der Beteiligung am Unternehmen schloß jedoch die Zahlung mit Produkten, die in Lizenz gefertigt wurden, nicht aus.[487] Soweit überhaupt Transfermöglichkeiten für Dividenden bestanden, behinderte diese Regelung den Kapitalfluß zwischen der Mutter- und der Tochtergesellschaft nicht.

Durch die neue Dec. 220 wurde die Situation grundlegend geändert. Nun kann die Vergabe von Lizenzen einer Mutter- an eine Tochtergesellschaft bzw. von einer anderen Tochtergesellschaft der gleichen Muttergesellschaft die Zahlung von Lizenzgebühren bedingen, allerdings nur in vorher von der zuständigen nationalen Behörde festgelegten Fällen. Trotz dieser nun weitaus liberaleren Haltung des Gesetzes ist nach wie vor die Tendenz festzustellen,[488] Lizenzgebührzahlungen in einem solchen Fall einer strengeren Regelung zu unterwerfen als bei voneinander unabhängigen Partnern, da bei gesellschaftsrechtlich nicht verbundenen Partnern nur die Höhe der Lizenzgebühren überprüft wird, nicht jedoch eine Zahlung überhaupt ausgeschlossen werden kann. In Art. 21 des Dec. 220 liegt jedoch ein erster - und einschneidender - Versuch, Lizenzgebührzahlungen von Tochter- an Muttergesellschaften nicht mehr in so weitgehendem Maße zu unterbinden wie nach den vorherigen Regelungen - dies unter der Gesamtzielsetzung der Dec. 220, ausländische Investitionen in die betreffenden Länder zu erleichtern und ausländische Firmen anzuregen, dort Tochtergesellschaften zu gründen.

Die strengere Behandlung der Beziehungen zwischen Mutter- und Tochtergesellschaft ist darauf zurückzuführen, daß in der Vergangenheit solche Transaktionen dazu dienten, Steuern zu umgehen und die Auswir-

---

486) Vgl. z.B. Oría, Jorge Luis und Bertone, Luis E., Eficacia de las limitaciones al pago de utilidades en las leyes de inversiones extranjeras, Integración Latinoamericana Dezember 1982 (75), S. 49, 58. Vgl. auch Correa, S. 120.

487) Vgl. Arias Cobo, S. 100.

488) Vgl. zum früheren Art. 21 der Dec. 24 Cabanellas, IC Studies, S. 26.

kungen der Währungskontrolle oder der Restriktion ausländischer Investitionen z.B. hinsichtlich des Gewinntransfers zu vereiteln.[489)]

Entgeltliche Warenzeichenlizenzen zwischen verbundenen Unternehmen sind nicht zulässig,[490)] da diese ohnehin im Eigentum der gesamten Gesellschaft stünden und die Zahlung negative Auswirkungen auf die Wirtschaft des Empfängerlandes habe.[491)] Die Andenstaaten sind der Auffassung, daß jeder Technologietransfer zusätzliche Kosten zur Folge habe und der gezahlte Preis dazu diene, ein Monopol zu erhalten.[492)]

Das deutsche Recht kennt keine dem Andenrecht äquivalente Behandlung des Lizenzvertrages zwischen Mutter- und Tochtergesellschaft, anwendbar sind nur die kartellrechtlichen Regelungen.

Erwähnt wird eine solche Konstellation dagegen im EG-Recht: Die Gruppenfreistellungsverordnung findet auch Anwendung auf Lizenzverträge über Schutzrechte, in denen Rechte oder Verpflichtungen des Lizenzgebers oder Lizenznehmers von mit ihnen verbundenen Unternehmen übernommen werden (Art. 11 Nr. 3 der Verordnung). "Verbundene Unternehmen" iS der Verordnung sind solche, die z.B. durch eine Kapitalbeteiligung von mehr als der Hälfte des Kapitals, mehr als der Hälfte der Stimmrechte oder die Befugnis zur Bestellung von mehr als der Hälfte der Aufsichtsratsmitglieder miteinander verbunden sind.[493)] Als verbundene Unternehmen gelten auch Unternehmen, bei denen eine Muttergesellschaft diese Rechte innehat.

Verträge zwischen verbundenen Unternehmen fallen nicht unter Art. 85 Abs. 1 EWGV und damit nicht unter die Gruppenfreistellungsverordnung, wenn Mutter- und Tochterunternehmen eine so weitgehende wirt--

---

489) Vgl. Cabanellas, IC Studies, S. 27.

490) Vgl. Brown und Leiseca, Les Nouvelles 1987, S. 30.

491) Vgl. Arias Cobo, S. 95.

492) Vgl. Cabanellas, IC Studies, S. 89. Vgl. zur Kritik dieser Auffassung ebenfalls Cabanellas, aa0.

493) Vgl. Neumann, RIW 1985, S. 92 mit weiteren Beispielen.

schaftliche Einheit bilden, daß die Tochtergesellschaft ihr Vorgehen nicht autonom bestimmen kann.[494]

Die wirtschaftspolitischen Bedenken der Technologietransfergesetze gelten infolge der andersartigen Wirtschaftsverfassung für das deutsche und das EG-Recht nicht.

494) Vgl. Neumann, RIW 1985, S. 92.

F. Gerichtsstands- und Schiedsgerichtsvereinbarungen

I. Gerichtsstand und Gerichtsstandsvereinbarung

1. Deutsche Rechtslage

Die deutsche Zivilprozeßordnung enthält bis auf wenige Ausnahmen (z.B. §§ 606a, 648a ZPO) keine Regelung der internationalen Zuständigkeit. Die Rechtsprechung hat daher in Anlehnung an die §§ 12ff. ZPO den Grundsatz entwickelt, daß, soweit nach den Vorschriften der §§ 12ff. ZPO über den Gerichtsstand ein deutsches Gericht örtlich zuständig ist, zugleich die internationale Zuständigkeit vorliege.[1)]

Bei Streitigkeiten über gewerbliche Schutzrechte (Patente und Warenzeichen) ist jedoch nach h.M.[2)] wegen der Eigenart des Streitgegenstandes trotz Inlandsbezug und örtlicher Zuständigkeit die deutsche internationale Zuständigkeit (= sachliche internationale Zuständigkeit) ausgeschlossen. Hier sei nur von den Gerichten des Verleihungsstaates ein sachlich richtiges Urteil zu erwarten.[3)] Nach Geimer[4)] gilt jedoch, daß der Grad der Schwierigkeit der Anwendung ausländischen Patentrechts etc. kein Kriterium des IPR oder IZPR sei. Zum Teil wird - wie bei der Rechtswahl - darauf abgestellt, daß die Schutzrechte durch das Territorialitätsprinzip begrenzt seien, dies habe eine "prozessuale Reflexwirkung".[5)] Diese Feststellung gelte aber nur dann, soweit es um rein schutzrechtliche "Bestandsvernichtungsverfahren" gehe, d.h. Verfahren, die auf

---

1) Vgl. Firsching, S. 106f. und Thomas-Putzo, Kommentar zur Zivilprozeßordnung, 15. Auflage, München 1987, Vorbem. II 4 vor § 1.

2) Vgl. Nagel, Heinrich, Internationales Zivilprozeßrecht, 2. Auflage, Münster 1984, Rdnr. 107 m.w.N.; Geimer, Reinhold, Internationales Zivilprozeßrecht, Köln 1987, Rdnr. 993f., 1002 m.w.N. Zit.: Geimer.

3) Vgl. Geimer in: Zöller, Kommentar zur Zivilprozeßordnung, 15. Auflage, Köln 1987, IZPR Rdnr. 125. Zit.: Zöller-Geimer IZPR. Geimer, Rdnr. 1002.

4) Vgl. Geimer, Rdnr. 1004 m.w.N., Zöller-Geimer, IZPR Rdnr. 125 m.w.N.

5) Vgl. Geimer, Rdnr. 1004 m.w.N.

eine Erklärung der Nichtigkeit, auf Zurücknahme, Beschränkung und Erteilung einer Zwangslizenz, auf Löschung von Warenzeichen und sachlich-rechtliche Vernichtungsklagen aus Verletzung anderer absoluter Rechte abzielten.[6] Für alle Klagen dieser Art ist daher in jedem Fall der Gerichtsstand im jeweiligen Land gegeben.

Für Verletzungsprozesse besteht unbestritten keine Beschränkung der internationalen Zuständigkeit der Bundesrepublik Deutschland.[7]

Die unbegrenzte nationale Zuständigkeit des betreffenden Landes gilt auch für Prozesse gegen die Ablehnung der Registrierung durch die zuständige Behörde, da es sich hierbei um die Entscheidung einer Verwaltungsbehörde handelt.[8] Dies gilt sowohl für das deutsche als auch das südamerikanische Recht.

In den übrigen Fällen besteht nach deutscher Auffassung im Rahmen der §§ 38, 40 ZPO die Möglichkeit, den Gerichtsstand zu vereinbaren, soweit es sich um schuldrechtliche Fragen handelt.[9]

2. Recht der Andenpaktstaaten

Im Gegensatz zum deutschen Recht unterstellten die Andenländer bisher jede Streitigkeit über einen Technologietransfervertrag zwingend ihrer eigenen Gerichtsbarkeit. Das geschah vorwiegend nicht durch die allge-

---

6) Vgl. Zöller-Geimer, IZPR Rdnr. 125; ders. Rdnr. 1005 m.w.N. AA Troller, S. 252. Nach seiner Auffassung könne der Gerichtsstand des Schutzlandes oder ein fakultativer Gerichtsstand am Wohnsitz des Patentinhabers gewählt werden. Zu Einzelheiten über Schadensersatzansprüche wegen Verletzung ausländischer Warenzeichen und Patente vgl. Pfaff, Rdnr. 28 m.w.N.

7) Vgl. Zöller-Geimer, IZPR Rdnr. 126 m.w.N.; Geimer, Rdnr. 1007 m.w.N.

8) Vgl. Cabanellas, International Review of Industrial Property and Copyright Law 1985, S. 27.

9) Vgl. Stumpf, Rdnr. 455 m.w.N.: "dürfte dies in der Regel zulässig sein".

Zur Problematik und umstrittenen Rechtsnatur des Prorogationsvertrages vgl. z.B. Wirth, Hans-Rainer, Gerichtsstandsvereinbarungen im internationalen Handelsverkehr, NJW 1978, S. 460f.; Firsching, S. 107f. und Zöller-Geimer, IZPR Rdnr. 140ff.

meinen prozeßrechtlichen Vorschriften,[10] sondern durch die Technologietransfergesetze.

Der Gesetzgeber hat von Land zu Land unterschiedliche Vorgehensweisen definiert, um die Anwendung der eigenen Gerichtsbarkeit zu gewährleisten:[11]

Gem. Art. 51 der früheren Dec. 24 war explizit die Aufnahme einer Klausel in den Vertrag untersagt, die eine Streitigkeit aus dem Technologietransfervertrag einem ausländischen Gericht unterstellte.[12] Diese Regelung galt für alle Andenländer, da die Dec. 24 von allen ratifiziert worden war. Art. 51 der Dec. 24 stellte eine Ausprägung der Calvo-Doktrin und des daraus resultierenden Prinzips der Inländergleichbehandlung dar. Eine Differenzierung zwischen "Bestandsvernichtungsverfahren" und sonstigen schuldrechtlichen Fragen wie im deutschen Recht wurde nicht getroffen. Ausnahmen von des Art. 51 der Dec. 24 waren möglich, wenn Prozesse im Ausland geboten waren, weil der Beklagte keinem Andenland angehörte und dort keinen gesetzlichen Vertreter aufzuweisen hatte.[13]

In die Dec. 220 wurde Art. 51 in dieser Form nicht mehr übernommen. Art. 34 bestimmt hier lediglich, daß es Sache der einzelnen Länder sei,

---

10) Vgl. jedoch z.B. Art. 2 des venezolanischen Código de Procedimiento Civil vom 22. 1. 1986, in Kraft getreten am 16. 3. 1987. Danach kann die Zuständigkeit venezolanischer Gerichte nicht derogiert werden, wenn es sich um Sachverhalte handelt, die die öffentliche Ordnung berühren. Vgl. Kurzinformationen, RabelsZ 50 (1986), S. 722.

11) Vgl. zu den verschiedenen Ausprägungen weiterführend Cabanellas, International Review of Industrial Property and Copyright Law 1985, S. 26.

12) Wortlaut: "En ningún instrumento relacionado con inversiones o transferencias des technología se admitirán cláusulas que sustraigan los posibles conflictos o controversias de la jurisdicción y competencia nacionales del país receptor o que permitan la subrogación por los Estados de los derechos y acciones de sus nacionales inversionistas". Übersetzung vgl. Anhang S. 260.

13) Vgl. Pate, S. 69.

darüber zu bestimmen, ob die Vereinbarung eines ausländischen Gerichtes zulässig sei.[14)]

Die Mitgliedsstaaten des Andenpaktes haben noch unter Geltung der alten Dec. 24 eigene - bis heute geltende - nationale Regelungen erlassen.

Art. 16 f) der peruanischen Resolución No. 003-81-EFC/35 bestimmt ausdrücklich, daß die Unterwerfung unter peruanische Gerichtsbarkeit in den Technologievertrag aufzunehmen ist. Eine solche Klausel wird auch - trotz fehlender gesetzlicher Regelung - von den kolumbianischen und venezolanischen Genehmigungsbehörden verlangt.[15)] Die Behörde wendet hier - wie in vielen anderen Punkten - ihren außerordentlich weiten Ermessensspielraum an.

Gem Art. 1505 des ecuadorianischen Código Civil ist das Versprechen, sich einer ausländischen Gerichtsbarkeit zu unterwerfen, nichtig. Der ecuadorianische Código Civil folgt damit einem ähnlichen Weg wie die frühere Dec. 24. Art. 1505 wird jedoch ergänzend dahingehend ausgelegt, daß die Vereinbarung eines ausländischen Gerichtsstandes nur untersagt ist, wenn der Vertragsabschluß nicht auf ecuadorianischem Staatsgebiet stattgefunden hat.[16)] Eine Umgehung des zwingenden einheimischen Gerichtsstandes wäre daher durch einen Vertragsabschluß im nahen Kolumbien ohne Probleme möglich. Dies galt aber - solange die Dec. 24 in Kraft war - nicht für Lizenzverträge, da hier Art. 51 als Spe-

---

14) Vgl. auch oben S. 30.

15) Vgl. Cabanellas, International Review of Industrial Property and Copyright Law 1985, S. 26 Fußn. 25 und S. 32. Vgl. anders für Venezuela Soltysinski, S. 341.

16) Vgl. Kommentierung zu Art. 1505 des ecuadorianischen Código Civil in Código Civil con Jurisprudencia, Corporación de estudios y publicaciones, Quito/Ecuador 1985. "Reforma: Interprétase el Art. 1505 des Código Civil, de acuerdo con lo dispuesto en el enciso segundo del Art. 153 de la Constitución Política, en el sentido de que el convenio de sujetarse a una jurisdicción extrana procede únicamente cuando los correspondientes contratos se celebran fuera del territorio nacional. (DS 797-B Se publicó en RO 193: 15-X-76)."

zialregelung eingriff.[15] Es kam nur eine Klage im Technologieempfängerland in Betracht.[16]

Obwohl die Gerichtsstandsvorschriften in der Dec. 220 geändert wurden ist es unwahrscheinlich, daß die ecuadorianischen Behörden einen im Ausland abgeschlossenen Technologievertrag, der einen ausländischen Gerichtsstand vereinbart, genehmigen werden. Ecuador würde damit die Linie der anderen Andenstaaten verlassen, die die ausdrückliche Unterwerfung unter die nationalen Gerichte verlangen (in Venezuela und Kolumbien nur aufgrund von Behördenrichtlinien).

In Mexiko[17] sind Gerichtsstandsvereinbarungen nichtig, nach denen ausländische staatliche Gerichte über Streitigkeiten aufgrund von Technologieübertragungsakten entscheiden sollen (Art. 7 TÜG). Sie stellen bei Überprüfung durch die zuständige nationale Behörde einen Hinderungsgrund dar. Das gilt nicht, wenn mexikanische Technologie ins Ausland exportiert wird. Es ist jedoch nicht erforderlich, daß im Technologietransfervertrag ein mexikanisches Gericht als das zuständige vereinbart wird, vielmehr genügt es, daß nur die Zuständigkeit eines ausländischen Gerichts nicht vereinbart wurde.

Die strikte Unterwerfung von Streitigkeiten aus einem Technologievertrag unter die einheimische Gerichtsbarkeit kann zu den verschiedensten Problemen führen:

Ein ausländisches Gericht kann sich trotz ausdrücklicher Gerichtsstandsvereinbarungen für zuständig erklären, soweit die Vereinbarung dem dortigen ordre public widerspricht.[18]

---

15) Zum Verhältnis der Regeln des Andenpaktes zu den nationalen Regelungen vgl. oben S. 127ff.

16) Vgl. Arias Cobo, S. 117.

17) Vgl. zum ganzen Fragenkomplex Frisch Philipp und Moser, RIW 1982, S. 628.

18) Vgl. Cabanellas, International Review of Industrial Property and Copyright Law 1985, S. 28 und 33.

Aus Gründen der Vollstreckbarkeit des Urteils kann es für den Technologienehmer vorteilhaft sein, den Technologiegeber in seinem Land zu verklagen. Im deutschen Recht wird z.B. ein ausländisches Urteil nicht anerkannt, wenn es gegen den inländischen ordre public verstößt oder die Gegenseitigkeit nicht verbürgt ist (§ 328 I Nr. 1 und 5 ZPO).

Zu beachten ist jedoch bei einer erfolgreichen Klage vor einem ausländischen Gericht, daß eine Vollstreckung im Heimatland des Technologienehmers nicht möglich ist, da das Urteil den dortigen Gerichtsstandsregelungen und damit dem ordre public widerspricht.[19)]

II. Schiedsgerichtsvereinbarung

Eine solche ist nach Auffassung von Stumpf[20)] zweckmäßig, wenn damit gerechnet werden muß, daß Schwierigkeiten bei der Vollstreckung entstehen, da Schiedssprüche häufig leichter zu vollstrecken seien als Urteile. Hinzu käme, daß ein Schiedsgericht, das z.B. aufgrund der Vergleichs- und Schiedsordnung der Internationalen Handelskammer[21)] tätig werde, die Möglichkeit habe, alles zu beachten, was einen Schiedsspruch vollstreckbar mache.[22)] Stelle ein Schiedsgericht beispielsweise fest, daß in einem Land, in dem voraussichtlich zu vollstrecken ist, nur Inlandsschiedssprüche vollstreckt werden und als solche nur Schiedssprüche angesehen werden, die im Lande selber ergangen sind, könne es den Spruch in dem in Betracht kommenden Land erlassen.[23)]

---

19) Vgl. Cabanellas, International Review of Industrial Property and Copyright Law 1985, S. 34.

20) Vgl. Stumpf, Rdnr. 455.

21) Zu den Mitgliedern des Schiedsgerichtshofes der Internationalen Handelskammer vgl. Jarvin, Sigvard, Arbitrating International Disputes, Les Nouvelles 1988, S. 15, 16. Vgl. aaO auch weiterführend zum Schiedsverfahren, S. 16ff.

22) Vgl. Stumpf, Rdnr. 455.

23) Zum Beispiel einer Ad-hoc-Schiedsklausel, die für Ostblockstaaten in Betracht kommt, welche sich nur vereinzelt auf die IHK-Schiedsklausel einlassen vgl. Stumpf, Rdnr. 456.

Hier sind jedoch eine Reihe multinationaler Abkommen[24] zu beachten:

Nach Art. 1 des Genfer Protokolls über die Schiedsklauseln vom 24. 9. 1923 werden von jedem Vertragsstaat[25] Schiedsklauseln über zukünftige Streitigkeiten als gültig anerkannt und zwar auch dann, wenn das Schiedsverfahren in einem anderen Staat stattfindet als dem, dessen Gerichtsbarkeit jede der Parteien unterworfen ist. Gem. Art. 2 richtet sich das Verfahren nach der Gesetzgebung des Landes, in dem das Verfahren stattfindet. Jedes der Mitgliedsländer gewährleistet die Vollstreckung der so erlassenen Schiedssprüche nach seiner Gesetzgebung, es fehlen jedoch gemeinsame Vorschriften über das Verfahren der Vollstreckung. Andenländer sind dem Abkommen nicht beigetreten. Das entspricht der traditionellen Zurückhaltung der Staaten Lateinamerikas gegenüber der internationalen Schiedsgerichtsbarkeit.[26]

Im Genfer Abkommen zur Vollstreckung ausländischer Schiedssprüche vom 26. 9. 1927[27] sind Einzelheiten der Anerkennung und Vollstreckung geregelt.[28] Das Abkommen wird nur angewandt, soweit die Schiedssprüche dem Protokoll (Art. 1) entsprechend ergangen sind. Der im Gebiet eines Mitgliedsstaates ergangene Spruch muß eine endgültige Ent-

---

24) Vgl. zum ganzen Fragenkomplex Stumpf, Rdnr. 456.

25) Albanien, Belgien, Birma, Brasilien, BRD, Dänemark, Finnland, Frankreich, Griechenland, Großbritannien, Indien, Irland, Israel, Italien, Japan, Jugoslawien, Luxemburg, Malta, Mauretanien, Monaco, Neuseeland, Niederlande, Norwegen, Österreich, Pakistan, Polen, Portugal, Rumänien, Schweden, Schweiz, Spanien, Thailand, Tschechoslowakei, Uganda. Vgl. Stumpf, Rdnr. 456 Fußn. 968.

26) Vgl. Samtleben, Jürgen, Schiedsgerichtsbarkeit in den Andenpaktstaaten, RIW 1984, S. 600, 860.

Das Genfer Protokoll wurde zwar von Peru und Bolivien gezeichnet, aber nicht ratifiziert; vgl. Samtleben, aaO.

27) Mitgliedsländer wie oben Fußn. 25, außer Brasilien, Monaco, Polen und Uganda. Vgl. Stumpf, Rdnr. 456.

28) Vgl. zum ganzen Fragenkomplex Stumpf, Rdnr. 456.

scheidung darstellen und darf nicht der öffentlichen Ordnung des Landes widersprechen, in dem er geltend gemacht wird. Die Andenländer sind diesem Abkommen nicht beigetreten.

Das UN-Übereinkommen über die Anerkennung und Vollstreckung ausländischer Schiedssprüche vom 10. 6. 1958[29] wurde erlassen, weil das Genfer Protokoll und das Genfer Abkommen z.T. als unbefriedigend angesehen wurden. Es betrifft die Anerkennung und Vollstreckung von Schiedssprüchen, die in dem Hoheitsgebiet eines anderen Staates als desjenigen ergangen sind, in dem um Vollstreckung nachgesucht wird oder zwar dort ergangen sind, aus prozessualen Gründen aber nicht als inländische anzusehen sind. In den meisten Staaten - wie z.B. in der Bundesrepublik - wurde das Übereinkommen mit dem Vorbehalt erlassen, daß der betreffende Staat das Übereinkommen nur auf solche Schiedssprüche anwenden wird, die in dem Hoheitsgebiet eines anderen Mitgliedsstaates ergangen sind, also nicht in dem Gebiet irgendeines Staates, der dem Abkommen nicht beigetreten ist. Ecuador, Kolumbien und Mexiko sind Mitglieder des Übereinkommens.[30]

Im europäischen Übereinkommen über die internationale Handelsschiedsgerichtsbarkeit vom 21. 4. 1961[31] wurden ad-hoc-Schiedsgerichte und Parteiautonomie bezüglich des anwendbaren Rechts ausdrücklich für zulässig erklärt.

---

29) Vgl. zum ganzen Fragenkomplex Stumpf, Rdnr. 456.

30) Vgl. Samtleben, RIW 1984, S. 600.

31) Mitgliedsstaaten: Belgien, Bulgarien, BRD, Dänemark, DDR, Frankreich, Italien, Jugoslawien, Kuba, Obervolta, Österreich, Polen, Rumänien, Sowjetunion, Ukraine, Weißrußland, Spanien, Tschechoslowakei, Ungarn. Vgl. Stumpf, Rdnr. 456.

Die Vereinbarung von Schiedsklauseln ist in den lateinamerikanischen Ländern weitgehenden Beschränkungen unterworfen.[32] Sie lassen sich im wesentlichen wie folgt unterteilen :[33]

- ob Streitigkeiten, die aus dem Technologietransfer erwachsen, überhaupt der Schiedsgerichtsbarkeit zugänglich sind

- ob ausländische Schiedsgerichte vereinbart werden können (Calvo-Klausel)[34]

- Beschränkungen hinsichtlich der Schiedsgerichtsbarkeit bei Streitigkeiten, an denen Regierungsstellen beteiligt sind.[35]

In allen Andenländern ist heute anerkannt, daß Streitigkeiten der Schiedsgerichtsbarkeit unterstellt werden können.[36] Die Parteien müssen sich den prozessualen Schiedsgerichtsregeln des betreffenden Landes unterwerfen[37] und die genehmigende Behörde überprüft die Schiedsklausel auf ihre Vereinbarkeit mit dem nationalen Recht.[38] Auch Art. 51 der früheren Dec. 24 änderte daran nichts.[39]

---

32) Vgl. Grigera Naón, Horacio A., El arbitraje comercial internacional en América Latina, Separata de la Revista del Derecho Industrial, Buenos Aires/Argentinien 1980, S. 1.

33) Vgl. Goldman, S. 31.

34) Vgl. schon oben S. 31f.

35) So war z.B. nach älterem kolumbianischen Recht die Teilnahme des Staates an einem Schiedsverfahren nicht zulässig. Dies wurde durch spätere Gesetze modifiziert. Vgl. Samtleben, RIW 1984, S. 867.

36) Vgl. Samtleben, RIW 1984, S. 861ff.

37) Vgl. Gamboa Serrano, Rafael H., Del arbitraje internacional - normas aplicables, Universitas, Pontificia Universidad Javeriana, Bogotá/Kolumbien 1980, S. 145, 148.

38) Vgl. Cabanellas, International Review of Industrial Property and Copyright Law 1985, S. 36 und 40.

39) Vgl. Goldman, S. 33 m.w.N.

Dagegen ist die Zulässigkeit ausländischer Schiedsgerichte Beschränkungen unterworfen.

Die gemeinsamen Regelungen des Andenpaktes weisen keine Vorschrift auf, die sich ausdrücklich auf die Vereinbarung ausländischer Schiedsgerichte bezieht.

Art. 51 der früheren Dec. 24[40)] untersagte lediglich die Vereinbarung eines ausländischen Gerichtes. Die Norm war jedoch grundsätzlich auf die Schiedsgerichtsbarkeit anwendbar, da man, trotz im einzelnen fehlender Regelungen in den nationalen Gesetzen, die Schiedsgerichtsbarkeit als konventionelle Gerichtsbarkeit betrachtete.[41)] Ecuador als Sonderfall hat die Schiedsgerichtsbarkeit explizit als konventionelle Gerichtsbarkeit eingeordnet (Artt. 3 und 18 des Código de Procedimiento Civil).[42)]

Ausnahmsweise - trotz Geltung des Art. 51 der Dec. 24 - konnte ein ausländisches Schiedsgericht angerufen werden,[43)] wenn der Beklagte keinem Andenland angehörte und dort nicht gesetzlich vertreten war,[44)] was jedoch häufig zu vollstreckungsrechtlichen Problemen führte.[45)] Daher war es auch in einem solchen Fall zweckmäßig, bei einem Schiedsgericht in einem Andenland seine Ansprüche geltend zu machen.

In die Dec. 220 wurde Art. 51 nicht mehr aufgenommen. Heute ist es Sache der Länder darüber zu bestimmen, ob ein ausländisches Schiedsgericht zugelassen wird. Solange die einzelnen Mitgliedsländer keine An-

---

40) Zum Wortlaut vgl. oben S. 228 Fußn.10.

41) Vgl. Goldman, S. 33.

42) Vgl. Arias Cobo, S. 117.

43) Vgl. Pate, S. 69.

44) Vgl. schon oben bei Gerichtsstandsvereinbarungen S. 228.

45) Vgl. Pate, S. 69. Dieser Gesichtspunkt gilt allgemein bei der Vollstreckung ausländischer Urteile in Andenstaaten; vgl. oben S. 231.

gleichung ihrer Gesetzgebung an die Dec. 220 vorgenommen haben, sind die vorherigen nationalen Regelungen ausschlaggebend.

Danach ist in Ecuador gem. Art. 1505 Código Civil die Vereinbarung eines ausländischen Schiedsgerichtes untersagt.[46] In anderen Ländern, in denen der Ausschluß ausländischer Schiedsgerichtsbarkeit nicht explizit geregelt ist, kann dagegen der Wegfall des Art. 51 der Dec. 24 Änderungen erbringen. In Kolumbien wurden - außer in Technologietransfer- und Investitionsverträgen (Art. 51) - Schiedsklauseln zugunsten ausländischer Schiedsgerichte auf der Grundlage des UN-Übereinkommens ohne Einschränkung als zulässig angesehen.[47] Nach Art. 2064 des peruanischen Código Civil ist die Vereinbarung eines Schiedsverfahrens im Ausland nur dann unwirksam, wenn eine mißbräuchliche Ausnutzung einer wirtschaftlichen Machtposition vorliegt oder eine ausschließliche Zuständigkeit der peruanischen Gerichte besteht, z.B. im Falle entsprechender Parteivereinbarung.[48] In Venezuela ist gem. Art. 2 des Código de Procedimiento Civil die Vereinbarung eines ausländischen Schiedsgerichts nur unzulässig, soweit es sich um Grundstücke in Venezuela handelt oder die öffentliche Ordnung betroffen wird.[49] Es muß abgewartet werden, inwieweit die allgemeinen Vorschriften des Zivilrechts

46) Vorschlag einer Schiedsklausel für Warenzeichenlizenzverträge mit Ecuador: "Cualquier disputa, diferendo o cuestiones que se susciten entra la otorgante y la usuaria relativas a la rescisión e interpretación correcta del contrato o a los derechos y obligaciones de las partes o cualquier disputa referente a la suma de dinero que deba ser pagada o adeudada por la usuaria bajo este contrato, será referido a la decisión de tres árbitros, uno designado por cada parte y el tercero nombrado de común acuerdo por los dos así nombrados. Faltando el acuerdo de ellos, el tercer árbitro será nombrado por el procedimiento que establezcen las partes. El procedimiento arbitral se regirá pos las leyes ecuatorianas sobre la materia y se llevará a cabo en la ciudad de Quito. Si por cualquier motivo pudiere llevarse a efecto el juicio de arbitraje, las partes se someterán al trámite de juicio verbal sumario en la ciudad de Quito." Vgl. Arias Cobo, S. 118.

47) Vgl. Samtleben, RIW 1984, S. 868.

48) Vgl. Samtleben, Jürgen, Schiedsklauseln in Peru und Venezuela, RIW 1987, S. 20, 21.

49) Vgl. Samtleben, RIW 1987, S. 22.

auf Technologieverträge angewendet werden und damit unter Umständen in diesem Bereich ausländische Schiedsgerichte vereinbart werden können oder ob die Vereinbarung eines ausländischen Schiedsgerichts den Technologietransfergesetzen und dem ordre public des betreffenden Landes widerspricht.

Anderes gilt für Mexiko: Obwohl die Zulässigkeit der Vereinbarung eines ausländischen Schiedsgerichts gem. Art. 7 des alten Technologieübertragungsgesetzes teilweise in Frage gestellt wurde,[50] stellt nach dem neuen Technologieübertragungsgesetz vom 10. 2. 1982[51] die Vereinbarung ausländischer Schiedsgerichte privater - nicht öffentlicher Art - keinen Hinderungsgrund für einen Technologietransfervertrag dar, wenn das Schiedsgericht auf materiellrechtlichem Gebiet mexikanische Sach- und Kollisionsnormen anwendet und von Mexiko abgeschlossene Staatsverträge beachtet.[52]

---

50) Vgl. Goldman, S. 36 m.w.N. und Foeth, RIW 1977, S. 464.

51) Vgl. des weiteren unten S. 238ff.

52) Vgl. Frisch Philipp und Moser, RIW 1982, S. 628.

G. Einfluß der Regeln des Andenpaktes auf das Recht anderer Länder (Überblick)

I. Mexiko

Die ersten Erfahrungen mit einem Technologietransfergesetz erfolgten in Mexiko mit dem "Gesetz über die Registrierung des Transfers von Technologie sowie dem Gebrauch und die Nutzung von Patenten und Warenzeichen" vom 28. 1. 1973[1] und der 1976 verabschiedeten Neuregelung der gewerblichen Schutzrechte durch das "Gesetz über Erfindungen und Warenzeichen",[2] die das Ley de la Propiedad Industrial vom 31. 12. 1942 ablösten.[3] Mexiko hatte damit als eines der ersten Länder der "weniger entwickelten Welt" eine zusammenhängende Bearbeitung des Technologietransferrechts.[4]

Das zunächst geltende Technologietransfergesetz wurde durch das "Gesetz über die Kontrolle und das Register für Technologieübertragung sowie über Gebrauch und Nutzen von Patenten und Warenzeichen" vom 11. 1. 1982[5] zur Gänze aufgehoben.[6] Trotz dieser vollständigen Auf-

---

1) Vgl. Foeth, RIW 1977, 461, 462 Fußn. 1 und 2. Vgl. auch Finnegan, Marcus B., The new Mexican law on registration and transfer of technology from the licensor's point of view, Les Nouvelles 1973, S. 131ff.; Aguilar, Enrique, Two years with Mexican law, Les Nouvelles 1975, S. 135ff.; Torres, Pablo G., Another View of New Mexican Laws, Les Nouvelles 1975, S. 238ff.

2) Vgl. Rangel Medina, David, La explotación de patentes en la actual jurisprudencia méxicana, Estudios Juridicos 1981, S. 77, 81. Vgl. auch De Pina Vara, Rafael, La nueva ley méxicana de invenciones y marcas, Derecho de la Integración März 1976 (21), S. 225ff.

3) Vgl. zur vorher geltenden Situation und zu allgemeinen Überlegungen, Becerril, Oscar M., New trends in Mexico for the information, licensing and adaption of technology, Les Nouvelles 1972, S. 259ff.

4) Vgl. Foeth, RIW 1977, S. 462.

5) In Kraft getreten am 10. 2. 1982.

6) Vgl. Frisch Philipp und Moser, RIW 1982, S. 622.

hebung handelte es sich nur um eine Gesetzesnovellierung, da der frühere Gesetzesinhalt in seinem wesentlichen Inhalt erhalten blieb, es wurden lediglich frühere offizielle Anwendungskriterien (Richtlinien) in den Gesetzestext einbezogen und aus rechtspolitischer Sicht das gesamtwirtschaftliche Interesse Mexikos sichtbar hervorgekehrt.[7)]

Das Gesetz von 1973 sollte - wie die gemeinsamen Regelungen des Andenpakts - die Position des nationalen Käufers stärken, einen optimalen Zugang zu den verfügbaren Technologien gewährleisten[8)] und das Land vor zu großen Devisenverlusten schützen.[9)] Dieser Schutz wird nun durch das neue Gesetz zu einem der mexikanischen Gesamtwirtschaft erweitert.[10)] Der Schutz der Gesamtwirtschaft war im Andenpakt bereits durch Art. 7 der Dec. 84 berücksichtigt worden.[11)] Die Zielsetzungen wie die Voraussetzungen sind wegen der vergleichbaren wirtschaftlichen Ausgangslage weitgehend die gleichen wie für den Andenpakt. Wie bei den Andenpaktländern ist anzumerken, daß das Gesetz "kontraproduktive Wirkungen" zeigen kann, indem es die ausländische Industrie abschreckt[12)].

---

7) Vgl. Frisch Philipp und Moser, RIW 1982, S. 623.

8) Vgl. Alvarez Soberanis, Jaime, Aspectos legales del proceso de transferencia de tecnología en México, Derecho de la Integración November 1973 (14), S. 348, 350.

9) Vgl. z.B. Alvarez Soberanis, Jaime, Legal Aspects of Mexico's New Law, Les Nouvelles 1976, S. 159: Von Feb.1973 bis Jan.1976 wurden nach seiner Einschätzung 350.000.000 US$ gespart und viele Vereinbarungen für mexikanische Unternehmen verbessert.

Foeth, RIW 1977, S. 463, geht bezüglich seiner Auffassung über den Schutz des mexikanischen Technologienehmers soweit, daß er die Registerbehörde bei Unklarheiten als Partei und nicht als neutrale Instanz sieht.

10) Vgl. Frisch Philipp und Moser, RIW 1982, S. 623.

11) Vgl. oben S. 123.

12) Vgl. von Westphalen, Friedrich, Technologie- und Lizenzgesetze in Mexiko und Argentinien, AWD/RIW 1973, S. 335, 336. Dort noch als "offene Frage" bezeichnet.

Das erste mexikanische Technologietransfergesetz enthielt nicht völlig neu entworfene Vorschriften, sondern diese lehnten sich im wesentlichen an Artt. 18 bis 26[13] der Dec. 24, an die nationalen Technologietransfergesetze der Andenpaktländer[14] und das argentinische Gesetz Nr. 19.231 vom 10.9.1971[15] an. Die frühere Dec. 24 bildete die Ausgangsbasis für das argentinische Gesetz und beide zusammen beeinflußten das mexikanische Gesetz von 1972.[16] Wie seine Vorgänger war das mexikanische Technologietransfergesetz speziell auf die Probleme Lateinamerikas zugeschnitten; es wurde aber wegen seiner weitgehenden Übereinstimmung z.T. als unreflektierte Übernahme kritisiert. Nach Auffassung von Alvarez Soberanis[17] ist das mexikanische Gesetz keine Kopie, sondern lediglich der Dec. 24 und dem argentinischen Gesetze No. 19.231 ähnlich. Die mexikanische Legislative sei zwar davon inspiriert worden, der Text jedoch den nationalen Realitäten angepaßt worden.

Wie die Dec. 24 und die nationalen Gesetze der Mitgliedsländer enthielt die erste Fassung des mexikanischen Technologietransfergesetzes strenge Einschränkungen im Bereich der verbotenen restriktiven Klauseln und griff durch weitgespannte Staatsaufsicht und Lenkungsbefugnis in erheblichem Umfang in die Vertragsfreiheit ein.[18] Wie diese ließ es zugleich viele Fragen offen und räumte der Verwaltung ein umfangreiches Ermessen ein.[19] Durch das Gesetz von 1982 wurde hier mehr Klarheit geschaffen.

---

13) Vgl. Foeth, RIW 1977, S. 462; Delgado, Les Nouvelles 1975, S. 137; Alvarez Soberanis, Derecho de la Integración November 1973 (14), S. 348, 349.

14) Vgl. Alvarez Soberanis, Les Nouvelles 1976, S. 159.

15) Vgl. Alvarez Soberanis, S. 506.

16) Vgl. Cabanellas, IC Studies, S. 15.

17) Vgl. Alvarez Soberanis, Les Nouvelles 1976, S. 159. Vgl. ders. Derecho de la Integración November 1973 (14), S. 350.

18) Vgl. Foeth, RIW 1977, S. 462.

19) Vgl. Foeth, RIW 1977, S. 462.

1. Registrierungspflicht[20]

Das TÜG (Technologieübertragungsgesetz) definiert zunächst in Art. 188 des Gesetzes über Erfindungen und Warenzeichen und in den Absätzen a) bis m) des Art. 2 gesondert und erschöpfend die registrierungspflichtigen Technologieübertragungsobjekte. Zur Abrundung wird Art. 3 TÜG herangezogen, der die nicht registrierungspflichtigen Gegenstände festlegt.[21] Registrierungspflichtig[22] sind sämtliche Lizenzverträge und die Übertragung aller Rechte z.B. an Patenten und Warenzeichen, die Überlassung von Know-how, auch soweit sie indirekt durch die Aus- und Fortbildung von Personal erfolgt,[23] technische Hilfeleistung jedweder Art, die Überlassung von Grundlagen- oder Spezialtechnik, die Führung oder Verwaltung von Unternehmen, Beratungs- und Überwachungstätigkeit, die von ausländischen natürlichen oder juristischen Personen oder deren Tochtergesellschaften oder Zweigniederlassungen geleistet werden, die Übertragung oder sonstige Überlassung von Urheberrechten, die industriell nutzbar sind und Computerprogramme.

Der sachliche Geltungsbereich des TÜG bezieht sich auf Technologieübertragungsverhältnisse, die innerhalb des mexikanischen Bundesterritoriums "ihre Wirkung äußern sollen" (Art. 2 TÜG). Man stellt auf die wirtschaftlich-technisch bedeutvollen Übertragungseffekte[24] ab, die rechtlich begründeten Akten entspringen. Es scheiden damit Wirkungen

---

20) Vgl. zum alten Technologietransfergesetz z.B. Alvarez Soberanis, Jaime, Actos Jurídicos de inscripción obligatoria en el Registro Nacional de Transferencia de Tecnología (México), Derecho de la Integración November 1974 (74), S. 187ff.

21) Vgl. Frisch Philipp und Moser, RIW 1982, S. 625.

22) Übersetzung und Darstellung aus Frisch Philipp und Moser, RIW 1982, S. 625f.

23) Vgl. Frisch Philipp und Moser, RIW 1982, S. 625.

24) Vgl. Frisch Philipp und Moser, RIW 1982, S. 623.

rein tatsächlicher Art, die einer rechtlichen Grundlage entbehren, wie z.B. unerlaubte Handlungen aus.[25)]

In der Dec. 220 ist die Registrierungspflicht von Technologietransferverträgen nicht in so weitgehendem Maße aufgeschlüsselt. Art. 18 spricht nur von Verträgen über den Import von Technologie und solchen über Patente und Warenzeichen.[26)] Hier bleibt es dem nationalen Gesetzgeber überlassen, die einzelnen genehmigungspflichtigen "Technologietransferakte" festzulegen. Die Technologietransfergesetze der Andenländer enthalten daher ähnliche Aufzählungen wie das TÜG.[27)]

Die Dec. 220 enthält keine Bestimmung zur Einschränkung des sachlichen Geltungsbereiches.[28)]

2. Notwendiger Inhalt des Vertrages und restriktive Klauseln[29)]

Die Zulässigkeit des Technologietransfers ist in den Artt. 15, 16 und 17 TÜG geregelt. Artt. 15 und 16 TÜG zählen 17 relative, dem Ermessen unterliegende Hinderungsgründe auf. Das bedeutet, daß die Technologieübertragungsbehörde nach Art. 17 TÜG trotz Vorliegens eines Hinde-

---

25) Vgl. Frisch Philipp und Moser, RIW 1982, S. 623.

26) Vgl. Alvarez Soberanis, Les Nouvelles 1976, S. 160. Alvarez Soberanis zieht innerhalb seiner Darstellung der unter die Registrierung fallenden Vereinbarungen ("Type of Agreements Subject to Registration") nach dem alten mexikanischen Technologietransfergesetz (welches im wesentlichen dieselben Punkte enthält wie das neue Gesetz), Art. 18 der früheren Dec. 24 als Vergleichsnorm heran, jedoch ohne darauf einzugehen, daß das mexikanische Gesetz von Registrierung spricht, während Art. 18 nur auf eine Überprüfung durch die zuständigen nationalen Behörden eingeht.

27) Vgl. z.B. Art. 62 des venezolanischen Decr. 656 und Art. 1 des ecuadorianischen Ac. 175.

28) Anders vgl. z.B. Art. 62 des venezolanischen Decr. 656.

29) Vgl. hierzu bezüglich des alten Technologietransfergesetzes auch Aguilar, Enrique M., Restrictive Business Practices, Les Nouvelles 1976, S. 13ff.

rungsgrundes im Einzelfall den Technologietransfer für zulässig erklären kann, soweit in ihm "Umstände zum Wohle Mexikos" gegeben sind.[30)]

Als notwendige Klauseln sind in den Vertrag aufzunehmen: Eine konkrete und vollständige Angabe des Leistungsinhaltes, um der Behörde die Möglichkeit zu geben, die Angemessenheit des Entgelts zu überprüfen; eine Angabe über die Dauer, wobei diese 10 Jahre nicht übersteigen darf und eine Garantieverpflichtung des Technologiegebers betreffend Eigenschaft und Ergebnisse der übertragenen Technologie. Das Fehlen der Klauseln bedingt einen relativen Hinderungsgrund.

In Mexiko sind folgende vertragliche Vereinbarungen untersagt:[31)] Rückgewährklauseln, soweit nicht ein gegenseitiger Informationsaustausch auf der Basis gleichberechtigter Beziehungen vereinbart wird; Bezugsverpflichtungen, auch für Personal, es sei denn, es bestehen keine Ausweichmöglichkeiten; Beschränkung des Produktionsvolumens oder Festlegung von Verkaufs- oder Wiederverkaufspreisen; Eingriffsrecht des Technologiegebers in die Unternehmensführung des Technologienehmers, soweit dies nicht Gegenstand des Vertrages ist bzw. zur Erhaltung des technischen Niveaus des übertragenen Gegenstandes notwendig ist; Beschränkung der Forschung und der technologischen Entwicklung des Technologienehmers; Bestimmung der Rückgabe von Technologiegegenständen oder Bestimmung, daß diese nach Ablauf des Vertrages nicht mehr benützt werden dürfen, soweit es sich nicht um gewerbliche Schutzrechte des Technologiegebers handelt; Exportverbote; Verbot, ergänzende Technologie zu benutzen; Ausschließlichkeit des Verkaufs der Produkte an den Technologiegeber oder an einen Dritten

---

30) Vgl. Frisch Philipp und Moser, RIW 1982, S. 626. Die hier angesprochene Befreiungsmöglichkeit liegt im Ermessen der Technologieübertragungsbehörde und ist im verfassungsgerichtlichen Wege nur beschränkt überprüfbar. Überprüfbar ist der Ermessensmißbrauch im Falle der Ermessensüberschreitung, nicht jedoch innerhalb des Ermessensrahmens (vgl. Entscheidungen des Obersten Gerichtshofes, Jurisprudencia, 2a. Sala Informe 1959, pag. 31, Mayo, Vol. Administrativo, tesis 846). Aus: Frisch Philipp und Moser, RIW 1982, S. 626 Fußn. 15.

31) Darstellung und Übersetzung aus Frisch Philipp und Moser, RIW 1982, S. 626ff. Vgl. dort auch weiterführend zu den einzelnen Klauseln.

und Verpflichtung zur Geheimhaltung der vom Technologiegeber überlassenen Informationen über den Vertragszeitraum oder über die Frist des gewerblichen Schutzrechtes hinaus.

Die Vereinbarung eines ausländischen Gerichtsstandes ist nicht erlaubt. Ausländische Schiedsgerichte privater Art fallen nicht darunter, wenn das Schiedsgericht materiellrechtlich mexikanische Sach- und Kollisionsnormen und von Mexiko abgeschlossene Staatsverträge anwendet.[32] Der Hinderungsgrund gilt nicht, soweit mexikanische Technologie ins Ausland exportiert wird.[33]

Nach Art. 7 TÜG ist die Wahl ausländischen Rechts (Sach- und Kollisionsnormen) für Technologietransferverträge unzulässig.[34] Diese Bestimmung unterliegt nicht der Ermessensausübung und stellt einen absoluten Hinderungsgrund dar.

Das TÜG ist den gemeinsamen Regelungen des Andenpaktes und dem Technologieübertragungsgesetz Venezuelas in weitgehendem Maße ähnlich. Unterschiedlich sind die Ermessensbefugnisse der registrierenden und den Technologievertrag evaluierenden Behörden zu bewerten. Die Dec. 220 gewährt eine ausnahmsweise Zulassung restriktiver Klauseln nur in Art. 20 bei Exportverbotsklauseln und Bezugsverpflichtungsklauseln und in Art. 24 *lit.* b) im Falle von Bezugsverpflichtungen. Da die mexikanischen Behörden hier für jede Klausel abwägen, ob das "Wohl Mexikos" sie erfordert - können sie eher als die nationalen Behörden der Andenländer eine auf den Einzelfall zugeschnittene, die speziellen wirtschaftlichen Erfordernisse ihres Landes berücksichtigende Entscheidung treffen.

---

32) Vgl. schon oben S. 237.

33) Vgl. Frisch Philipp und Moser, RIW 1982, S. 628.

34) Vgl. auch Foeth, RIW 1977, S. 463, dort noch das alte Gesetz von 1972 betreffend. Zur Calvo-Doktrin vgl. oben S. 31f.

II. Argentinien

Der Vorläufer für das erste argentinische Technologietransfergesetz No. 19231 vom 10. 9. 1971 - wie für das mexikanische Gesetz von 1972 - war in weiten Bereichen die Dec. 24.[35] Das argentinische Gesetz war dem mexikanischen Gesetz zwar ähnlich, enthielt jedoch hinsichtlich einer Ausnahme von den Verbotsklauseln strengere Vorschriften als dieses und räumte den Behörden einen außerordentlich weiten Ermessensspielraum ein.[36] Im Laufe der Jahre wurde das argentinische Gesetz mehrmals umstrukturiert: Zunächst wurden die Bedingungen für den Technologietransfer durch Gesetz No. 20.794 vom 27. 9. 1974 wesentlich verschärft. Eine weitere Änderung erfolgte durch Gesetz No. 21.617 vom 12. 8. 1977,[37] mit einer nachfolgenden Verschärfung durch Gesetz No. 21.879 vom 19. 9. 1978.[38] Die letzte wesentliche Neuerung erfolgte schließlich durch Gesetz No. 22.426 vom 12. 3. 1981.[39]

In den argentinischen Gesetzen bis 1981 galten die restriktiven lateinamerikanischen Grundsätze zum Technologietransfer. Jetzt ist eine Abkehr davon festzustellen. Während die Andenländer und Mexiko nach wie vor davon ausgehen, daß die importierte Technologie vorwiegend am Nutzen für die nationale Wirtschaft zu messen sei und unter diesem Gesichtspunkt von den Genehmigungsbehörden zu beurteilen sei, ist im neuen argentinischen Technologietransfergesetz ein marktwirtschaftlicher Ansatz erkennbar. Man nimmt nun an, daß "niemand als der inländische Unternehmer besser imstande sei, sachgerechte Entscheidungen über die für ihn erforderliche Technologie und die von ihm benötigten

35) Vgl. Cabanellas, IC Studies, S. 15.

36) Vgl. von Westphalen, AWD/RIW 1973, S. 337.

37) Vgl. Freitag, Robert, Neue Regelungen zur Warenzeichenlizenz in Lateinamerika, GRUR Int. 1978, S. 162f.

38) Vgl. Neubauer, GRUR Int. 1981, S. 622.

39) Zum Inhalt vgl. Otamendi, Jorge, Les Nouvelles 1987, S. 166ff.

Marken zu treffen. Der Markt bilde hierfür den besten Preisregulator."[40] Die Zahl der als genehmigungspflichtig eingestuften Geschäfte wurde verringert, so daß nur noch Geschäfte zwischen verbundenen Unternehmen genehmigungspflichtig sind.[41] Alle übrigen Technologietransferakte sind lediglich eintragungspflichtig. Restriktive Geschäftspraktiken werden nicht mehr, wie in den Ländern des Andenpaktes oder in Mexiko, durch das Technologietransfergesetz, sondern durch das neue argentinische Kartellgesetz No. 22.262 vom 1. 8. 1980[42] geregelt. Dieses ist vom europäischen Kartellrecht beeinflußt - das generelle Prinzip basiert auf Artt. 85 und 86 des EWGV[43] -, enthält jedoch überdies Bestimmungen, die von besonderer Bedeutung für den Technologietransfer sind.[44] Es ist auch auf Technologieverträge zwischen unabhängigen Vertragspartnern anwendbar.[45]

Diese gesetzliche Entwicklung führt zu einer wesentlichen Erleichterung des Technologietransfers und entspricht eher den Bedürfnissen Argentiniens als sog. Schwellenland.

---

40) Vgl. Neubauer, GRUR Int. 1981, S. 622.

41) Vgl. Aracama Zorraquin, Ernesto, New Legislation in Argentina: The Law on Trademarks and Designations and the Law on the Transfer of Technology, Industrial Property 1982, S. 88, 94.

42) Vgl. hierzu weiterführend Slame, María Cristina, Trasferencia de tecnología, Buenos Aires/Argentinien 1982, S. 73ff. Vgl. auch German, S. 19.

43) Vgl. Cabanellas, Guillermo und Etzrodt, Wolf, The New Argentine Antitrust Law, Competition as an Economic Policy Instrument, Journal of World Trade Law (17) 1983, S. 34, 37.

44) Vgl. Neubauer, GRUR Int. 1981, S. 624.

45) Vgl. Aracama Zorraquin, Industrial Property 1982, S. 94.

Nachwort

Die Entwicklung der Technologietransfergesetze des Andenpaktes befindet sich nun - nach einer längeren Zeit der Stagnation - in einem Stadium der raschen Veränderung. Die Andenstaaten werden entscheiden müssen, ob sie einen noch freieren Kurs wählen oder aber - im Hinblick auf ihre devisenpolitischen Probleme und die hohe Staatsverschuldung - einen "mittleren" Kurs, eine "Gratwanderung" versuchen, ohne wieder in die früheren, restriktiven Auffassungen zurückzufallen. Dennoch, Gesetze bewirken und verändern nicht alles. So hilft das freieste Technologietransfergesetz, das mit den besten Absichten erlassen wurde, nicht über den Mangel an Devisen hinweg und ein restriktives Gesetz, das den Technologietransfer in die vom Staat gewünschten Bahnen bringt, wird nicht unbedingt die Technologie anlocken, die gerade gebraucht wird, vor allem nicht zu den erlaubten Konditionen. Ein Ausweg ist m.E. schwer zu finden. Man darf aber neugierig sein, wie sich die rechtliche Lage entwickelt. Sie wird sicher eine Konsequenz der wirtschaftlichen Situation sein - und die bestimmen die Industrieländer in nicht geringem Ausmaße mit.

Anhang

Die wichtigsten gesetzlichen Regelungen des Andenpaktes im Überblick[1)]

Decision 84

Art. 1

Um den Anwendungsbereich der in vorliegender Decisión verwendeten Begriffe zu bestimmen, versteht man unter:

Technologie: Die Gesamtheit der Kenntnisse, die unerläßlich sind, um Rohstoffe in Produkte umzuwandeln, diese zu gebrauchen oder hiermit zusammenhängend Serviceleistungen zu erbringen. (...)

Art. 7

Unbeschadet der allgemeinen Kriterien, die sich aufgrund der in Art. 2 der Dec. 24 niedergelegten Bestimmungen feststellen lassen, bewerten die zuständigen nationalen Behörden der Mitgliedsländer die Anträge auf den Import von Technologie indem sie unter anderem folgende Aspekte in Betracht ziehen:

a) Auswirkungen auf die technologische Entwicklung in Aspekten wie der Schaffung von Nachfrage von wissenschaftlichen und technologischen Aktivitäten in der Subregion, der Verwendung von lokalen Ingenieur- und Beratungsleistungen und der möglichen Auswirkungen der in dem Projekt verkörperten Technologie;

b) Auswirkungen der Technologie auf die Arbeitsplätze;

---

1) Ausführungen, die in Klammern () stehen, sind Anmerkungen der Verfasserin.

c) Beitrag zu den spezifischen Entwicklungsplänen, die von Interesse für das Land oder die Subregion sind;

d) Auswirkungen auf die Zahlungsbilanz und die Erzeugung von Erträgen; und

e) Auswirkungen auf die Umwelt.

Decision 85[2)]

Art. 1

Erfindungspatente werden für neue Schöpfungen erteilt, die gewerblich verwertbar sind, und für Verbesserungen solcher Schöpfungen.

Art. 2

Eine Erfindung wird nicht als neu angesehen, wenn sie dem Stande der Technik entspricht, d.h. wenn sie an irgendeinem Ort mittels einer mundlichen oder schriftlichen Beschreibung, mittels Gebrauch oder Nutzung oder durch irgendein anderes Mittel so der Öffentlichkeit zugänglich ist, daß sie ausgeführt werden kann. Diese Voraussetzungen müssen am Tag vor der Antragstellung zur Patenteintragung erfüllt sein. (...)

Art. 3

Eine Erfindung ist gewerblich verwertbar, wenn ihr Objekt in irgendeinem Gewerbezweig hergestellt oder benutzt werden kann.

2) Zur vollständigen Übersetzung der Dec. 85 vgl. GRUR Int. 1975, S. 134ff.

Art. 4

Als Erfindungen werden nicht angesehen:

a) Regeln und Entdeckungen mit wissenschaftlichem Charakter;

b) die Entdeckung von Materien, die in der Natur existieren;

c) Wirtschafts-, Finanz-, Buchführungs- und ähnliche Pläne; Spielregeln und andere Systeme mit der Maßgabe, daß sie rein abstrakten Charakters sind;

d) therapeutische oder chirurgische Methoden für die Behandlung von Menschen oder Tieren und Methoden zur Diagnose;

e) rein ästhetische Schöpfungen.

Art. 5

Patente werden nicht erteilt für:

a) Erfindungen, die der öffentlichen Ordnung oder den guten Sitten widersprechen;

b) Pflanzen- und Tierarten, im wesentlichen biologische Verfahren zur Züchtung von Pflanzen und Tieren;

c) Pharmazeutische Produkte, Medikamente, aktive therapeutische Substanzen, Getränke und Lebensmittel für den menschlichen, tierischen und pflanzlichen Gebrauch.

d) Ausländische Erfindungen, für die ein Patent ein Jahr nach der ersten ausländischen Anmeldung beantragt wird. Nach Ablauf dieser Frist kann aus einer solchen Anmeldung keinerlei Recht mehr geltend gemacht werden.

e) Erfindungen, die die Entwicklung eines Mitgliedsstaates berühren, sowie Verfahren, Erzeugnisse oder Gruppen von Erzeugnissen, deren Patentfähigkeit die Regierungen ausschließen.

Art. 29

Ein Patent wird erteilt für die Dauer von höchstens 10 Jahren seit dem Zeitpunkt der Erteilung. Die Erteilung erfolgt zunächst für fünf Jahre. Um eine Verlängerung zu erwirken, muß der Titular vor der zuständigen nationalen Behörde nachweisen, daß das Patent angemessen verwertet wird.

Verbesserungspatente erlöschen mit dem ursprünglichen Patent.

Art. 30

Der Inhaber des Patentes ist verpflichtet:

a) Den zuständigen Stellen innerhalb einer Frist von drei Jahren seit der Erteilung des Patentes den Beginn der Ausübung anzuzeigen. Unterbleibt diese Mitteilung, wird im Hinblick auf Art. 34 vermutet, daß die Ausübung des Patentes nicht begonnen hat.

b) Bei dem zuständigen nationalen Amt jeden Vertrag zu registrieren, der eine Übertragung, Lizenz oder andere Form der Nutzung des Patents durch Dritte aufgrund irgendeiner Befugnis zum Gegenstand hat.

Die in den Buchstaben a) und b) vorgesehenen Verpflichtungen obliegen dem Patentinhaber, seinen Rechtsnachfolgern, Zessionaren, Lizenznehmern und jeder anderen Person, die Inhaber eines aus dem Patent abgeleiteten Rechts ist.

Art. 32

Der Inhaber eines Patents kann einer anderen Person eine Lizenz zur Verwertung (des Patents) nur mittels eines schriftlichen Vertrages gewähren.

Lizenzverträge müssen durch die zuständige nationale Behörde genehmigt und registriert werden.

Art. 33

Die zuständige nationale Behörde versagt die Durchführung von Lizenzverträgen zur Verwertung von Patenten, wenn die Vorschriften von Art. 20 der Dec. 24 (jetzt Dec. 220) der Kommission des Andenpaktes nicht erfüllt wurden.

Art. 34

Nach Ablauf von drei Jahren seit der Erteilung des Patents kann jedermann bei dem zuständigen nationalen Amt die Erteilung einer Zwangslizenz zur Nutzung des Patents beantragen, wenn zum Zeitpunkt der Antragstellung und ohne von dem genannten Amt festgestellten rechtfertigenden Grund eine der folgenden Tatsachen gegeben sind:

a) daß die patentierte Erfindung nicht im Inland ausgeübt worden ist;

b) daß die Ausübung der Erfindung für mehr als ein Jahr unterbrochen worden ist;

c) daß die Ausübung der Erfindung nicht die Nachfrage auf dem nationalen Markt zu vernünftigen Bedingungen hinsichtlich Menge, Qualität oder Preis befriedigt;

d) daß der Inhaber des Patents vertragliche Lizenzen nicht zu vernünftigen Bedingungen erteilt hat, so daß die Inhaber dieser Lizenzen die Nachfrage auf dem nationalen Markt zu vernünftigen Bedingungen hinsichtlich Menge, Qualität oder Preis nicht befriedigen können.

Nach Ablauf von fünf Jahren seit der Erteilung des Patents kann die Zwangslizenz durch das zuständige nationale Amt ohne Rücksicht auf den Nachweis des Vorliegens der unter den Buchstaben b), c) und d) dieses Artikels genannten Tatsachen erteilt werden.

Der Inhaber einer Zwangslizenz zahlt dem Patentinhaber eine angemessene Vergütung.

Art. 40

Lizenzen, die die Voraussetzungen des vorliegenden Gesetzes nicht erfüllen, bleiben ohne (rechtliche) Wirkung.

Art. 56

Als Fabrik- oder Dienstleistungsmarke können Zeichen eingetragen werden, die neu, sichtbar und genügend unterscheidungsfähig sind.

Art. 58

Folgende Zeichen sind als Marken nicht eintragungsfähig:

a) soweit sie gegen die guten Sitten oder die öffentliche Ordnung verstoßen oder die Handelskreise oder das Verbraucherpublikum über die Natur, die Herkunft, die Art der Herstellung, die Eigenschaften oder die Eignung für den Gebrauch der einzelnen Erzeugnisse oder Dienstleistungen irreführen können;

b) die gebräuchlichen oder notwendigen Formen, Ausmaße und Farben von Erzeugnissen;

c) beschreibende Angaben und Gattungsbezeichnungen in jeder Sprache sowie die Zeichen, die zur Bezeichnung der Art, Güte, Menge, Bestimmung des Wertes oder der Zeit der Herstellung der Erzeugnisse oder der Dienstleistung gebraucht werden und deren Entsprechungen in anderen Sprachen;

d) Wörter, die in der Umgangsprache oder im Handelsbrauch der Mitgliedsstaaten zu einer gebräuchlichen Bezeichnung der betreffenden Erzeugnisse oder Dienstleistungen geworden sind und deren Entsprechungen in anderen Sprachen;

e) Zeichen, die ohne Erlaubnis Wappen, Fahnen und andere Embleme und Bezeichnungen eines Staates oder einer internationalen intergouvernamentalen Organisation oder eines internationalen Abkommens wiedergeben oder nachahmen;

f) Zeichen, die mit für einen Dritten bereits eingetragenen oder früher angemeldeten oder einer später unter wirksamer Inanspruchnahme einer Priorität angemeldeten Marke für Erzeugnisse oder Dienstleistungen derselben Klasse zu verwechseln sind;

g) Zeichen, die mit anderen notorisch bekannten oder im Inland oder Ausland für gleiche oder ähnliche Erzeugnisse oder Dienstleistungen eingetragenen Marken zu verwechseln sind;

h) Namen, Pseudonyme, Unterschriften oder Bilder lebender Personen, außer mit deren schriftlicher Einwilligung; Namen von verstorbenen Personen, außer mit Einwilligung der Erben und historische Namen;

Dies gilt dann nicht, soweit es sich um eine natürliche Person handelt, die die Eintragung ihres eigenen Namens beantragt, sofern sich dieser in einer so eigentümlichen und unterschiedlichen Weise darstellt, die es erlaubt, ihn von dem in gleicher Weise von anderen Personen verwendeten Namen zu unterscheiden;

i) Namen, Zeichen oder Bezeichnungen, die eine Verbindung zu lebenden oder toten Personen, Institutionen, Glaubensgemeinschaften, Ortschaften oder nationalen Symbolen nahelegen oder diese verächtlich oder lächerlich zu machen geeignet sind;

j) die Übersetzung von in einer anderen Sprache eingetragenen Marken oder von notorisch bekannten ausländischen Marken, wenn der Antrag durch Nichtberechtigte ergeht; und

k) die Übersetzung von nicht eintragungsfähigen Wörtern in andere Sprachen.

Art. 69

Die Eintragung eines Warenzeichens erfolgt für die Dauer von fünf Jahren, gerechnet ab dem Datum der Erteilung, und kann ohne Begrenzung für jeweils fünf Jahre erneuert werden.

Art. 70

Um das Recht zur Erneuerung (des Warenzeichens) zu erhalten, muß der Interessent in jedem Mitgliedsland vor der zuständigen nationalen Behörde darlegen, daß er das entsprechende Warenzeichen benutzt.

Art. 77

Wird durch die zuständige nationale Behörde nachgewiesen, daß der Markeninhaber oder Lizenznehmer spekuliert oder einen ungebührlichen Gebrauch der Marke hinsichtlich des Preises oder der Qualität eines gekennzeichneten Produkts zum Schaden der Öffentlichkeit oder der Wirtschaft eines Mitgliedsstaates gemacht hat, sind Sanktionen bis zur endgültigen Löschung der Marke zulässig.

Art. 79

Der Inhaber einer Fabrik- oder Dienstleistungsmarke kann diese durch schriftlichen Vertrag zum Gebrauch überlassen oder übertragen.

Art. 80

Die Übertragungen und Übereignungen von Warenzeichen, die gemäß den gesetzlichen Vorschriften jedes Mitgliedslandes vorgenommen werden, müssen bei der zuständigen nationalen Behörde registriert werden.

Art. 81

Jeder Lizenzvertrag ist durch die zuständige Behörde des jeweiligen Mitgliedslandes zu genehmigen und darf keine der in Art. 25 der Dec. 24 (jetzt Art. 24 der Dec. 220) der Kommission des Andenpaktes angezeigten restriktiven Klauseln enthalten.

Decision 220

Art. 18

Jeder Vertrag über den Import von Technologie und über Patente und Warenzeichen muß gegebenenfalls geprüft und der Genehmigung und der Registrierung durch die zuständige nationale Behörde des betreffenden Mitgliedslandes unterworfen werden. Sie evaluiert auch den effektiven Beitrag der importierten Technologie mittels einer Schätzung seines wahrscheinlichen Nutzens, des Preises der Güter, die der Technologie innewohnen und anderer spezifischer Formen der Quantifizierung der Auswirkung der importierten Technologie.

Art. 19

Technologieimportverträge müssen zumindest Klauseln über folgende Bereiche enthalten:

a) Bezeichnung der Besonderheiten, die die Übertragung der einzuführenden Technologie mit sich bringt;

b) Bestimmung des vertraglichen Wertes für jedes wesentliche Element der zu übertragenden Technologie (...); und

c) Bestimmung der Geltungsdauer des Vertrages.

Art. 20

Die Mitgliedsländer genehmigen die Durchführung von Verträgen über den Transfer ausländischer (externa) Technologie und von Verträgen über Patente nicht, soweit sie die folgenden Klauseln enthalten:

a) von bestimmter Seite Kapitalgüter, Zwischenprodukte, Rohstoffe oder Know-how zu beziehen bzw. ständig Fachpersonal vom Technologiegeber zu beziehen. Ausnahmen sind möglich bei Kapitalgütern, Zwischenprodukten und Rohstoffen, wenn der Preis dem Niveau des internationalen Marktes angemessen ist;

b) Bestimmung der Verkaufspreise und Wiederverkaufspreise des auf der Basis der weitergegebenen Technologie entstandenen Produkts durch den Technologiegeber;

c) Bestimmung des Volumens und der Produktionsstruktur;

d) Verbot des Gebrauchs einer konkurrierenden Technologie;

e) Ganze oder teilweise Kaufoption (bzgl. der hergestellten Produkte) zugunsten des Technologiegebers;

f) Verpflichtung des Technologieeinkäufers, Erfindungen und Verbesserungen der eingekauften Technologie, die sich aus deren Gebrauch ergeben, an den Technologiegeber zu übertragen;

g) Klauseln, welche eine Verpflichtung beinhalten, für nicht genutzte Patente Lizenzgebühren zu bezahlen;

h) Andere Klauseln mit ähnlichem Effekt.

Außer in von der nationalen Behörde des Empfängerlandes bestimmten Ausnahmefällen sind Klauseln, welche ein Exportverbot für die aufgrund der gelieferten Technologie erzeugten Produkte beinhalten, nicht zulässig.

Auf keinen Fall sind Klauseln dieser Art zugelassen für den subregionalen Austausch oder für den Export gleichartiger Produkte in Drittländer.

Art. 21

Immaterielle technologische Beiträge (zur Definition vgl. Art. 21 aE) berechtigen nach vorhergehender Genehmigung durch die zuständige nationale Behörde zur Zahlung von Lizenzgebühren, erstere können aber nicht als Kapitalbeitrag angerechnet werden.[3)]

---

3) Vgl. oben S. 221 Fußn. 478.

Angefallene (bzw. angewachsene) Lizenzgebühren können gemäß den vorgesehenen Bedingungen der vorliegenden Regelung nach vorhergehender Entrichtung der entsprechenden Steuern kapitalisiert werden.

Soweit diese (technologischen) Beiträge an ein (in einem Andenland ansässiges) ausländisches Unternehmen durch die Muttergesellschaft oder einer anderen Tochtergesellschaft geliefert werden, kann die Zahlung von Lizenzgebühren in vorher durch die zuständige nationale Behörde des Empfängerlandes festgelegten Fällen genehmigt werden.

Für diese Zwecke ist unter "contribuciones tecnológicas intangibles" zu verstehen: Die aus der Technologie abgeleiteten (rechtlichen) "Instrumente", wie z.B. Warenzeichen, Gebrauchsmuster, technische Assistenz und patentiertes oder nichtpatentiertes technisches Wissen, die in Form von Objekten, technischen Dokumenten oder Anleitungen erscheinen.

Art. 22

Die nationalen Behörden übernehmen die Aufgabe, laufend und systematisch die auf dem Weltmarkt für die verschiedenen Industriezweige verfügbaren Technologien festzustellen, mit dem Ziel, günstigere und passendere Lösungen für die wirtschaftlichen Gegebenheiten der Subregion anzubieten und übergeben die (so gewonnenen) Ergebnisse ihrer Tätigkeit an die Junta (=der Rat des Andenpaktes).

Art. 24

Lizenzverträge für die Nutzung von Warenzeichen ausländischen Ursprungs auf dem Gebiet der Mitgliedsländer können keine restriktiven Klauseln wie die folgenden enthalten:

a) Verbote oder Beschränkungen des Verkaufs oder Exports der unter dem Schutz des lizenzierten Warenzeichens hergestellten oder diesen ähnlichen Produkte in bestimmte Länder;

b) Verpflichtungen, Rohstoffe, Zwischenerzeugnisse und Ausrüstungen zu verwenden, die der Inhaber des Warenzeichens oder seine Tochtergesellschaften liefern. In Ausnahmefällen kann das Land des Lizenznehmers diese beschränkende Verpflichtung akzeptieren, wenn der Preis der betreffenden Waren den internationalen Marktpreis nicht übersteigt;

c) Festsetzung des Verkaufs- oder Wiederverkaufspreises der unter dem Schutz des betreffenden Warenzeichens hergestellten Erzeugnisse;

d) Verpflichtungen, Lizenzgebühren für nicht benutzte Warenzeichen zu bezahlen;

e) Verpflichtungen, ständig Personal einzustellen, das vom Inhaber des Warenzeichens bestimmt wird;

f) Klauseln mit ähnlichem Effekt.

Art. 34

In der Lösung von Streitigkeiten oder Konflikten, die aus ausländischen Direktinvestitionen oder dem Transfer von ausländischer Technologie erwachsen, wenden die Mitgliedsländer die in ihren innerstaatlichen Gesetzgebungen niedergelegten Regeln an.

Decision 24 (seit Mai 1987 außer Kraft. Einige Gesetzesstellen sind aber zur Darstellung der gravierenden Veränderungen von Bedeutung.)

Art. 50

Die Mitgliedsländer gewähren ausländischen Investoren keine bessere (rechtliche) Behandlung als die, welche sie nationalen Investoren zuerkennen.

Art. 51

In keinem Schriftstück, welches mit Investitionen oder Transfer von Technologie in Verbindung steht, sind Klauseln zugelassen, die mögliche Konflikte oder Streitigkeiten der nationalen Rechtsprechung oder Zuständigkeit des Empfängerlandes entziehen(...).

Literaturverzeichnis

Agosin, Manuel R. und Ribeiro, Vicente B., Inversiones Extranjeras directas en América Latina: tendencias recientes y perspectivas, Integracion Latinoamericana Juni 1987 (124), S. 21.

Aguilar, Enrique M., Two years with Mexican Law, Les Nouvelles 1975, S. 135.

Aguilar, Enrique M., Restrictive Business Practices, Les Nouvelles 1976, S. 13.

Alvarez Soberanis, Jaime, Aspectos legales del proceso de transferencia de tecnología en México, Derecho de la Integración November 1973 (14), S. 348.

Alvarez Soberanis, Actos Jurídicos de inscripción obligatoria en el Registro Nacional de Transferencia de Tecnología (México), Derecho de la Integración November 1974 (17), S. 187.

Alvarez Soberanis, Jaime, Legal Aspects of Mexico's New Law, Les Nouvelles 1976, S. 159.

Alvarez Soberanis, Jaime, La participación de America Latina en la revisión del sistema internacional de propiedad industrial y elaboración del código sobre transferencia de tecnología, Derecho de la Integración November 1977 (25-26), S. 65.

Alvarez Soberanis, Jaime, La regulación de las invenciones y marcas y de la transferencia tecnológica, México 1979. Zit.: Alvarez Soberanis.

Aracama Zorraquin, Ernesto, Der gewerbliche Rechtsschutz in Lateinamerika - Beginn einer neuen Entwicklung, GRUR Int. 1976, S. 53.

Aracama Zorraquin, Ernesto, The Impact of Trademarks of Legislation in the Andean Pact and Argentina, The Trademark Reporter, Vol. 66, No. 3, 1976, S. 165.

Aracama Zorraquin, Ernesto, New Legislation in Argentina: The Law on Trademarks and Designations and the Law on the Transfer of Technology, Industrial Property 1982, S. 88.

Arias Cobo, Margarita, El contrato de licencia de uso de marcas en la legislación ecuatoriana, Dissertation Quito/Ecuador 1983.

Arteaga, Jesús María und Carvajal, Jaime Arteaga, Curso de Obligaciones, Bogotá/Kolumbien 1979.

von Bar, Christian, Internationales Wettbewerbsbeschränkungsrecht zwischen Sach- und Kollisionsrecht in: Festschrift für Murad Ferid zum 80. Geburtstag, Frankfurt am Main 1988, S. 13.

Barreda Zegarra, José, Update Changes in Peruvian Law, Les Nouvelles 1982, S. 238.

Barros Charlín, Raymundo, Atribuciones del Parlamento Andino como órgano principal del Acuerdo de Cartagena y orientador del proceso de integración subregional, Integración Latinoamericana Juni-Juli 1989 (146-147), S. 16.

Basedow, Jürgen, Entwicklungslinien des internationalen Kartellrechts, NJW 1989, S. 627.

Baumbach-Duden-Hopt, HGB, 27. Auflage, München 1987.

Baumbach-Hefermehl, Warenzeichenrecht und Internationales Wettbewerbs- und Zeichenrecht, 12. Auflage, München 1985.

Becerril, Oscar M., New Trends in Mexico for the information, licensing and adaption of technology, Les Nouvelles, 1972, S. 259.

Beier, Friedrich-Karl, Territorialität des Markenrechts und internationaler Wirtschaftsverkehr, GRUR Int. 1968, S. 8.

Beier, Friedrich-Karl, Die Bedeutung des Patentsystems für den technischen, wirtschaftlichen und sozialen Fortschritt, GRUR Int. 1979, S. 227.

Beier, Friedrich-Karl, Das auf internationale Markenlizenzverträge anwendbare Recht, GRUR Int. 1981, S. 299.

Beier, Friedrich-Karl, Staatliche Innovationsförderung und Patentsystem, GRUR Int. 1982, S. 77.

Beier, Friedrich-Karl, When Licensing Laws Conflict, Les Nouvelles 1983, S. 141.

Beier, Friedrich-Karl, Hundert Jahre Pariser Verbandsübereinkunft, Ihre Rolle in Vergangenheit, Gegenwart und Zukunft, GRUR Int. 1983, S. 339.

Beier, Friedrich-Karl, Die internationalprivatrechtliche Beurteilung von Verträgen über gewerbliche Schutzrechte in: Holl/Klinke, Internationales Privatrecht - Internationales Wirtschaftsrecht, Köln, Berlin, Bonn, München 1985, S. 287. Zit.: Beier.

Beier, Friedrich-Karl und Krieger, Ulrich, Wirtschaftliche Bedeutung und Zweck der Marke, GRUR Int. 1976, S. 125.

Beier, Friedrich-Karl, Schricker, Gerhard, Ulmer, Eugen, Stellungnahme des Max-Planck-Instituts für ausländisches und internationales Patent-, Urheber- und Wettbewerbsrecht zum Entwurf eines Gesetzes zur Ergänzung des internationalen Privatrechts (außervertragliche Schuldverhältnisse und Sachen), GRUR Int. 1985, S. 104.

Benkard, Georg, Kurzkommentar zum Patentgesetz, Gebrauchsmustergesetz, 8. Auflage, München 1988. Zit.: Benkard(-Bearbeiter)

Bentata, Victor, Licensing in Venezuela, Les Nouvelles 1985, S. 1.

Bentata, Victor, Insight into Andenpact Licensing, Les Nouvelles 1986, S. 157.

Birk, Rolf, Die Grenzen des Territorialitätsprinzips im Warenzeichenrecht, NJW 1964, S. 1596.

Breuer Moreno, P.C., Tratado de las Patentes de Invención, T. II, Buenos Aires/ Argentinien 1957.

Broszehl, Detlev, Ausländische Direktinvestitionen und Technologietransfer im Andenpakt, Die Regelungen Venezuelas, Dissertation Bochum 1983.

Brown, Richard Nicholas und Leiseca, Sergio, Role of Siex in Venezuela, Les Nouvelles 1987, S. 29.

Busse/Starck, Kommentar zum Warenzeichengesetz, Sammlung Guttentag, 6. Auflage, Berlin, New York 1990.

Bustamante Luna, Santiago, Los contratos de licencia y la transferencia de tecnología, Dissertation Quito/Ecuador 1979.

Cabanellas, Guillermo, Contratos de licencia y de transferencia de tecnología en el derecho privado, Buenos Aires/Argentinien 1981. Zit.: Cabanellas.

Cabanellas, Guillermo, Antitrust and Direct Regulation of International Transfer of Technology Transactions - A Comparison and Evaluation - Studies in Industrial Property and Copyright Law, Weinheim 1982. Zit.: Cabanellas IC Studies.

Cabanellas, Guillermo, Applicable Law Unter International Transfer of Technology Regulations, International Review of Industrial Property and Copyright Law 1984, S. 39.

Cabanellas, Guillermo, Jurisdiction Rules Under International Transfer of Technology Regulations, International Review of Industrial Property and Copyright Law 1985, S. 19.

Cabanellas, Guillermo und Etzrodt, Wolf, The New Argentine Antitrust Law, Competition as an Economic Policy Instrument, Journal of World Trade Law (17) 1983, S. 34.

Caicedo Perdomo, José Joaquín, La Incorporación de las Decisiones 24 y 37 al Derecho Colombiano, Revista Camará de Comercio de Bogotá/Kolumbien 1973, S. 41.

Cancino, Fernando, Estudios de Derecho Privado, Bogotá/Kolumbien 1979.

Carmona Estanga, Pedro, El Protocolo Modificatorio del Acuerdo de Cartagena: negociación y características, Integración Latinoamericana Mai 1988 (134), S. 3.

Carrillo Ballesteros, Jesús M. und Morales Casas, Francisco, La Propiedad Industrial, Bogotá/ Kolumbien 1973.

Casanova, Manuel, Anotaciones a la aplicación de la Decisión No. 24: El caso de Chile, Derecho de la Integración März 1974 (15), S. 239.

Castañeda, Jorge Eugenio, El Derecho de los Contratos, T. I, Teoría General de los Contratos, Lima/Perú 1966.

Cavelier, German, Leyes vigentes sobre Propiedad Industrial, Bogotá/Kolumbien 1980.

Cook, John, Patent Licensing in Europe, Les Nouvelles 1985, S. 113.

Correa, Carlos, El derecho de marcas en América Latina, Derecho de la Integración März 1978 (27), S. 35.

Correa, Carlos, Regimenes de control de la transferencia de tecnología en América Latina, INTAL-BID Quito/Ecuador 1980. Zit.: Correa.

Correa, Carlos, Transfer of Technology in Latin America: A Decade of Control, Journal of World Trade Law 1981, S. 388.

Correa, Carlos, El derecho latinoamericano y la propuesta de regulación internacional de la transferencia de tecnología: un análisis preliminar, Integración Latinoamericana Mai 1981 (57), S. 31.

Danino, Roberto, "Peru" in: Technology Transfer: Laws and Practice in Latin America, American Bar Association 1978, S. 115.

Danino, Roberto und Gallo, Julio, Update on Licensing in Peru, Les Nouvelles 1987, S. 69.

Delgado, Alejandro, Analysis of Laws of Technology Transfer, Les Nouvelles 1975, S. 137.

Delgado, Jaime, Amendments in Mexico affect Licensing, Les Nouvelles 1987, S. 115.

Deutsch, Erwin, Arzneimittel im gewerblichen Rechtsschutz, GRUR Int. 1983, S. 489.

Deutsch, Erwin, Die Warenzeichenlizenz im Kollisionsrecht in: Die Warenzeichenlizenz, Rechtsvergleichende Untersuchungen über die gemeinschaftliche Benutzung von Warenzeichen, Festschrift Ulmer zum 60. Geburtstag, 2. Auflage, München, Köln, Berlin, Bonn 1966, S. 463.

Deutsch-Kolumbianische Industrie- und Handelskammer, Praktische Hinweise zum kolumbianischen Lizenzrecht, Bogotá/Kolumbien 1987.

Drobnig, Ulrich, Originärer Erwerb und Übertragung von Immaterialgüterrechten im Kollisionsrecht, RabelsZ 40 (1976), S. 195.

Ebenroth, Carsten-Thomas, Code of Conduct - Ansätze zur vertraglichen Gestaltung internationaler Investitionen, Monographien zum deutschen unq internationalen Wirtschafts- und Steuerrecht, Konstanz 1987.

Emmerich, Volker, Kartellrecht, 4. und 5. Auflage, München 1982 und 1988. Zit.: Emmerich.

Emmerich, Volker in: Immenga/Mestmäcker, Kommentar zum Gesetz gegen Wettbewerbsbeschränkungen, München 1981.

Ffrench-Davis, Ricardo, Integración economica, Integración Latinoamericana Januar-Februar 1989 (142), S. 35.

Fikentscher, Wolfgang, Die Warenzeichenlizenz im Recht der Wettbewerbsbeschränkungen unter vergleichender Berücksichtigung entsprechender Fragen des Urheberrechtsvertrages in: Die Warenzeichenlizenz, Rechtsvergleichende Untersuchungen über die gemeinschaftliche Benutzung von Warenzeichen, Festschrift Ulmer zum 60. Geburtstag, 2. Auflage, München, Köln, Berlin, Bonn 1966, S. 405. Zit.: Fikentscher.

Fikentscher, Wolfgang, The Draft International Code of Conduct on the Transfer of Technology, Weinheim 1980.

Fikentscher, Wolfgang, Wirtschaftsrecht, Band I, Weltwirtschaftsrecht, Europäisches Wirtschaftsrecht, München 1983.

Fikentscher, Wolfgang, Entwicklungshilfe oder Expansionskontrolle? Rechtspolitische Überlegungen zu Antitrust und Technologietransfer, GRUR Int. 1983, S. 497.

Fikentscher, Wolfgang und Kunz-Hallstein Hans-Peter, Technologietransfer an Entwicklungsländer und Kartellrecht, GRUR Int. 1979, S. 437.

Fikentscher, Wolfgang und Straub, Wolfgang, Der RBP-Kodex der Vereinten Nationen: Weltkartellrichtlinien (I) und (II), GRUR Int. 1982, S. 637 und S. 727.

Finnegan, Marcus B., The new Mexican law on registration and transfer of technology from the licensor`s point of view, Les Nouvelles 1973, S. 131.

Firsching, Karl, Einführung in das internationale Privatrecht, 3. Auflage, München 1987.

Foeth, Giselher, Mexikanisches Technologierecht in der Praxis, RIW 1977, S. 461.

Forkel, Hans, Zur dinglichen Wirkung einfacher Lizenzen, NJW 1983, S. 1764.

Freitag, Robert, Warenzeichenlizenzen in Lateinamerika, GRUR Int. 1976, S. 328.

Freitag, Robert, Neue Regelungen zur Warenzeichenlizenz in Lateinamerika, GRUR Int. 1978, S. 162.

Frisch Philipp, Walter und Moser, Peter, Technologieübertragung in Mexiko, RIW 1982, S. 622.

Frisch Philipp, Walter, Teilweise Devisenbewirtschaftung und Bankenverstaatlichung in Mexiko, RIW 1983, S. 98.

Gamboa Serrano, Rafael H., Del arbitraje internacional - normas aplicables, Universitas Pontificia Universidad Javeriana Bogotá/Kolumbien 1984, S. 145.

García Calderón, Manuel, Derecho International Privado, Lima/Perú 1969.

Geimer, Reinhold, Internationales Zivilprozeßrecht, Köln 1987.

German, Rafael, Latin American Antitrust, Lawyer of The Americas, The University of Miami, Journal of International Law, Spring 1982, Vol. 14, No. 1, S. 1. Zit.: German.

Golbert, Albert S. und Nun, Yenny, Private International Law in Latin America, Chapter 6, in: Latin American Laws and Institutions, New York 1982, S. 406.

Goldman, Marvin G., Arbitration an Transfer of Technology in Latin America in: Arbitration and the Licensing Process, R. Goldschneider & M. de Haas, eds., 1981, S. 29.

Goldschmidt, Roberto, Curso de Derecho Mercantil, Caracas/Venezuela 1985.

Grigera Naón, Horacio A., El arbitraje comercial internacional en América Latina, Separata de la Revista del Derecho Industrial, Buenos Aires/Argentinien 1980, S. 1.

Grupo Andino, Transferencia de tecnología de empresas extranjeras hacia el Grupo Andino, Lima/Perú, 1979.

Grützmacher, Rolf, Schmidt-Cotta, Ralf-Roland, Laier, Hubert, Der Internationale Lizenzverkehr, Genehmigungsvorschriften, Steuern, Devisenbestimmungen und Hinweise zur internationalen Lizenzpraxis, 7. Auflage, Heidelberg 1985. Zit.: Grützmacher.

Guerrero, Mauricio, El régimen común de la inversión extranjera en el Grupo Andino, Derecho de la Integración 1971 (8), S. 8.

Hernandez Vasquez, Jairo R., El Código Internacional de Conducta para la Transferencia de Tecnología, Universitas Bogotá/Kolumbien Juni 1978, S. 169.

Hoet, Franklin und Coriat, Alain, Venezuela eases Licensing Rules, Les Nouvelles 1987, S. 161.

Von Hoffmann, Bernd, Verträge über gewerbliche Schutzrechte im Internationalen Privatrecht, RabelsZ 40 (1976), S. 208.

Hoffmann, Dieter, Die "offene ausschließliche Lizenz" - Tragweite und Konsequenzen, RIW 1984, S. 93.

Hubmann, Heinrich, Gewerblicher Rechtsschutz, 5. Auflage, München 1988.

Hurley, Deborah, National Limits to Technology Transfer, Les Nouvelles 1987, S. 52.

Convenio INTAL-Programa BID-CEPAL de investigaciones en temas de ciencia y tecnología en América Latina, Vol. I, 1976.

Jarvin, Sigvard, Arbitrating International Disputes, Les Nouvelles 1988, S. 15.

Junta del Acuerdo de Cartagena, Codificación del Acuerdo de Cartagena - Decisión 147, Bogotá/Kolumbien.

Kantor, Restrictions in Latin America, Les Nouvelles 1977, S. 227.

Kaune, Walter, Curso de Derecho Civil, Contratos, Volumen I, Teoría General de los Contratos, La Paz/Bolivien 1981.

Kegel, Gerhard, Internationales Privatrecht, 6. Auflage, München 1987.

Kilian, Wolfgang, Vertragsgestaltung und Mängelhaftung bei Computersoftware, Computer und Recht 1986, S. 187.

Knap, Karel, Der Lizenzvertrag als ein besonderer Vertragstypus, GRUR Int. 1973, S. 225.

Koch, Norbert in: Grabitz, Eberhard, Kommentar zum EWG-Vertrag, München 1986.

Körner, Eberhard, Die Abhängigkeit von Lizenzverträgen vom Patentschutz oder von geheimem Know-how, Wirtschaft und Wettbewerb 1979, S. 785.

Kraßer, Rudolf, Verpflichtung und Verfügung im Immaterialgüterrecht, GRUR Int. 1973, S. 230.

Kraßer, Rudolf, Lehrbuch des Patentrechts - Recht der Bundesrepublik Deutschland, Europäisches und Internationales Patentrecht - 4. Auflage, München 1986. Zit.: Kraßer.

Kraßer, Rudolf und Schmid, Hans Dieter, Der Lizenzvertrag über technische Schutzrechte aus der Sicht des deutschen Zivilrechts, GRUR Int. 1982, S. 324.

Krieger, Albrecht, Urheberrecht und gewerblicher Rechtsschutz im Zeichen der internationalen Entwicklung, GRUR Int. 1973, S. 213.

Krieger, Albrecht und von Mühlendahl, Alexander, Die Madrider Diplomatische Konferenz zum Abschluß eines Protokolls zum Madrider Abkommen über die internationale Registrierung von Marken, Bericht der deutschen Delegation, GRUR Int. 1989, S. 734.

de Krivoy, Ruth, Venezuela ante el proceso de integración andina, Integración Latinoamericana September 1987 (127), S. 20.

Kunz-Hallstein, Hans-Peter, Revision der Pariser Verbandsübereinkunft zugunsten der Entwicklungsländer - neuere Entwicklungen und Vorschläge, GRUR Int. 1976, S. 65.

Kunz-Hallstein, Hans-Peter, Völkerrechtliche Fragen einer Änderung des Madrider Markenabkommens und seiner Verknüpfung mit dem künftigen System der Gemeinschaftsmarke, GRUR Int. 1988, S. 810.

León de Labarca, Alba Ivonne, La Decisión 24 del Pacto Andino y su reglamentación interna en Venezuela, Derecho de la Integración November 1975 (20), S. 251.

Lichtenstein, Erich, Der gewerbliche Rechtsschutz im internationalen Privatrecht, NJW 1964, S. 1208.

Lichtenstein, Erich, Der Lizenzvertrag mit dem Ausland, NJW 1964, S. 1345.

Lichtenstein, Erich, Der Lizenzvertrag im engeren Sinne, NJW 1965, 1839.

Londoño Sánchez, Jorge Octavio, Las elecciones directas en los Parlamentos regionales: el caso del Parlamento Andino, Integración Latinoamericana Juni-Juli 1989 (146-147), S. 28.

Lorenz, Egon, Die Rechtswahlfreiheit im internationalen Schuldvertragsrecht, RIW 1987, S. 569.

Lüdecke, Wolfgang, Die Ausübungspflicht des Lizenznehmers, GRUR 1952, S. 211.

Lüdecke, Wolfgang, Zur rechtlichen Natur der Lizenz, NJW 1966, S. 815.

Lutz, Helmuth, Lizenzverträge und sachlich notwendige Wettbewerbsbeschränkungen nach EG-Kartellrecht, RIW 1983, S. 485.

Martiny, Dieter, Verletzung von Immaterialgüterrechten im Internationalen Privatrecht, RabelsZ 40 (1976), S. 218.

Masnatta, Hector, Los contratos de trasmisión de tecnología, Buenos Aires/ Argentinien 1971.

Merz, Franz in Reithmann, Christoph, Internationales Vertragsrecht, 4. Auflage, Köln 1988. Zit.: Reithmann(-Bearbeiter).

Miselbach, R.G., Block Exemption Strategies, Les Nouvelles 1985, S. 53.

Modiano, Giovanna, Licensing and Conflict of Laws, Les Nouvelles 1981, S. 55.

Morales Guillen, Carlos, Código Civil, Concordado y Anotado, 2. Auflage, La Paz/Bolivien 1982.

Morales Paul, Isidro, La aplicación del derecho comunitario por el juez nacional, Derecho de la Integración März 1974 (15), S. 23.

Müller, Rudolf, Vertragsgestaltung bei Lizenzvergabe ins Ausland einschließlich Aspekte der Suche von Lizenznehmern, Bundesstelle für Außenhandelsinformation, Köln in Zusammenarbeit mit dem Institut für Außenwirtschaft GmbH, Köln, Prof. Dr. G. Stahr, 1984.

Münchener Kommentar zum Bürgerlichen Gesetzbuch

Band 2, Schuldrecht Allgemeiner Teil (§§ 241 - 432),2. Auflage, München 1985;

Band 7, Einführungsgesetz zum Bürgerlichen Gesetzbuche, Internationales Privatrecht, München 1990;

Zit.: MünchKomm(-Bearbeiter).

Nagel, Heinrich, Internationales Zivilprozeßrecht, 2. Auflage, Münster 1984.

Neubauer, Hans, Marktwirtschaftlicher Ansatz bei der Neuregelung des Technologietransfers nach Argentinien, GRUR Int. 1981, S. 622.

Neumann, Carl Wolfgang, Lizenzverträge im EWG-Kartellrecht, Zur neuen Gruppenfreistellung von Patentlizenzverträgen nach Art. 85 Abs. 3 EWG-Vertrag, RIW 1985, S. 88.

Nirk, Rudolf, Die Einordnung der Gewährleistungsansprüche und Leistungsstörungen bei Verträgen über Patente in das Bürgerliche Gesetzbuch, GRUR 1970, S. 329.

Nirk, Rudolf, in: Klauer/Möhring Patentrechtskommentar Band I, 3. Auflage, München 1971.

Obligado & Cia. Lda., Brevets, Marques et Dessin Industriels en Amérique Centrale et du Sud, Buenos Aires/Argentinien 1986. Zit.: Obligado.

Olivares Santibánez, María Cristina, Markenschutz im Lateinamerikanischen Recht, Dissertation Göttingen 1981.

Organisation Mondiale de la Propriété Intellectuelle (OMPI), Guide sur les licences pour les pays en dévéloppement, Genf 1977. Zit.: OMPI, Guide sur les licences.

Organisacion Mundial de la Propiedad Industrial (OMPI), Situación de la Propiedad Industrial en los países de América Latina, Genf 1981. Zit.: OMPI.

Oría, Jorge Luis y Bertone, Luis E., Eficacia de las limitaciones al pago de utilidades en las leyes de inversiones extranjeras, Integración Latinoamericana Dezember 1982 (75), S. 49.

Ortega Torres, Jorge, Código Civil, 16. Auflage, Bogotá/Kolumbien 1983.

Otamendi, Jorge, Update in Licensing in Argentina, Les Nouvelles 1987, S. 166.

Pachón Munoz, Manuel, Manual de Propiedad Industrial en el Acuerdo de Cartagena, 1. Auflage, 1975 und 2. Auflage, Bogotá /Kolumbien 1984.

Pagenberg, Jochen, Lizenzverträge: Patente, Gebrauchsmuster, Know-how, Computer-Software; kommentierte Vertragsmuster nach deutschem und europäischem Recht, von Jochen Pagenberg und Bernhard Geissler, 2. Auflage, Köln, Berlin, Bonn, München 1989.

Palacios, Leopoldo, Las marcas comerciales en Venezuela, Caracas/Venezuela 1968.

Palandt, Otto, Bürgerliches Gesetzbuch, 44. Auflage, München 1985 und 49. Auflage, München 1990. Zit.: Palandt(-Bearbeiter).

Pate, John R., The Andean Common Market in: Technology Transfer: Laws and Practice in Latin America, American Bar Association 1978, S. 59.

Perry Rubio, Guillermo, Integración Latinoamericana August 1989 (148), S. 71.

Pfaff, Dieter, Der Know how-Vertrag im bürgerlichen Recht, BB 1974, S. 565.

Pfaff, Dieter, Internationale Lizenzverträge im europäischen Internationalen Privatrecht, AWD/RIW 1974, S. 241.

Pfaff, Dieter, Conflict of Laws Aspects of License Contracts in Germany and the Socialist Countries, International Review of Industrial Property and Copyright Law 1977, S. 28.

Pfaff, Dieter, Technologietransfer und "das" Wesen der Lizenzverträge, RIW 1982, S. 381.

Pfaff, Dieter, Das Internationale Privatrecht des Ausstattungsschutzes in: Handbuch des Ausstattungsrechts, Der Schutz der nichteingetragenen Marke und Ausstattung im In- und Ausland, Festgabe für Friedrich-Karl Beier zum 60. Geburtstag, Weinheim 1986, S. 1009. Zit.: Pfaff.

Pfordte, Rudolf, Der internationale Lizenzvertrag, DB 1974, S. 1465.

Pico Mantilla, Galo, Realidades y Perspectivas de la Integración Latinoamericana, 2. Auflage, Quito/Ecuador 1981.

Piehl, Hansjörg, Ausländische zwingende Vorschriften und deutsches Schuldstatut, RIW 1988, S. 841.

De Pina Vara, Rafael, La nueva ley méxicana de invenciones y marcas, Derecho de la Integración März 1976 (21), S. 225.

De la Puente Lavalle, Manuel, Estudios sobre el Contrato Privado, T. I, Lima/Perú 1983.

Rangel Medina, David, La explotación de patentes en la actual jurisprudencia méxicana, Estudios Juridicos 1981, S. 77.

Rehbinder, Eckard in: Immenga/Mestmäcker, Kommentar zum Gesetz gegen Wettbewerbsbeschränkungen, München 1981.

Reinhart, Gert, Patentlizenzverträge - ein Hindernis auf dem Weg zur europäischen Integration? DB 1981, S. 1863.

Remiche, Bernard, La Trasferencia de Tecnología en América Latina, Revista del Derecho Industrial 1981, S. 87.

Rondón de Sansó, Hildegard, La obligación de explotar las patentes en Venezuela in: La obligación de explotar las patentes en Espana y en Iberoamerica, Madrid 1978, S. 83.

Rondón de Sansó, Hildegard, La explotación de las patentes en Venezuela, Universidad Católica Andres Bello, Estudios Juridicos, Caracas/Venezuela 1978.

Samtleben, Jürgen, Der Territorialitätsgrundsatz im Internationalen Privatrecht Lateinamerikas, RabelsZ 35 (1971), S. 72.

Samtleben, Jürgen, Die Anwendung des Código Bustamante in Venezuela, RabelsZ 39 (1975), S. 478.

Samtleben, Jürgen, Schiedsgerichtsbarkeit in den Andenpaktstaaten, RIW 1984, S. 600, 860.

Samtleben, Jürgen, Neues Internationales Privatrecht in Peru, RabelsZ 49 (1985), S. 486.

Samtleben, Jürgen, Schiedsklauseln in Peru und Venezuela, RIW 1987, S. 20.

Sandrock, Otto, Das Kollisionsrecht des unlauteren Wettbewerbs zwischen dem internationalen Immaterialgüterrecht und dem internationalen Kartellrecht, GRUR Int. 1985, S. 507.

Schade, Peter, Die Ausübungspflicht bei Lizenzen, Köln, Berlin, Bonn, München 1967.

Schmidt, Karsten, Handelsrecht, 2. Auflage, 1982 und 3. Auflage, Köln 1987.

Schulenburg, Peter, Investitions- und Exportförderung in Mexiko, AWD/RIW 1971, S. 65.

Schulte, Rainer, PatG, 4. Auflage, Köln 1987.

Schwaiger, Peter, Entwicklung und aktuelle Probleme des gemeinsamen Patentrechts im Andenpakt, GRUR Int. 1982, S. 33.

Schwaiger, Peter, Länder des Andenpakts in: Handbuch des Ausstattungsrechts, Der Schutz der nichteingetragenen Marke und Ausstattung im In- und Ausland, Festgabe für Friedrich-Karl Beier zum 60. Geburtstag, Weinheim 1986, S. 81.

Secretaría Técnica del Comité, Superintendencia de Industria y Comercio, Ministerio de Desarrollo Económico de Colombia, Recuento de las labores del Comité de Regalías de Colombia 1967 - 1977, Derecho de la Integración 1978 (27), S. 136.

Sell, Axel, Kapital- und Technologiepolitik in Lateinamerika und ihre Auswirkungen auf den Technologietransfer, Konjunkturpolitik, 26. Jahrgang H. 2/3 (1980), S. 95.

Sepúlveda, César, El sistema méxicano de propiedad industrial, 2. Auflage, México 1981.

Silva Herzog, Jesús, Deuda, ajuste e integración en América Latina, Integración Latinoamericana Juni 1988 (135), S. 39.

Slame, María Cristina, Trasferencia de Tecnología, Buenos Aires/Argentinien 1982.

Soltysinski, Stanislaw, Choice of Law and Choice of Forum in Transnational Transfer of Technology Transactions, Académie de Droit International, Recueil des Cours 1986/I, S. 243.

Sotelo Bambarén, Carlos, La obligación de explotar las patentes en el Pacto Andino in: La obligación de explotar las patentes en Espana y en Iberoamerica, Madrid 1978, S. 57.

Stumpf, Herbert, Der Lizenzvertrag, 5. Auflage, Heidelberg 1984.

Teitel, Simón und Sercovich, Francisco, Exportaciones de tecnología de América Latina, Integración Latinoamericana Mai 1984 (90), S. 4.

Thomas-Putzo, Kommentar zur Zivilprozeßordnung, 15. Auflage, München 1987.

Torres, Pablo G., Another View of new Mexican Laws, Les Nouvelles 1975, S. 238.

Troller, Alois, Das internationale Privat- und Zivilprozeßrecht im gewerblichen Rechtsschutz und Urheberrecht, Allg. IPR Teil 1, Basel 1952.

Ulmer, Eugen, Die Immaterialgüterrechte im Internationalen Privatrecht, München 1975.

Ulmer, Eugen, Gewerbliche Schutzrechte und Urheberrechte im Internationalen Privatrecht, RabelsZ 41 (1977), S. 479.

Uribe Holguin, Ricardo, De las obligaciones y de los contratos en general, 2. Auflage, Bogotá/Kolumbien 1982.

Vaccino, Juan Mario, El papel del Parlamento en la integración regional: condiciones y modalidades de una participación necesaria, Integración Latinoamericana Juni-Juli 1989 (146-147), S. 3.

Vailanti, Hugo Jorge, El Objeto de los contratos de licencia de patentes y de "Know-How" y la trasferencia de tecnología: derecho comparado, Revista del Derecho Industrial September - Dezember 1986 (24), S. 443.

Valencia Zea, Arturo, Derecho Civil, T. III, De las Obligaciones, 6. Auflage, Bogotá/Kolumbien 1982.

Valencia Zea, Arturo, Derecho Civil, T. IV, De los Contratos, 6. Auflage, Bogotá/ Kolumbien 1985.

Weigand, Martin, Probleme der Weiterentwicklung des Internationalen Gewerblichen Rechtsschutzes unter besonderer Berücksichtigung von Know-how und Technologietransfer in Entwicklungsländer, Dargestellt an der Behandlung von Patentlizenzverträgen durch die Andenländer, Dissertation Frankfurt 1978.

Wertheimer, Ludwig, Pflichten des Lizenznehmers, Ein Beitrag zum Wesen des Lizenzvertrages, GRUR 1930, S. 578.

White, Eduardo, La cuestión de la propiedad industrial en América Latina y su papel en el desarrollo e integración económica, Un examen de las actuales tendencias legislativas, con especial referencia al tratamiento de las patentes, Derecho de la Integración 1975 (20), S. 11.

Wiarda, Howard J., Estados Unidos, América Latina y la deuda internacional: hacia una solución?, Integración Latinoamericana Mai 1988 (134), S. 46ff.

Wirth, Hans-Rainer, Gerichtsstandsvereinbarungen im internationalen Handelsverkehr, NJW 1978, S. 460.

Wittenzellner, Ursula, Grundzüge und Entwicklung des Markenrechts in Argentinien, Eine rechtsvergleichende Darstellung unter besonderer Berücksichtigung des lateinamerikanischen Umfelds und der Stellung Argentiniens als Schwellenland, Köln, Berlin, Bonn, München 1987.

Von Westphalen, Friedrich, Technologie- und Lizenzgesetze in Mexiko und Argentinien, AWD/RIW 1973, S. 335.

Zellmeier-Neunteufel, Marianne, Lizenzverträge mit ecuadorianischen Unternehmen, Publikation der Deutsch-Ecuadorianischen Industrie- und Handelskammer, Quito/Ecuador 1986.

Zöller, Kommentar zur Zivilprozeßordnung, 15. Auflage, Köln 1987. Zit.: Zöller(-Bearbeiter).

Zöllner, Wolfgang, Privatautomomie und Arbeitsverhältnis, AcP 176 (1976), S. 221.

Zürrer, Werner, Politische, wirtschaftliche, militärische Zusammenschlüsse und Pakte der Welt, 13. Auflage, Sankt Augustin 1987.

Nachtrag - neueste Änderungen (Stand Mai 1991)

Die Technologietransfergesetze des Andenpaktes und seiner Partnerländer haben kurz nach Erstellung der vorliegenden Arbeit weitere gravierende Änderungen erfahren. Die in die Dec. 220 eingebrachten Erleichterungen des Technologietransfers fanden zunächst ihren Niederschlag in der nationalen Gesetzgebung. Des weiteren wurde im März 1991 bereits die Dec. 220 wiederum durch die neue Dec. 291 abgelöst. Deren Text lag im Mai 1991 - zum Zeitpunkt der letzten Recherchen - noch nicht vor, der Inhalt konnte jedoch aus Zeitungsausschnitten weitgehend konstruiert werden.

Nachfolgend die neuesten gesetzlichen Regelungen:

I. Andenpakt

1. Technologietransfer

Die Dec. 291 baut nach Auskunft der Deutsch-Ecuadorianischen Industrie- und Handelskammer vom 3. Mai 1991 die meisten bis dato bestehenden Restriktionen ab, da man festgestellt hat, daß der Zustrom ausländischen Kapitals in den vergangenen Jahren kaum angestiegen war. Die wesentlichen Änderungen betreffen daher auch ausländische Investitionen (z.B. Gleichbehandlung ausländischen und nationalen Kapitals, freier Gewinntransfer),[1] während der Bereich der Technologietransferverträge nach den vorliegenden Informationen nicht oder nicht gravierend tangiert wird.

1) Vgl. die ecuadorianische Tageszeitung "Hoy" vom 28. März 1991, die ecuadorianische Tageszeitung "El comercio" vom 26. März 1991 und vom 27. März 1991.

2. Patent- und Warenzeichenrecht

Neueste Informationen über Änderungen liegen hier nicht vor. Es ist nach wie vor die Dec. 85 in Kraft.

II. Venezuela

1. Technologietransfergesetz

Mit Decreto No. 727[2], erlassen am 26. Jan. 1991, welches Decreto No. 1.200 ablöste, wurde der Technologietransfer nach Venezuela wiederum in wesentlichen Punkten erleichtert.

Im Bereich des Technologietransfers[3] sind alle Verträge zur Einfuhr von Technologie, Nutzung und Verwertung von Patenten und Warenzeichen zulässig. Die Verträge können nun ohne zeitliche Begrenzung abgeschlossen werden, bisher betrug die maximale Gültigkeitsdauer 15 Jahre (Modifizierung von Art. 68 lit. 5, jetzt Art. 65).

Die wohl wichtigste Änderung stellt die Tatsache dar, daß generell eine Genehmigung durch SIEX (Superintendencia de Inversiones Extranjeras) nicht mehr vonnöten ist. Es besteht jedoch die Pflicht zur Vorlage und Eintragung des Vertrages (Art. 62). Im Falle der Nichteintragung werden die Tantiemenzahlungen suspendiert, zudem werden Änderungen der vertraglichen Vereinbarungen vor ihrer Eintragung nicht wirksam.[4]

---

2) Vgl. weiterführend Vallina Grisanti, Manuel, New Rules in Venezuela, Les Nouvelles 1990, S. 122.

3) Vgl. zum gesamten Fragenkomplex Deutsch-Venezolanische Industrie- und Handelskammer, Kooperationsführer Venezuela (zit. Kooperationsführer Venezuela), 2. Auflage, 1990, S. 43.

4) Vgl. Vallina Grisanti, Les Nouvelles 1990, S. 123.

Einer besonderen Eintragungspflicht unterliegen nach Art. 64:[5]

1. Die Erteilung des Rechts auf Nutzung oder Verwertung von Warenzeichen und der Vertrieb von Produkten, welche unter ausländischen Markenzeichen laufen.

2. Die Erteilung des Rechts auf Nutzung oder Verwertung von Erfindungspatenten, von Verbesserungen, Modellen und Industriezeichnungen.

3. Die Überlassung technischer Kenntnisse mittels Zeichnungen, Diagrammen, Modellen, Anleitungen, Anweisungen, Formulierungen, Spezifikationen, Ausbildung und Weiterbildung von Personal, usw.

4. Die Versorgung mit "Basic-Engineering" oder mit Details zum Anlagenbau, zur Produktherstellung und der Durchführung von industriellen und bautechnischen Produkten.

5. Technische Assistenz jeglicher Art und in jeglichen unternehmerischen Bereichen.

6. Allgemeine Beratungsaufgaben in den Bereichen Verwaltung und Betrieb von Firmen.

Die sonstigen Voraussetzungen hinsichtlich des notwendigen Inhalts des Vertrages bleiben bis auf die zeitliche Begrenzung der Laufzeit erhalten (Art. 65). Ebenso verweist Art. 67 im Bereich der einschränkenden Klauseln auf die Bestimmungen der Dec. 220 und die anderer venezolanischer Gesetze. Bei Nichteinhaltung der entsprechenden Regelungen wird der Vertrag von SIEX nicht eingetragen.

---

5) Vgl. zum Gesetzestext: Deutsch-Venezolanische Industrie- und Handelskammer, Neue Investitionsmöglichkeiten in Venezuela, Das Präsidentialdekret Nr. 727 und seine Auswirkungen (zit. Neue Investitionsmöglichkeiten), S. 3; speziell zum Technologietransfer S. 12ff. Ein tabellarischer Vergleich zwischen Decr. No. 1.200 und Decr. No. 727 findet sich auf S. 18ff.

Als weitere Änderung sind - im Gegensatz zum vorherigen Verbot der Tantiemenzahlungen an die Mutter- bzw. eine Mit-Tochtergesellschaft - solche nun zulässig, soweit sie 5% der Technologie-Nettoverkaufserlöse nicht übersteigen. Verträge, die Zahlungen höher als die besagten 5% vorsehen, sind SIEX zur Genehmigung und Eintragung vorzulegen (Art. 63).

Zudem wurden jegliche Restriktionen für den Transfer von Dividenden und Gewinnen aufgehoben, ebenso wie die Höhe der Tantiemen zwischen nicht verbundenen Unternehmen frei verhandelbar ist. Eine Sondersteuer von 2% auf Tantiemenzahlungen wurde aufgehoben.[6)]

Die Tantiemen können ohne vorhergehende Genehmigung von SIEX ausbezahlt werden, wenn die sie betreffenden Steuern bezahlt oder einbehalten sind.[7)] Nicht gestattet ist es auch in Zukunft, Zahlungen von Lizenzgebühren oder Nutzungsentgelte für die Nutzung von Warenzeichen, Verfahren, Patenten oder Industriemodellen über den Zeitraum der Gültigkeit der gesetzlich gewährten gewerblichen Schutzrechte zu leisten.

2. Patent- und Warenzeichengesetz

Es ist beabsichtigt (Stand 1990), das Ley de Propiedad Industrial von 1955 zu ändern.[8)] Zudem sei nach den Informationen der Deutsch-Venezolanischen Handelskammer abzusehen, daß Venezuela im Zuge der Öffnung seiner Wirtschaft und Förderung von Exporten und Importen internationale Verträge zum gewerblichen Rechtsschutz und zum Schutz von Marken und Patenten unterzeichnen wird.

---

6) Vgl. Neue Investitionsmöglichkeiten, S. 21.

7) Vgl. zum gesamten Fragenkomplex und weiterführend Kooperationsführer Venezuela, S. 46.

8) Vgl. zum gesamten Fragenkomplex Kooperationsführer Venezuela, S. 46f.

III. Peru

In Peru war - wie sich aus dem nun vorliegenden neuen Gesetz vom März 1991 (Resolución No. N-003-91-EF/35) ergibt - noch im September 1989 ein weiteres Gesetz zur Behandlung von ausländischen Investitionen und zum Technologietransfer (Resolución No. N-005-89-EF/35)[9] erlassen worden. Diese wurde nun durch die erstgenannte Resolución abgelöst.

Gem. Art. 10 der Resolución No. N-003-91-EF/35 vom 13. März 1991 bedürfen Technologietransferverträge, Patentlizenz- und Warenzeichenlizenzverträge weiterhin der Billigung durch die zuständige Behörde (CONITE).

Gem. Art. 11 werden Verträge, deren Tantiemenzahlung 5% des Nettoverkaufspreises nicht überschreiten, durch ihre alleinige Vorlage bei der Behörde als genehmigt angesehen, d.h. eine ausdrückliche Genehmigung ist nicht erforderlich, soweit die Verträge die gemeinsamen Vorschriften des Andenpaktes und die Dispositionen der Genehmigungsbehörde CONITE einhalten. Tantiemen und vereinbarte Gegenleistungen können ins Ausland transferiert werden, soweit die entsprechenden Steuern geleistet wurden.

Gem. Art. 12 gelten subsidiär die gerade geltenden gemeinsamen Vorschriften des Andenpaktes.

---

9) Dieses Gesetz hob - soweit ersichtlich - die in der Arbeit zitierte Resolución No. 005-81-EFC/35 auf.

Bereits im April 1991 wurde ein weiterer Gesetzesvorschlag im Parlament eingebracht,[10] der jedoch noch nicht ratifiziert wurde. Dieser Vorschlag basiert auf der neuen Dec. 291 des Andenpaktes.

IV. Ecuador

Eine weitere gesetzliche Änderung hat hier nicht stattgefunden. Es ist nach wie vor Decreto No. 3095, erlassen im Juli 1987 in Ausführung der Dec. 220, in Kraft.

Neuere Informationen über Bolivien und Kolumbien liegen nicht vor.

10) Vgl. die peruanische Zeitung "Gestión" vom 10. April 1991.

Summary

The License Contract with Respect to Technology Transfer to and from Andean Pact Countries - Dogmatic Classification and Limitations of Contractual Autonomy

A Comparison with German Law

The rapidly changing political and legal boundary conditions make doing business with Andean Pact countries increasingly difficult. This paper aims to clarify part of the legal implications, concerning itself with technology transfer license contracts with Andean Pact countries. To set the stage, special problems of developing countries and of the andean countries, the reaction of their legislative branches of government to the economic policy situation and ensuing trends are reviewed. The license contract is then presented, both as a civil law contract and in context with the constraints of technology tranfer laws. German law and (partly) EC-anti-trust-legislation is used as a basis, while at the same time attempting a valid comparison of the different legal systems, emphasising economic conditions and influences. In this summary, german and EC law will not be covered in most cases.

The Andean Pact and its History

In 1969 Chile, Bolivia, Peru, Ecuador and Colombia founded the South-American Andean Pact, aiming at the economic integration of its members. Chile left the Andean Pact over differences about commerce, customs rates and foreign investment in 1976. Venezuela, on the other hand, joined in 1973, expecting improvements in export opportunities.

In addition to establishing a customs union, the objective of the Andean Pact was to introduce an integrative development of the member countries, based on a common program of industrialization, the harmonization of economic policies, and the co-ordination of development plans. The member countries wanted to accelerate economic growth to close the gap between them and other latin american countries. Expansion of inter-regional commerce was to improve the exploitation of national economic resources.

The Andean Pact passed a number of legal rules in order to ensure the implementation of its objectives. As the responsible organ the Andean Pact Commission represents the legislative branch of the Andean Pact, having legislative competence in areas assigned to it.

One of the most important regulations - the original Décision (Dec.) 24 of 1970 - regulated the transfer of technology and the treatment of foreign investment capital. It restricted the transfer of technology into Andean Pact countries to a large extent. This measure was rationalized by the - as viewed by the andean countries - negative experiences with technology imports from industrial countries, leading to economic dependence and, because of the monopolistic status of international corporations, unfavourable contractual dispositions.

This resulted in an isolation from technology transfer of the region, recognized as a unfavourable development. Negative export balance, increase of foreign debt, inflation, and unemployment lead to the economic crisis of the 80's.

Therefore, the extremely restrictive system of regulations concerning technology transfer was liberalized in 1987. Dec. 24 was replaced by Dec. 220, liberalizing the influx of foreign capital to andean countries. This was implemented by granting the member countries more freedom in passing their own laws on the issue.

The measures taken in Dec. 220 did not, however, have the desired effect of increasing foreign investment, because in March 1991, Dec. 220 was again replaced by a new Décision (Dec. 291).

According to informations by the German-Ecuadorian Chamber of Commerce, Dec. 291 eliminates most of the restrictions still evident in

Dec. 220. Main changes include foreign investment (e.g. common treatment of foreign and national capital, unrestricted transfer of profits). According to informations, regulations of technology transfer remained mainly unchanged.

The License Contract with Companies of Andean Pact Countries - Classification and Treatment as a Civil Law Contract

Although its exact nature is still under dispute, as a working hypothesis a license contract can be categorized with respect to the system of technology transfer contracts. In the south-american legal system, a license contract often is seen merely as a sub-group of a technology transfer contract. In a contrasting view, however, trademark license contracts (or, following the most restrictive interpretation, patent and trademark license contracts) are not seen as "technology transfer" in its real sense. This interpretation has its main influences on the application of the regulations of the technology transfer laws.

Civil law dogmatics require the license contract to be separated in its definition from typical contracts in civil law.

In the south-american legal community it is disputed, whether to qualify the transactions as a purchase or a lease. The dispute started, because of the definitive effect a contract has on the rights of supplier and recipient of the technology, concerning usage of the technology after closing of the contract and the right to award sub-licenses to third parties.

A classification as a purchasing contract is rejected in most cases, because of the fact that granting a license only includes a right of use, without depriving the licensor of ownership of the patent or trademark. In addition, a license contract constitutes a continuing obligation, setting it off again from a purchasing contract.

Both in south-american law and in german law, there is a tendency to qualify license contracts as lease-contracts, because this type of contract grants the enjoyment of a given good. In german law, the so-called "splitting-up" doctrine is used with respect to exclusive patent licenses, stating that the owner of the protecting right "splits up" his right, transferring part of it to the licensee. Likewise in German law it is assumed that even simple licenses grant a positive right of use. This theory is disputed in South America, but often applied. Also, the so-called "doctrine of renunciation" is used, suggesting that the licensor merely forgoes his prohibitive rights, without any award of a positive right of use.

Further problems concerning the compatibility of lease contracts and license contracts stem from the question whether or not industrial property rights could serve as objects of a lease contract. The answer depends on the interpretation of the civil law of the respective andean country, i.e. whether or not that country permits "lease-objects" to be both material and immaterial goods. A classification as a lease contract is supported by the obligatory character of a lease contract and the protection of legal succession. The licensee is obliged - in contrast to the lessee with respect to the usage of the object of a lease - to execute his right of use - because of the legal nature of the license contract, as it were. While different lease contracts about the same object are not possible, in contrast, the licensor can grant several different rights of use with respect to one trademark or patent. Direct application of the rules of the laws pertaining to lease contracts therefore is not possible. Analogue application, however disputed, is endorsed.

The application of the rules of (real) usufructuary rights on the license contract is mostly rejected in south-american law because of the merely obligatory right of the licensee. Usufructuary rights can, however, be awarded to patents, this being in contrast to granting a license.

In south-american law material objects, e.g. money and moveable objects or real estate, can be objects of a loan contract. Thus, application of the loan contract principles with respect to a license contract cannot be taken into consideration either, because of the object of a license contract being the right of use of a trademark or a patent (i.e. an immaterial good). In particular, the fact that a loan contract includes the free usage is important, while this can be more or less of a fringe benefit with license contracts.

The juridical principle of cession of rights or cession of claims in most cases is not applicable on license contracts. Applicability here would require the existence of an explicit right with the cedent. Granting a license means that the rights of licensor and licensee are different. Formal legal standing remains with the licensor.

Company contracts are assumed in south-american law in those cases where "common pursuit of common goals" exists. A "pure" license contract therefore cannot be classified as a company contract or a contract similar to a company contract. It can, however, be part of a co-operative framework between two companies, with the bilateral agreement having the form of a company contract.

In conclusion, it is apparent that none of the traditional civil law contract types are applicable with respect to the license contract. License contracts follow their own rules, being contracts sui generis.

License contracts are classified as contracts of commercial law. The reason for this is its treatment within the framework of international arbitration.

A more to the point classification of license contracts can be obtained by studying it with respect to general contractual law: License contracts are mutual, remunerated, in principle informal, contracts of consensus or (disputably) aleatoric character. Special formalities required (such as approval and registration of a license contract) by national government agencies are liberalized by recent technology transfer legislation. License contracts are subject to the general rules of contract law, recognizing the principle of private autonomy of contract. The trend of reglementation of license contracts by technology transfer laws, still evident in Dec. 24, is reversed by recent legislation.

Summary

Restriction of Contractual Autonomy by the Dispositions of Patent- and Trademark Legislation and by Technology Transfer Laws

Decisions 85, 220, and the Former Dec. 24 - Nature of the Laws and Objectives

Dec. 85 (regulating patent- and trademark laws) and the original Dec. 24 originated from the following thoughts:

Practically all of the patents registered in latin-american countries were owned by foreign companies, while only a small number of patents were exploited by domestic companies. Industrial property rights therefore were assumed to be intended to primarily protect import markets.

Similar assumptions prevailed with respect to trademarks. Most of the trademarks registered in latin-american countries were of foreign origin, reaching the latin-american market by way of trademark licenses granted by industrial countries.

The situation was aggravated by the increasing demand for technology in the andean countries, while the countries themselves suffered from a chronic deficit of domestic technology.

The restrictive regulations were expected to result in a decrease of the cost of technology transfer. In general, the negative balances of payment and the lack of foreign currency funds were the main drivers for the desire to restrict technology transfer, for the time being.

The disadvantages of this policy were recognized to be the impediment of foreign investment and of technology transfer, hampering development efforts of the andean countries. The validity of these concerns became evident in a decrease of the number of license contracts and finally caused the departure from the original concept of restrictive treatment of technology transfer in recent legislation.

Dec. 220, recently replaced by Dec. 291 (which, as stated earlier, does not alter significantly technology transfer laws by way of license contracts, according to latin-american sources), regulates the transfer and the use of foreign industrial property rights and know-how.

The members of the Andean Pact did not intend to fully standardize national legislations by passing Dec. 220. The different legal and economic policy standpoints would not have allowed such a way of action. For this reason, the Andean Pact members intended to formulate a flexible legal framework, spelling out the basic principles, and leaving room for specific national regulations. Most member countries, in addition to ratifying Dec. 220, passed additional, more extensive and restrictive legislation. Reservation of national legislation was not waived, member states are merely required to implement the decisions of the Andean Pact.

Andean Pact Patent and Trademark Law

Dec. 85 contains most of the legislation pertaining to patent and trademark law. Dec. 85 was passed by the Andean Pact in July of 1974. In the process of reformation of the Andean Pact, a reform of Dec. 85 is planned. In future, it not only is intended to take into account the adequacy of sub-regional technology, but also to protect the interests of the inventors.

In addition to Dec. 85, national laws are to be applied where the decisión fails to address a given topic. Dec. 85 was ratified by Ecuador, Colombia, and Peru.

Patentability is restricted with respect to pharmaceutical products and medical supplies, like in most developing countries. These products are considered to be especially important in the andean countries for reasons of development policy. Furthermore, awarding of patents on such inventions is prohibited that influence the development of a member country, as well as processes, products or groups of products the patentability of which is excluded by national government. The resulting undefined legal terms and regulations caused considerable confusion on the part of the applicant.

With these legislations, the andean countries tried to keep technology in the public domain that was considered to be important from the point of view of their development policy. Such technology was intended to be importable without the impediment of a privately owned patent monopoly and was supposed to be accessible for every interested party in any of the Andean Pact member states.

Furthermore, a patent expires after 10 years. It is awarded for a period of 5 years, subject to renewal on the condition that its owner proves to the national agency adequate usage of the patent.

Mandatory Content of a License Contract

According to art. 19, Dec. 220, the following clauses are mandatory:

- Specification of all special features generated by the transfer of the technology to be imported;
- The contractual value of every essential element of the technology to be transferred;
- The duration of the contract;

By requiring the applicant to exhaustively and concisely describe the technology to be imported, the recipient country was supposed to be enabled to decide on the necessity and desireability of import technology. Statement of the price for the technology was intended to protect the recipient of the technology to pay artificially inflated prices for the import technology and to suggest to purchase only those parts of a technology package necessary to reach his goals and to support the development of the country. The national government agency responsible thus also had a means to control remuneration of import technology.

The regulations often met the resistance of the foreign owners of technology. Disclosure of pertinent information about critical technology could lead to competitive and technological disadvantages. In addition, certain bits of information have to be treated confidentially by the partners of the contract. The duration of the contract had to be specified in order to ensure it to stay within the period of validity of legal protection of industrial property rights. Most countries party to the Andean Pact had introduced legislation or had issued administrative regulations for their national licensing agencies specifying a maximum period of validity for license contracts.

These requirements have been liberalized in countries like Venezuela, where decreto no. 727, issued Jan 26, 1991, replacing decreto no. 1.200, introduced a new technology transfer law. License contracts can now be closed in Venezuela without an expiration date.

National laws in Ecuador require the inclusion of a clause specifying mandatory subordination under national jurisdiction. This requirement was waived in Peru in recent legislation.

According to art. 82, Dec. 85, every trademark license contract must include clauses guaranteeing the quality of the goods and services to be delivered by the benificiary of the license agreement.

Restrictive Business Clauses Prohibited in License Contracts

The list of prohibited clauses, spelled out in articles 20 and 24 of Dec. 220, was often qualified as anti-trust regulation. Nevertheless, the rationale for issuing technology transfer laws differs from the purpose of classical anti-trust laws. For the south-american countries, the main driving force behind their technology transfer laws were reasons of economic policy, while anti-trust legislation in european countries serves the goal to preserve competition in free markets. Terms used in anti-trust legislation therefore can only be applied partly on technology transfer laws. Insofar as anti-trust laws as well as technology transfer laws strongly restrict the contractual autonomy of the parties to a contract by prohibiting various, well defined clauses, the two are comparable.

Regulations of the Andean Pact (Overview)

According to art. 20, Dec. 220, the following clauses are prohibited in a patent- and technology transfer contract:

lit. a) to receive from a certain party funds, intermediary products, raw materials or know-how, or to constantly receive personnel from the provider of the technology. Exceptions are possible with respect to funds, intermediary products, and raw materials, if the price asked corresponds to the international market price;

lit. b) Specification of sale and resale prices of the products produced with the technology transferred, by the provider of the technology;

lit. c) Specification of production volume and structure;

lit. d) Clauses to prohibit the use of competing technology;

lit. e) Total or partial purchase options (w.r.t the products produced) to the benefit of the provider of the technology;

lit. f) Clauses requiring the recipient of the technology to re-transfer inventions based on the technology purchased, and improvements thereof, to the provider of the technology;

lit. g) Clauses demanding payment of license fees for patents not used;

lit. h) Other clauses having similar effects.

Clauses including provisions to prohibit the export of products produced on the basis of the imported technology are not allowed, except where explicitely waived by the national government agency.

Clauses prohibiting subregional trade (i.e. trade with countries within the andean region) or prohibiting the export of similar products into third countries, are not allowed (with no exceptions).

The following clauses were prohibited in trademark license contracts, according to art. 24, Dec. 220:

lit. a) Clauses to prohibit or to limit the sale or the export of goods produced under the protection of the licensed trademark or of goods similar to it, to certain countries;

lit. b) Clauses including the obligation to use raw materials, intermediary products, and equipment, to be provided by the owner of the trademark or by one of his subsidiaries. In cases where the price of those goods does not exceed the international market price, the licensee's country may accept this restricting obligation;

lit. c) Specification of a fixed sale or resale-price for the goods produced under the protection of the trademark;

lit. d) Obligations to pay license fees for unused trademarks;

lit. e) Obligations to constantly hire personnel specified by the trademark owner;

lit. f) Other clauses having similar effects.

Present legislation of the member countries refer to the applicable clauses of Dec. 220. At printing time, no information has been available about possible changes of these provisions in Dec. 291, replacing Dec. 220.

Details with Respect to the Prohibited Restrictive Clauses

The scope of application of the restrictive regulations of the technology transfer laws extends to all transactions, either foreign providers of technology or foreign technology as such are involved in.

In contrast to the provisions of EC-anti-trust-law, impediment of trade between member states is not a prerequisite for the application of the Andean Pact technology transfer laws.

The content of an industrial property right is not perceived as to be predetermined in andean technology transfer legislation. Protection of the technology recipient at present is valued higher than the industrial property rights of the technology provider.

Tie-in clauses are prohibited according to Dec. 220. The requirement is of relative nature and can be waived if the price corresponds to the international price level.

Price-setting clauses were generally prohibited in Dec. 220, because of the disadvantages feared for the technology recipient.

Andean technology tranfer law prohibits any limitations on production volume or on the structure of production. This regulation is cited in case the licensee intends to continue using the technology after expiration of the contract, unless the technology transferred is still protected by a patent. In addition, art. 20, lit. c) does not allow restrictions with respect to character or extent of the technology to be produced, or regional marketing restrictions.

Clauses prohibiting the use of competing technology are prohibited in the Andean Pact technology transfer laws, because it could weaken the licensee's negotiating position.

Complete or partial purchase options benefitting the licensor are not allowed. Purpose of this regulation is, among other things, to avoid possible by-passing of the regulation on price fixing. Exceptions are possible in cases where the licensee is to produce certain products using the licensor's technology especially for use by the licensor.

Grant-Back clauses are prohibited without exceptions. The licensee may, however, inform the licensor about improvements and grant licenses to the licensor, subject to negotiations. Major concerns about grant-back clauses include fears that they hinder the licensee to reach the same technology level the licensor already has attained.

Clauses against challenging the licensor's industrial property right are not prohibited explicitly in Andean Pact law.

Export restrictions are prohibited according to Dec. 220, as far as they affect the sub-region or the export of similar products into third countries. Main arguments against export limitations include monetary policy, the country hoping for additional foreign currency income.

Andean technology tranfer laws do not include a prohibition of clauses to limit the rights of the licensor.

The rules for trademark contracts do not include anything especially un usual. In general, provisions for trademark contracts in most technology transfer laws are more stringent than those for patent license contracts.

The legal consequence for non-compliance with prohibitions of clauses, according to Dec. 220 (still based on registration and approval of the contract by the national agency responsible), was the invalidity of the contract. The contract became valid only after registration. In Venezuala, however, past and present effects of non-compliance are merely the invalidity of claims to royalties.

Approval and Registration by Government Agencies

According to art. 20, Dec 220, every contract about technology transfer, patents, and trademarks had to be examined and approved by the government agency responsible. Responsible agencies were assigned by national legislation. Contracts were scrutinized with respect to juridical, economic, and technological policy principles. The agency was relatively independent in its decision process and had a considerable discretional margin. To facilitate the process of approval, some agencies issued administrative regulations. Most of them addressed the maximum duration of a license contract and the maximum amount of license fees, these being mostly in the neighbourhood of 1% to 5% of the net sales price.

Today, the situation has changed in many andean countries.

The most important change in Venezuela may well be the modifications in law No. 7272 in 1991, specifying that in general approval by SIEX (Superintendencia de Inversiones Extranjeras) is no longer required. The requirement to submit and to register the contract was retained (art. 62). In case of non-registration, payment of license fees is suspended, and additionally, changes of contractual provisions will not become effective until their registration.

Art. 64 requires special registration of grants of rights of use or rights of exploitation of trademarks, and the marketing of products under the protection of foreign trademarks, and grants of rights of use or exploitation of inventor's patents, improvements, models, and industrial engineering draftings.

Non-compliance with the respective technology transfer rules leads to non-registration of the contract by SIEX.

Another change addresses the prohibition of royalty payments to the benefit of the parent-corporation or a co-subsidiary. This is now permitted both in Venezuala and in Andean Pact law, on the condition that it does not exceed 5% of the net profit of sales of the technology. Contracts specifying fees in excess of said 5% are subject to registration and approval by SIEX. In addition, all restrictions concerning the transfer of dividends and profits are lifted. Royalties may be paid without prior approval by SIEX, if applicable taxes have been paid or withheld.

In Peru, technology transfer contracts, patent license contracts, and trademark license contracts, still have to be approved by the responsible Peruvian agency (CONITE), according to Resolución No. N-003-91-EF/35 of March 13, 1991. Contracts specifying fees not exceeding 5% of the net sales price, are assumed to be approved, i.e. explicit approval is not necessary as long as both common regulations of the Andean Pact and CONITE dispositions are being adhered to. Royalties and contractual considerations may be transferred out of the country once applicable taxes have been paid.

A new law based on the new Dec. 291 was submitted to Peruvian parliament as early as April, 1991, but has not been passed at printing time.

Applicable Law, Court of Law, and Court of Arbitration Provisions

The content of an industrial property right is subject to the law of the country granting the protective right. The same is true (because of the principle of territoriality embodied here) in general with respect to the admissibility of the transfer and the licensing of an industrial property right, its genesis, scope, expiration, existence, and its effects. The obligatory act, i.e. the underlying license contract, must be seen in contrast to this, regulating the remaining rights and obligations of the parties to the contract.

Agreements of the parties to a contract about applicable anti-trust-law, about mandatory provisions of the country's foreign currency law, foreign trade law, and tax law are not permitted either, because these provisions constitute public law, therefore not being at the disposition of contractual partners.

The provisions of andean technology transfer law are applicable and mandatory on the grounds of the principle of territoriality, and are, like provisions of anti-trust-law, part of the ordre public.

The choice of applicable law with respect to the "statute of obligation", is considerably restricted in the framework of the technology transfer laws of the andean countries, as compared to classic "International Private Law"-countries. Here too, the special goals of technology transfer legislation applied. A certain amount of liberalization can be observed in the course of restructuring of the andean technology policy. It appears that in Peru, for example, mandatory application of peruvian law was discarded by the new law of March, 1991.

When Dec. 24 was still valid, the andean countries subjected any confrontation in court originating from a technology transfer contract to their national jurisdiction. Dec. 220 left the decision, whether or not to allow agreement on a foreign court of law, to the member countries. In many cases, however, approval practices of national responsible agencies spoke against agreement on a foreign court of law.

Today, the andean countries accept the fact that disputes can be subject to arbitration. Here the same principle applies as with courts of law, leaving it to the member countries of the Andean Pact to decide whether to permit foreign courts of arbitration.

Interactions with Mexico and Argentina

The first mexican technology transfer law (in 1973) was based mainly on the respective provisions of Dec. 24, on the national technology transfer laws of the Andean Pact countries, and argentine law No. 19.231 of 1971. The argentine law was also based on Dec. 24, both influencing the mexican law of 1973. This basis is still apparent in later laws.

Argentina did follow (as was customary at the time) the restrictive technology import policy of the other latin american countries, in the laws passed prior to 1981. Law No. 22.426 of 1981 was based on a decidedly more market-oriented approach. Restrictive business practices are no longer regulated in technology transfer legislation, but in anti-trust-law, the latter being strongly influenced by european anti-trust-laws.

Conclusion

After a period of stagnation the development of technology transfer legislation in the Andean Pact now undergoes a period of rapid change. Despite their foreign currency problems and their grave national debt situation, andean countries have decided, after a long and controversial decision process, on a more liberal stance on technology transfer. The economic effects of these measures remain to be seen.

www.ingramcontent.com/pod-product-compliance
Lightning Source LLC
LaVergne TN
LVHW081330011026
849161LV00013BB/2882